Stark
Robotik mit MATLAB

Bleiben Sie einfach auf dem Laufenden:
www.hanser.de/newsletter
Sofort anmelden und Monat für Monat
die neuesten Infos und Updates erhalten

Lehrbücher zur Informatik

Begründet von

Prof. Dr. Michael Lutz und Prof. Dr. Christian Märtin

weitergeführt von

Prof. Dr. Christian Märtin

Hochschule Augsburg, Fachbereich Informatik

Zu dieser Buchreihe

Die Werke dieser Reihe bieten einen gezielten Einstieg in grundlegende oder besonders gefragte Themenbereiche der Informatik und benachbarter Disziplinen. Alle Autoren verfügen über langjährige Erfahrung in Lehre und Forschung zu den jeweils behandelten Themengebieten und gewährleisten Praxisnähe und Aktualität.

Die Bände der Reihe können vorlesungsbegleitend oder zum Selbststudium eingesetzt werden. Sie lassen sich teilweise modular kombinieren. Wegen ihrer Kompaktheit sind sie gut geeignet, bestehende Lehrveranstaltungen zu ergänzen und zu aktualisieren.

Die meisten Werke stellen Ergänzungsmaterialien wie Lernprogramme, Software-Werkzeuge, Online-Kapitel, Beispielaufgaben mit Lösungen und weitere aktuelle Inhalte auf eigenen Websites oder zum Buch gehörigen CD-ROMs zur Verfügung.

Lieferbare Titel in dieser Reihe:
- **Peter Forbrig, Objektorientierte Softwareentwicklung mit UML**
- **Rainer Kelch, Rechnergrundlagen, Von der Binärlogik zum Schaltwerk**
- **Rainer Kelch, Rechnergrundlagen, Vom Rechenwerk zum Universalrechner**
- **Christian Märtin, Einführung in die Rechnerarchitektur**
- **Rainer Oechsle, Parallele und verteilte Anwendungen in Java**
- **Wolfgang Riggert, Rechnernetze, Technologien – Komponenten – Trends**
- **Rolf Socher, Theoretische Grundlagen der Informatik**
- **Carsten Vogt, C für Java-Programmierer**
- **Christian Wagenknecht, Algorithmen und Komplexität**

Georg Stark

Robotik mit
MATLAB

Mit 101 Bildern, 33 Tabellen, 40 Beispielen, 55 Aufgaben und 37 Listings

Fachbuchverlag Leipzig
im Carl Hanser Verlag

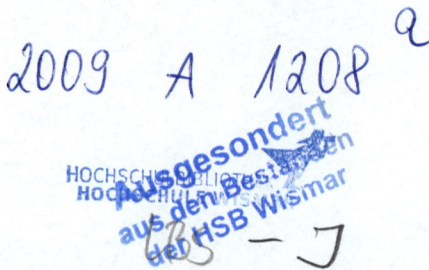

Prof. Dipl.-Ing. Georg Stark
Hochschule Augsburg

Bibliografische Information der Deutschen Nationalbibliothek

Die Deutsche Nationalbibliothek verzeichnet diese Publikation in der Deutschen Nationalbibliografie; detaillierte bibliografische Daten sind im Internet über http://dnb.d-nb.de abrufbar.

ISBN 978-3-446-41962-9

Fachbuchverlag Leipzig
im Carl Hanser Verlag

© 2009 Carl Hanser Verlag München
Internet: http://www.hanser.de

Lektorat: Mirja Werner, M. A.
Herstellung: Dipl.-Ing. Franziska Kaufmann
Titelbild: KUKA Roboter GmbH
Covergestaltung: Stephan Rönigk
Druck und Bindung: Kösel, Krugzell
Printed in Germany

Vorwort

Ein besonderer Ansatz!

Den Anstoß für dieses Lehrbuch gaben eigene Erfahrungen bei der Entwicklung einer Robotersteuerung. Mit einer technikorientierten Programmiersprache und umfangreicher Funktionsbibliothek, wie die technische Software MATLAB sie darstellt, verläuft der Entwicklungsprozess wesentlich schneller und problemloser als mit allgemeinen Programmiersprachen. Die formalen Modelle können sehr direkt in Software umgesetzt werden. Dies führt zu übersichtlichem und leicht wartbarem Programmcode.

Der weitere, wichtige Ansatz besteht darin, alle benötigten Wissensgebiete für die Entwicklung von Robotersoftware, aufeinander abgestimmt, mit einem einzigen Buch abzudecken. Hierzu gehören die mathematischen Grundlagen, die Programmiersprache, die Verfahren der Robotik und die Roboteranwendung. Aber dieser Ansatz bedeutet auch, dass die behandelten Wissensgebiete in ihrem Umfang beschränkt und auf die zu lösenden Probleme ausgerichtet sein müssen.

Für wen?

Das Buch ist konzipiert für Studierende in den ersten Semestern der Ingenieurwissenschaften und technikorientierten Informatik an Universitäten und Fachhochschulen. Es kann als Leitfaden für einführende Lehrveranstaltungen zum Thema „Softwareentwicklung für mechanische Systeme, Robotik" eingesetzt werden. Sowohl für Studierende als auch für Berufstätige ist es zum Selbststudium und zur Weiterbildung geeignet.

Mit welchem Ziel?

Inhaltlich besteht das Ziel darin, die Grundlagen der Robotik mit dem Schwerpunkt Software zu vermitteln. Dabei stehen moderne Methoden wie modellbasierte und komponentenorientierte Softwareentwicklung im Vordergrund. Methodisch wird angestrebt, vertieftes Lernen durch eine enge Verzahnung von Wissensvermittlung und unmittelbarer Umsetzung in Software zu erreichen. Durch diese Verknüpfung wird der Lernende zu einer intensiven Auseinandersetzung mit den Inhalten herausgefordert. Darüber hinaus wird angestrebt, das Wissen auch auf verwandte Probleme außerhalb der Robotik zu transferieren, um so eine umfassende Sicht zu gewinnen.

Mit welchem Inhalt und Aufbau?

Als Einstieg dient ein kurzer historischer Rückblick und die zentralen Begriffe *Roboter* und *Robotik* werden definiert. Ausgehend von den Anforderungen werden zunächst die Industrieroboter dargestellt, bevor auf die anderen Roboterarten eingegangen wird. Abschließend werden die gemeinsamen Grundprinzipien von Robotern aufgezeigt (Kap. 1).

Der Ausgangspunkt für die Programmierung sind formale, mathematische Modelle. Als Voraussetzung für deren Realisierung werden die Grundlagen der Robotermathematik behandelt (Kap. 2). Die technische Software MATLAB wird ausführlich erklärt. Sie umfasst die Bedienumgebung, die Funktionsbibliothek und die darin eingebettete Programmiersprache. Darauf aufbauend zeigt das Buch, wie die benötigte Robotermathematik durch MATLAB-Funktionen realisiert wird. Das Ergebnis ist die ROBOMATS-Funktionsbibliothek, die als Grundlage für die Realisierung der Robotersoftware verwendet wird (Kap. 3).

Die beiden zentralen Kapitel 4 und 5 behandeln die Verfahren zur Modellierung der kinematischen Struktur und zum Entwurf von Bahnsteuerungen. Schrittweise werden die Softwareteile für einen kompletten Robotersimulator mit Grafikausgabe entwickelt. Die Realisierung von größeren Softwarepaketen erfordert zusätzliche Softwaretechniken, die in einem eigenen Kapitel behandelt werden (Kap. 6). Im Mittelpunkt steht dabei die komponentenorientierte Programmierung, basierend auf der weitverbreiteten COM-Schnittstelle. Sie ermöglicht die Aufteilung der Gesamtsoftware auf mehrere Komponenten, die auch mit unterschiedlichen Sprachen programmiert sein können. Auf diese Weise können die einzelnen Softwareteile flexibel zu einem Robotersimulator mit Grafikausgabe integriert werden.

Entscheidend für jede Steuerungssoftware ist, dass sie für die beabsichtigten Anwendungen tauglich ist. Aus diesem Grunde wird die nun entwickelte Software für zwei typische Anwendungen getestet (Kap. 7). Beim Palletieren wird das Ausführungsprogramm automatisch vom Palletiermuster abgeleitet. Die Bearbeitung eines Langlochs benötigt exakte Bahnen, die auch die Ausführung von Halbkreisen erfordern. Zum Abschluss wird aufgezeigt, wie mit Hilfe der MATLAB-Entwicklungsumgebung Fehler analysiert und Programme optimiert werden können (Kap. 8).

Welche didaktische Unterstützung gibt es dabei?

Am Anfang eines jeden Kapitels wird die Zielsetzung formuliert und ein kurzer Abriss gegeben, der besonders die Leitgedanken herausstellt. Am Ende erfolgt eine Zusammenfassung und Auflistung der wichtigsten Begriffe und Methoden. Die Ausführungen werden ergänzt durch die Kommentierungen *Wichtig* und *Hinweis*.

Am Ende eines jeden Kapitels finden Sie Aufgaben. Sie sollen zur Vertiefung des Gelernten dienen und anregen, das Wissen auf andere Themengebiete zu transferieren. Lösungen für die Aufgaben und Zusatzinformationen werden über das Internet bereitgestellt.

Wie soll das Buch benutzt werden?

Kapitel 1 vermittelt Hintergrundwissen und stellt wichtige Begriffe vor, die im weiteren Verlauf verwendet werden. Die Beherrschung der Inhalte von Kapitel 2 und 3 ist Voraussetzung für die folgenden. Dies sollte durch gewissenhafte Bearbeitung der Aufgaben sichergestellt werden. Die Kapitel 4 und 5 behandeln die wesentlichen Grundlagen für die Entwicklung von Robotersoftware. Die dargelegten mathematischen Verfahren werden unmittelbar in Programme umgesetzt. Die gezeigten Listings haben beispielhaften Charakter. Dem Lernenden wird ausdrücklich empfohlen, zunächst eine eigene Implementierung zu versuchen und diese dann mit der vorgestellten zu vergleichen. Die Konzepte für das Programmieren im Großen in Kapitel 6 sollen erst nach sicherer Beherrschung des vorausgehenden Stoffes bearbeitet werden. Dieses Kapitel kann auch übersprungen werden. Die beiden Beispiele in Kapitel 7 können nur Anregung sein, sich mit weiteren Roboteranwendungen zu befassen. Mit den Methoden von Kapitel 8 soll im nachhinein die bereits entwickelte Software analysiert und gegebenenfalls optimiert werden.

Zu guter Letzt!

Mein besonderer Dank gilt Frau Dipl.-Ing. Erika Hotho und Frau Mirja Werner, M. A., die mich als Lektorinnen begleitet haben, und Frau Dipl.-Ing. Franziska Kaufmann, die mir beim Layout zur Seite stand. Mein Kollege Prof. Dr. Christian Märtin hat mich in vielen Gesprächen ermutigt, dieses Buch zu schreiben. Ich danke Frau Prof. Dr. Anja Schanzenberger und Herrn Prof. Dr. Michael Lutz von der Hochschule Augsburg, sowie Herrn Prof. Dr.-Ing. Heinz Wörn von der Universität Karlsruhe für viele wertvolle Hinweise. Besonders danke ich meiner langjährigen Mitarbeiterin Frau Dipl.-Inf. Gertraud Matzke für die geduldige und gewissenhafte Durchsicht des Manuskripts. Eine große Hilfe waren meine wunderbaren Kinder Christina, Katja und Andreas, die mir viele nützliche Korrekturhinweise aus der Sicht von Studenten und Berufsanfängern gegeben haben. Den Firmen und Forschungsinstituten danke ich für die Unterstützung und das Überlassen von Bildmaterial.

Die vorgestellten Programmbeispiele wurden mit verschiedenen Versionen von MATLAB 7 getestet. Programmcode, Zusatzinformationen und die Lösungen der Aufgaben finden Sie auf meiner Homepage:

www.hs-augsburg.de/stark/robotik_mit_matlab

Möge dieses Lehrbuch dazu beitragen, eine engere Verzahnung der Informatik mit den Ingenieurwissenschaften zu fördern und das Programmieren als einen Weg zu einem vertieften Verständnis von Lehrinhalten zu praktizieren.

Friedberg, im Juli 2009

Georg Stark

Inhaltsverzeichnis

1 Einführung in die Robotik

Zielsetzung

Sie können nur dann erfolgreich Software für Roboter entwickeln, wenn Sie ein Grundwissen auf diesem Fachgebiet haben: Ein Blick auf die Historie und ihre auslösenden Impulse hilft, auch die aktuelle Robotertechnik besser zu verstehen. Die Schlüsselbegriffe *Roboter* und *Robotik* werden in diesem Kapitel erklärt.

Die *Industrieroboter* als wichtigste Klasse werden ausgehend von den Anforderungen und den wesentlichen Systemparametern *Arbeitsraum, Traglast, Genauigkeit* und *Geschwindigkeit* dargestellt. Die weiteren Roboterklassen *Serviceroboter, Mikroroboter* und *humanoide Roboter* werden nur kurz gestreift, da die bereits ausgereifte Technik der Industrieroboter auch deren technologische Basis bildet.

Zum Abschluss werden die gemeinsamen Grundprinzipien der verschiedenen Roboterklassen aufgezeigt, die im *Datenfluss eines Robotersystems* zum Ausdruck kommen.

1.1 Historie

Roboter werden zuerst in der Literatur erwähnt, in Karel Capeks satirischem Stück „Rossom's Universal Robot" von 1922. Seitdem werden sie mit intelligenten, selbständig agierenden Automaten gleichgesetzt. Sie sind so zu einem Synonym für hochentwickelte Technik geworden. Mit dieser Idee verbunden sind Hoffnungen auf mehr Wohlstand, Komfort und humane Arbeitsplätze, aber auch Ängste vor Arbeitsplatzabbau, Armut und Fremdbestimmung.

Die heutige Robotertechnik ist das Ergebnis eines langen Entwicklungsprozesses. Erste Entwürfe von roboterähnlichen Maschinen stammen aus dem 16. Jahrhundert von dem Universalgenie Leonardo da Vinci. Ein Nachbau ist in Bild 1.1 dargestellt. Um 1700 werden musikspielende Puppen und damit die ersten Vorläufer von Robotern gebaut. Die historische Entwicklung der Robotertechnik ist in Tabelle 1.1 dargestellt. Aufgeteilt nach Dekaden werden zunächst die Fortschritte der Rechnertechnik als wichtigster Motor der Robotertechnik beschrieben. Es folgen die wesentlichen Entwicklungsschritte bei den Robotern selbst. Dabei wird zwischen Industrierobotern und den anderen Roboterklassen unterschieden. Erstere werden bereits ab Mitte der 1970er Jahre in größeren Stückzahlen eingesetzt, sind aber mit einer konservativeren Technik ausgestattet. Letztere repräsentieren zwar den jeweils neuesten Stand der Technik, sind dadurch aber aufwendiger und noch nicht so ausgereift.

Tabelle 1.1 Geschichtliche Entwicklung der Robotertechnik

Um 1700	Technik der mechanischen Uhren, Entwicklung von musikspielenden Puppen.
1950 - 60	Die Elektronik, basierend auf Elektronenröhren, später Transistoren, wird eingeführt. Die Rechnertechnik wird kommerziell eingesetzt. Basierend auf der Technik der numerisch gesteuerten Werkzeugmaschinen entwickeln George Devol und Joe Engleberger den ersten programmierbaren Roboter.
1960 - 70	Informatik und künstliche Intelligenz als wichtige Teilwissenschaft werden eingeführt. Robotikinstitute werden gegründet und die Robotikforschung kommt in Schwung. Der erste kommerzielle Roboter wird an eine Automobilfabrik ausgeliefert.
1970 - 80	Der Mikroprozessor wird erfunden und in Steuerungen eingesetzt. Ab der zweiten Hälfte des Jahrzehnts werden Roboter in der Automobilindustrie in größerem Umfang für Schweißen und Handhabung verwendet. Der erste anthropomorphe Roboter mit zwei Beinen wird entwickelt.
1980 - 90	Die Leistungsfähigkeit der Mikrocomputertechnik steigt rasant. Die Schnelligkeit und Genauigkeit von Robotersystemen werden verbessert. Die Anzahl der eingesetzten Systeme nimmt stark zu. Roboter werden mit Sensoren und Kameras ausgestattet, z.B. zur Nahtverfolgung beim Schweißen.
1990 - 2000	Steuerungen werden auf die PC-Technik[1] umgestellt. Die Vernetzung, auch über das Internet, nimmt zu. Viele neue Anwendungsbereiche für Industrieroboter außerhalb der Automobilindustrie werden erschlossen. Servicerobotter und mobile Roboter werden entwickelt und in ersten Anwendungen eingesetzt. Grossen Anklang findet der *Robocup*, eine weltweite Bewegung, mobile und intelligente Roboter für kooperative Ballspiele einzusetzen Roboter für den privaten Gebrauch werden entwickelt.
2000 - 09	Die zunehmende Leistungsfähigkeit der Rechner erlaubt die Realisierung von intelligenten Systemen. Medizinroboter werden zur Praxisreife gebracht, roboterähnliche Bewegungsstrukturen als künstliche Glieder und künstliche Sinnesorgane entwickelt. Kooperative und humanoide Roboter werden entwickelt. Mikro- und Makroroboter werden entwickelt.

Die geschichtliche Entwicklung zeigt, dass die entscheidenden Impulse für die Weiterentwicklung der Roboter durch die **Rechnertechnik** erfolgte. So war z.B. im Jahr 1983 eine Ro-

---

[1] Die in Personal Computern verwendete Technik stellt inzwischen einen weltweiten Standard dar.

botersteuerung mit zwei Mikroprozessoren mit 15 MHz Taktfrequenz und einem Speicher mit 256 KB ausgestattet. Heutige Steuerungen arbeiten mit mehreren Prozessoren mit Taktfrequenzen von über 3 GHz und Speichern mit mehr als 1 GB – eine Steigerung um den Faktor 200 bei der Taktfrequenz und 2000 bei der Speicherkapazität.

Ein weiterer wichtiger Aspekt ist die **Vernetzung**. Sie begann zwar bereits in den achtziger Jahren. Mit der Anwendung der für Personal Computer entwickelten Standards für Hardware und Software in der Steuerungstechnik wurden jedoch die Möglichkeiten zur Vernetzung wesentlich verbessert. Heute kann fast jede Industriesteuerung für Wartungs- und Diagnosezwecke über das Internet erreicht werden.

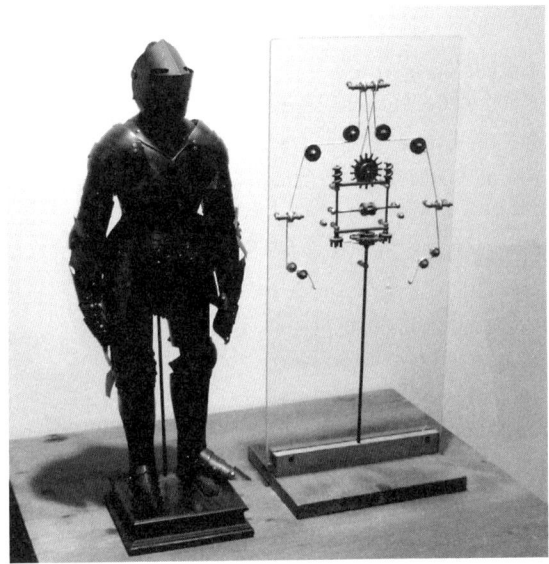

Bild 1.1 Nachbau einer roboterähnlichen Maschine von Leonardo da Vinci (Foto: Erik Möller)

Eine wichtige Rolle spielte auch die Weiterentwicklung der **elektrischen Antriebe** durch den Einzug der Halbleitertechnik. Nur durch die Verwendung von Leistungstransistoren ist es möglich, bürstenlose und damit wartungsarme Motoren einzusetzen. Bezüglich der **Werkstoffe** war der Übergang von geschweißtem Stahl auf Aluminiumguss ein wichtiger Schritt. Dieser kann kostengünstiger gefertigt werden und ist bei gleicher Steifigkeit wesentlich leichter. Inzwischen werden auch vermehrt Kunststoffe eingesetzt.

Sensoren und Kamerasysteme finden bei den Industrierobotern nur zögerlich Eingang, etwa ab Mitte der 1980er Jahre. Dies liegt daran, dass durch Sensoren die Komplexität und damit auch die Anfälligkeit wesentlich steigt. In vielen Fällen kann durch hohe Fertigungsgenauigkeit der Vorprodukte und durch genaue Positionierung der Einsatz von Sensoren umgangen werden. Da Serviceroboter und mobile Roboter in wesentlich unstrukturierteren Umgebungen eingesetzt werden, sind für sie Sensoren unerlässlich. Jedoch sind die Genauigkeitsanforderungen auch kleiner als in der Industrie.

Das erste bedeutende **Anwendungsgebiet** für die Industrieroboter sind Schweißen und Handhaben in der Automobilindustrie gewesen. Sehr bald hatten auch Roboter und roboterähnliche Bestückungsautomaten in der Elektronikindustrie ihren festen Platz. Hinzu kamen Anwendungen in anderen Industrien wie der Metall-, Glas-, Nahrungsmittel- und Getränkeindustrie. Bisher wurden weltweit ca. 1,1 Mio. Industrieroboter installiert.

Serviceroboter wurden in den vergangenen Jahrzehnten nur in langsam steigendem Umfang für Dienstleistungen eingesetzt. Bisher wurden ca. fünfzigtausend Systeme ausgeliefert. Seit einigen Jahren gibt es einen Trend, in der Produktion Roboter in direkter Kooperation mit dem Menschen einzusetzen. Dies stellt sehr hohe Anforderungen an ein abgesichertes, adaptives, intelligentes Verhalten. Als höchste Form gelten humanoide Roboter mit Armen und Beinen, die als **Assistenten des Menschen** wirken.

In eine völlig andere Richtung geht die Entwicklung von einfachen, aber kostengünstigen Robotern für den **privaten Gebrauch**. Verwendet werden sie für einfache Dienste wie Staubsaugen oder für Hobby und Unterhaltung.

1.2   Definition und Klassifikation

1.2.1   Roboter

Am Anfang der Entwicklung standen die Industrieroboter. Eine allgemein anerkannte Definition, festgelegt durch den VDI[2], lautet:

Definition – Industrieroboter

Industrieroboter sind universell einsetzbare Bewegungsautomaten mit mehreren Achsen, deren Bewegungen hinsichtlich Bewegungsfolge und Wegen bzw. Winkeln frei programmierbar und gegebenenfalls sensorgeführt sind. Sie sind mit Greifern, Werkzeugen oder anderen Fertigungsmitteln ausrüstbar und können Handhabungs- und/oder Fertigungsaufgaben ausführen [VDI90].

Oft wird der Begriff Roboter aber viel weiter gefasst. So werden zum Teil ganz allgemein Systeme, die über Sensoren Informationen aufnehmen, diese weiterverarbeiten und daraus Aktionen ableiten, ebenfalls als Roboter bezeichnet. Nach dieser Definition lassen sich dann auch autonome Fahrzeuge mit unterschiedlichen Bewegungseinrichtungen und mit Sensoren ausgerüstete Bau-, Baumfäll- und Erntemaschinen einordnen.

In Tabelle 1.2 wird der Versuch einer Klassifikation unternommen.

---

[2]   Verein Deutscher Ingenieure

Tabelle 1.2 Klassifikation von Robotern

Roboterart	Merkmale und Anwendungsbereiche
Industrieroboter - Gelenkarm - Portal - SCARA - Paralleler Roboter	Diese Roboter sind für den industriellen Einsatz entwickelt. Sie zeichnen sich durch Robustheit, Schnelligkeit, Genauigkeit und hohe Traglast aus. Unterteilt werden sie nach Art und Anordnung der Bewegungsachsen. Industrieroboter handhaben sowohl Werkstücke als auch Werkzeuge und führen dabei Fertigungsprozesse aus. Typische Fertigungsprozesse sind Schweißen, Kleben, Schneiden, Lackieren, Handhaben, Montieren.
Serviceroboter - professioneller Einsatz - privater Einsatz	Serviceroboter erbringen Dienstleistungen für den Menschen. Sie müssen sich autonom auch in unstrukturierter Umgebung bewegen können. Deshalb sind Sie mit Sensoren zur Erfassung der Umwelt und mit Navigationseinrichtungen ausgestattet. Weitere wichtige Merkmale sind eine leicht und sicher zu handhabende Bedienoberfläche, sowie ein für den Menschen jederzeit ungefährliches Verhalten. Serviceroboter werden in zwei Klassen unterteilt. Solche für den professionellen Einsatz genügen hohen Ansprüchen. Typische Anwendungsbereiche sind Verteidigung/Rettung/Sicherheit, Landwirtschaft, Reinigung, Tauchen und Medizin. Immer häufiger werden auch kostengünstige Serviceroboter für den privaten Bereich angeboten, z.B. für Rasenmähen, Staubsaugen oder Transport im Haushalt.
Mobiler Roboter	Mobile, autonome Roboter haben viele Gemeinsamkeiten mit den Servicerobotern. Typische Einsatzgebiete sind gefährliche Umgebungen, Unterwasser, andere Himmelskörper.
Mikro-, Nanoroboter	Mikroroboter haben nur eine Größe von wenigen Millimetern und können sich autonom in kleinen Strukturen bewegen und dort Aktionen durchführen, z.B. im Inneren des Körpers. Eine andere Entwicklungsrichtung zielt darauf ab, viele Mikroroboter als *Schwarm* agieren zu lassen, z.B. zur Erkundung. Unter Nanorobotern versteht man autonome Maschinen und Strukturen im Kleinstformat, bis hinunter zur Größe von Molekülen.
Humanoider Roboter	Solche Roboter haben menschenähnliches Aussehen mit zwei Armen und zwei Beinen. Sie sollen vergleichbare kognitive, sensorische und motorische Fähigkeiten haben, um mit Menschen direkt kommunizieren und interagieren zu können. Dies ist jedoch noch weitgehend Gegenstand der Forschung. Langfristig wird angestrebt, humanoide Roboter als multifunktionale Arbeitsmaschine und Assistent des Menschen einzusetzen.

1.2.2 Robotik als Wissenschaft

Der Begriff *Robotik* ist nicht so allgemeingültig definiert wie *Roboter*. Er beschreibt das Bestreben, eine Wissenschaft der Roboter zu definieren. Der Versuch einer Definition lautet:

Definition – Robotik

Die Robotik ist ein interdisziplinäres Wissensgebiet, das sich umfassend mit der Realisierung und Anwendung von Robotersystemen beschäftigt. Der Mensch mit seinen manuell-motorischen, sensorischen und kognitiven Fähigkeiten soll immer stärker unterstützt und ersetzt werden. Starken Einfluss auf die Robotik haben Maschinenbau, Werkstoffkunde, Elektrotechnik, Mathematik, Informatik und für zukünftige, hochentwickelte Systeme auch die Kognitionswissenschaften, die Psychologie und die Biologie.

Die *Robotik* als Wissenschaft kann auch in Anlehnung an die *Informatik* definiert und strukturiert werden, da es viele Parallelen gibt. Befasst sich die Informatik nur mit der digitalen Welt in Rechnern, so stellt die Robotik deren Erweiterung hin zur realen, physikalisch erfahrbaren Welt dar. Über die *Sensorik* werden Phänomene und Zustände der realen Welt erfasst und digitalisiert. Ähnlich der *Kognition* beim Menschen werden die aufgenommenen Informationen mit der internen, digitalen Modellwelt abgeglichen und weiterverarbeitet. Die Folge sind Entscheidungen und Aktionen, die über die *Aktorik* auf die reale Welt zurückwirken und dort Zustände verändern.

Deshalb macht es auch Sinn, die Robotik ähnlich der Informatik zu strukturieren:

- **Theoretische Robotik**
  beschäftigt sich mit der Abstraktion, Modellbildung und grundlegenden Fragestellungen, die sich mit der sensorischen Erfassung und Verarbeitung von Information, sowie deren Umsetzung in Aktionen befassen.

- **Praktische Robotik**
  entwickelt Methoden, um umfangreiche Programmsysteme (Software) für die Realisierung von Robotern erstellen zu können.

- **Technische Robotik**
  befasst sich mit der technischen Realisierung von Robotern.

- **Angewandte Robotik**
  untersucht den Einsatz von Robotersystemen in den verschiedenen Anwendungsgebieten.

 **Hinweis – Praktische Robotik**

Im vorliegenden Lehrbuch liegt das Hauptgewicht auf der praktischen Robotik. Die theoretische Robotik liefert die dafür benötigten formalen mathematischen Modelle. Auf die Themen der technischen Robotik wird direkt im Anschluss eingegangen, bei der Erörterung der Anforderungen an Roboter und der daraus folgenden Roboterarten. Das große Gebiet der angewandten Robotik wird in einem eigenen Kapitel (Kap. 7) anhand zweier Beispiele ansatzweise behandelt.

1.3   Industrieroboter

Die längste praktische Erfahrung besteht mit Industrierobotern, die bisher hauptsächlich in der Automobilindustrie eingesetzt worden sind. Inzwischen gibt es viele neue Anwendungsbereiche in anderen Industrien, aber auch außerhalb, z.B. in Labors, in der Medizin, auf dem Bau. Ihre Technik ist inzwischen ausgereift und stellt so einen guten Ausgangspunkt für andere Roboterarten dar. Der Blick auf die Roboter erfolgt aus Sicht der Anwendung, d.h. ihre besonderen Anforderungen bestimmen hauptsächlich die zu realisierenden technischen Merkmale. Zunächst werden in diesem Abschnitt die verschiedenen Ausprägungen des mechanischen Aufbaus vorgestellt. Es wird betrachtet, welche weiteren Komponenten zu einem vollständigen Robotersystem gehören. Anschließend wird die Steuerung mit ihren Funktionen dargelegt. Ihre Systemsoftware ist ausschlaggebend für die Intelligenz und Mächtigkeit der Roboteroperationen. Abschließend wird auf die Themen Bedienung und Anwendungsprogrammierung eingegangen.

1.3.1   Mechanischer Aufbau

Der mechanische Aufbau beschreibt, aus welchen mechanische Komponenten und mit welcher Struktur ein Roboter aufgebaut ist. Dies betrifft hauptsächlich die Art und die Anordnung der Bewegungsachsen. Dies wird als *Roboterkinematik* bezeichnet. Die wesentlichen mechanischen Eigenschaften eines Roboters sind dadurch bereits festgelegt.

Anforderungen und Kriterien

Industrieroboter führen entweder Transportaufgaben aus oder sie bearbeiten Werkstücke. Daraus folgen die beiden prinzipiellen Bewegungsarten. Sie unterscheiden sich bezüglich Geschwindigkeit und Genauigkeit der Bewegungsbahn.

1. Transport
   Beim Transport müssen große Entfernungen überbrückt werden, oft auch mit großen Traglasten. Beispiele dafür sind das Beladen von Paletten oder der Transport von Karosserieteilen in der Automobilfertigung. Angestrebt wird eine hohe Geschwindigkeit bei gleichzeitig geringem Verschleiß der Mechanik. Das exakte Einhalten eines vorgegebenen Bahnverlaufs wird in der Regel nicht gefordert, jedoch eine hohe Genauigkeit der Position am Ende der Bewegungsbahn.

2. Bearbeitung
   Bei einem Bearbeitungsprozess muss ein Werkzeug mit hoher Bahngenauigkeit und gleichbleibender Geschwindigkeit bezüglich eines Werkstücks bewegt werden. Die Genauigkeitsanforderungen haben Vorrang gegenüber einer hohen Geschwindigkeit. Typische Beispiele sind das Schweißen von Nähten oder das Schneiden von Blechen.

Die dritte denkbare Bewegungsvariante – bahngenau und schnell – kommt nur selten vor, z.B. beim Laserstrahlschneiden. Dabei spielen dann die Massen von Roboter und Traglast und ihre räumliche Verteilung eine große Rolle.

Eine weitere wichtige Eigenschaft, bedingt durch die Mechanik, ist der Arbeitsraum des Roboters. Dieser Begriff bezieht sich nicht nur auf die Raumkoordinaten, die angefahren werden können, sondern auch auf die Orientierung, die räumliche Ausrichtung des Werkzeugs oder Greifers. Die Anforderungen an den verfügbaren Arbeitsraum sind eine Folge von Größe und Form des zu bearbeitenden Werkstücks. Dazu zählen nicht nur die äußeren Abmessungen, sondern auch die Form der Innenräume, beispielsweise bei einer Autokarosse. Zusammengefasst sind die folgenden Parameter für die Gestaltung der Mechanik, einschließlich Antriebssystem, ausschlaggebend:

- Arbeitsraum,
- Traglast,
- Genauigkeit,
- Geschwindigkeit/Beschleunigung.

Ein Blick in die Prospekte der Roboterhersteller zeigt, welche Lösungswege gegangen worden sind. Die Parameter Genauigkeit und Arbeitsraum werden hauptsächlich durch Art, Anzahl und Anordnung der Bewegungsachsen bestimmt. Beim Begriff Genauigkeiten müssen drei Arten unterschieden werden:

- **Wiederholgenauigkeit**
  Die Wiederholgenauigkeit beschreibt, wie genau ein Punkt im Raum bei Wiederholungen angefahren wird. Sie wird beeinträchtigt durch nichtdeterministische, wahrscheinlichkeitsbehaftete Vorgänge, z.B. hervorgerufen durch Reibung und Getriebespiel. Die Wiederholgenauigkeit ist vor allem ein Qualitätsmerkmal der Mechanik.

- **Absolute Genauigkeit**
  Die absolute Genauigkeit definiert, wie genau der durch ein Bewegungsprogramm numerisch vorgegebene Zielpunkt in Wirklichkeit erreicht wird. Eine hohe absolute Genauigkeit wird verfehlt, wenn das mathematische Steuerungsmodell nicht alle wesentlichen mechanischen Effekte berücksichtigt. Ein Beispiel dafür ist die Getriebeelastizität. Sie führt dazu, dass ein Roboterarm bei hoher Traglast etwas absinkt.

- **Bahngenauigkeit**
  Die beiden ersten Arten von Genauigkeit beziehen sich auf den ruhenden Roboter. Die Bahngenauigkeit beschreibt, wie genau die durch das Anwendungsprogramm vorgegebene Bahnkurve ausgeführt wird. Dazu braucht es leistungsstarke Antriebe, um die dynamischen Kräfte, hervorgerufen durch Beschleunigung, zu kompensieren. Weiter sind hochentwickelte *Regelungsverfahren* erforderlich, um während der Bewegung die Abweichung zwischen Soll- und Istwert klein zu halten. Schließlich müssen die Sollwerte für die Achsen durch einen kleinen *Interpolationstakt* in möglichst kurzen Zeitabständen vorgegeben werden.

Hinweis – Regelung

Die Regelung ist ein wichtiger Teil der Signalverarbeitung in Maschinen. In Bild 1.2 ist ein einfacher Regelkreis dargestellt, der das Prinzip aufzeigt. Ein Istwert x wird kontinuierlich mit einem Sollwert w verglichen. Die resultierende Abweichung x_w ist die Eingangsgröße für den Regler, der das dynamische Regelungsmodell enthält. Der Ausgang ist die Stellgröße y, welche die Regelstrecke beeinflusst, z.B. einen elektrischen Motor mit Getriebe und angeflanschter Mechanik.

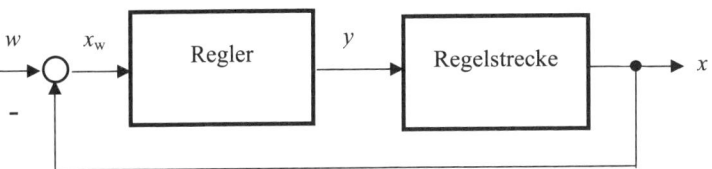

Bild 1.2 Einschleifiger Regelkreis

In der Praxis werden zwei Arten von Bewegungsachsen eingesetzt:

1. **Drehachse**
   Die Lager und Getriebe von Drehachsen können hochgenau gefertigt werden. Diese Achsen haben deshalb eine hohe Wiederholgenauigkeit.

2. **Schubachse**
   Schubachsen verfahren linear und können für einen großen Arbeitsraum, weit über 10 m hinaus, gefertigt werden. Die Wiederholgenauigkeit ist schlechter als bei einer Drehachse. Jedoch ergibt sich bei geradlinigen Bahnen ein Vorteil bezüglich der Bahngenauigkeit.

Hinweis – Begriffe Achse/Gelenk

Die Begriffe *Achse* und *Gelenk* werden synonym verwendet.

Die zulässige Traglast und Geschwindigkeit hängen von den auftretenden und beherrschbaren Kräften und Drehmomenten ab. Für hohe Ansprüche braucht es massearme und dennoch feste Konstruktionen, leistungsstarke Antriebe und hochentwickelte Regelungs- und Steuerungsverfahren.

Drei Hauptklassen von Robotern haben sich herausgeschält. Das entscheidende Kriterium ist die Ausgestaltung der *Grundachsen*. Die Achsen der Roboterhand, die *Nebenachsen*, spielen bei dieser Betrachtung keine große Rolle. Auf ihre Realisierung mit den beiden Varianten *Zentralhand* und *Winkelhand* wird am Ende dieses Unterkapitels eingegangen.

1. **Gelenkarmroboter**
   Der Gelenkarmroboter (Bild 1.3, 1.4) ist ausschließlich mit Drehachsen ausgestattet. Dadurch ist er schnell und genau.

2. **Portalroboter**

   Der Portalroboter (Bild 1.5) hat nur lineare Schubachsen, die rechtwinklig zu einander angeordnet sind. Dies ermöglicht einen besonders großen Arbeitsraum und hohe Traglasten.

3. **SCARA-Roboter**

   Der SCARA-Roboter[3] (Bild 1.6) besitzt zwei Dreh- und eine Schubachse. Er ist schnell, genau und eignet sich besonders gut für die Montage.

Als weitere Roboterklasse haben sogenannte *parallele Roboter* eine gewisse Bedeutung erlangt. Die Bewegungsachsen sind parallel angeordnet (Bild 1.8). Da auf Grund der besonderen Konstruktion die zu bewegenden Massen gering sind, ist die Beschleunigung besonders hoch und deshalb die Ausführungszeit niedrig. Der wichtigste Vertreter ist der *Hexapod*[4].

Bild 1.3 Roboter der Baureihe RV
(Reis Robotics)

Bild 1.4 Roboter KR1000 TITAN
(KUKA Roboter)

Gelenkarmroboter

Der Gelenkarmroboter ist der Universalroboter schlechthin und hat die mit Abstand größte Verbreitung. Der Name macht deutlich, dass dieser Roboter nur Drehgelenke aufweist. Der Arm ist mit einem Schulter- und Ellbogengelenk ausgestattet und wird deshalb als *Knickarm* bezeichnet. In der häufigsten Ausprägung verfährt der Arm in einer vertikalen Ebene. Montiert ist er auf einer weiteren Drehachse, die ihn parallel zur Grundebene bewegt.

Sein Arbeitsraum ist näherungsweise kugelförmig. Um ihn zu vergrößern, wird der Roboter auf einer Schiene oder an einem großen Portalroboter montiert. Seine Traglast beträgt bis 1000 kg. Die Bilder 1.3 und 1.4 zeigen zwei Vertreter dieses Typs, einen kleinen mit nur 6 kg Traglast und einen ganz großen mit 1000 kg Traglast. Dieser kann somit eine ganze Autokarosse handhaben. Da nur Drehachsen vorhanden sind, ist die Wiederholgenauigkeit hoch, typischerweise bis 0.1 mm. Es fällt auf, dass die Motoren für die Handachsen am Ellbogengelenk und damit nahe an der Mittelachse des Roboters angebracht sind. Dadurch ergeben sich

---

[3]   Abkürzung für Selective Compliance Assembly Robot
[4]   Aus dem Griechischen, bedeutet „Sechsfuß"

ein niedriges Trägheitsmoment[5], hohe Beschleunigungen und kurze Verfahrzeiten. Bei größeren Robotern braucht es einen *Gewichtsausgleich*. Durch Federn oder hydraulische Systeme wird das Eigengewicht des Arms kompensiert. Damit werden die durch die Antriebe aufzubringenden Drehmomente und dadurch die benötigte Leistung reduziert.

Es gibt Varianten des Gelenkarmroboters, die besonders für schnellen Transport ausgelegt sind – durch hohe Antriebsleistung, geringe Masse und Trägheitsmoment sowie optimierte Regelung. Dies ist wichtig für eine sehr häufige Anwendung, das Palettieren. Andere Varianten haben einen hohlen Arm, um die Versorgungsleitungen für das Werkzeug besser verlegen zu können, z.B. für das Lichtbogenschweißen.

Portalroboter

Beim Portalroboter werden die Grundachsen durch Schubachsen realisiert, die wie die Achsen eines kartesischen Koordinatensystems angeordnet sind. Lineare Achsen ermöglichen große Arbeitsräume und hohe Traglasten. An den Grundachsen ist entweder eine Roboterhand oder auch ein kompletter Gelenkarmroboter montiert. Hauptanwendungen sind die Handhabung von Werkstücken oder Werkzeugen, z.B. um mehrere Werkzeugmaschinen in einer Fertigungszelle zu versorgen, und das Bestücken von Paletten. Bild 1.5 zeigt einen Portalroboter mit drei kartesisch angeordneten Schubachsen.

Bild 1.5 Portalroboter (Reis Robotics)

SCARA-Roboter

SCARA-Roboter sind Spezialroboter für die Montage. Die besonderen Anforderungen sind:

• schnelle und genaue Positionierung, parallel zur Grundebene,
• genaues Einfügen von Bauteilen senkrecht zur Grundebene, oft gesteuert durch einen Kraftsensor.

---

[5]   Das Trägheitsmoment beschreibt die Wirkung einer Masse bei einer Drehbewegung.

Die Kinematik besteht aus einem horizontalen Knickarm mit dazu orthogonaler Schubachse. Häufig ist auch eine Kamera integriert, um Bohrungen oder andere mechanische Merkmale zu identifizieren. Bild 1.6 zeigt einen solchen SCARA-Roboter.

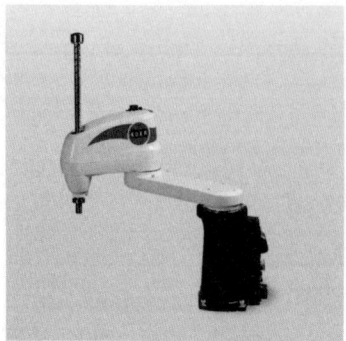

Bild 1.6 SCARA-Roboter KR5
(KUKA Roboter)

Bild 1.7 Leichtbauroboter LBR3
(KUKA Roboter)

Leichtbauroboter

Die Leichtbauweise von Robotern ist die Voraussetzung dafür, dass das Eigengewicht kleiner als die Nutzlast gehalten werden kann. Erst dies ermöglicht eine eigenständige Fortbewegung auf Beinen. In Bild 1.7 ist ein sehr weit entwickeltes Roboterkonzept dargestellt. Die hervorstechenden Merkmale sind eine schlanke Leichtbauweise und kraftgeregelte Achsen. Auf diese Weise wird verhindert, dass es zu harten Kollisionen kommt. So wird gefahrloses Arbeiten im direkten Umgang mit Menschen möglich, z.B. bei der gemeinsamen Montage von Teilen. Ein solcher Roboter kann als Assistent des Menschen eingesetzt werden.

Bild 1.8 Paralleler Roboter IRB 340 FlexPicker
(ABB Robotics)

Paralleler Roboter

Bei einem Roboter mit paralleler Kinematik sind mehrere Achsen parallel angeordnet. Der Hauptvorteil ist eine extrem hohe Ausführungsgeschwindigkeit. Einschränkend wirkt der relativ kleine Arbeitsraum. Der wichtigste Vertreter dieser Gattung, der *Hexapod*, erlaubt die Bewegung des Flansches in allen sechs Freiheitsgraden des Raums. Bild 1.8 zeigt einen kommerziell eingesetzten parallelen Roboter mit vier Achsen.

Roboterhand

Am häufigsten anzutreffen ist die *Zentralhand*, dargestellt in Bild 1.9. Charakteristisch ist, dass alle Handachsen zueinander orthogonal ausgerichtet sind und sich in einem einzigen Punkt schneiden, dem *Handwurzelpunkt*. Die Vorteile sind:

* kompakter Aufbau,
* schnelle und einfache mathematische Verfahren bei der Steuerung.

Auf Grund der besonderen Struktur der Zentralhand ergibt sich ein einfaches analytisches Berechnungsverfahren, um aus der vorgegebenen Zielposition mit Hilfe der *Rücktransformation* (Abschnitt 4.4) die Stellungen aller Roboterachsen zu berechnen.

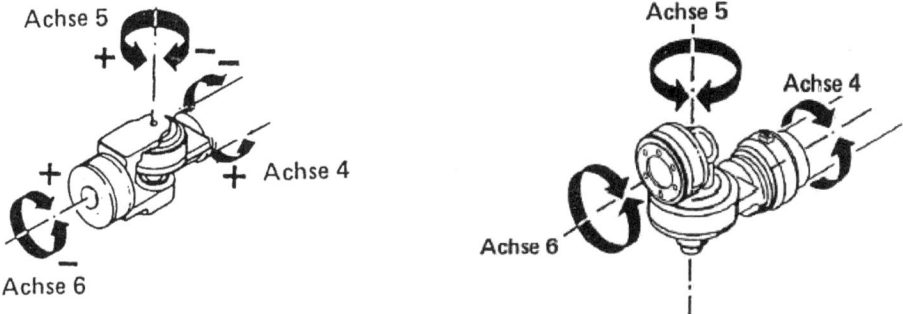

Bild 1.9 Zentralhand (links) und Winkelhand (KUKA Roboter)

Wegen der kompakten Bauweise ist die Zentralhand die kritische Komponente bei der Bewältigung großer Traglasten. Da in die Hand auch Getriebe integriert sind, wird die Genauigkeit zusätzlich beeinträchtigt. Bezüglich des Arbeitsraums muss die Roboterhand möglichst große Winkelbereiche für die räumliche Ausrichtung realisieren. Falls sich die drei Handachsen nicht in einem Punkt schneiden, spricht man von einer *Winkelhand*. Sie ist einfacher zu realisieren, da die Drehachsen weniger kompakt aufgebaut sein müssen. Die Berechnung kann aber nur noch mit numerischen Verfahren durchgeführt werden.

1.3.2   Komponenten eines Robotersystems

Um ein komplettes Robotersystem zu erhalten, muss der mechanische Roboter, je nach Anwendung, um eine Reihe weiterer Komponenten ergänzt werden. Diese sind in Bild 1.10 dargestellt.

1. **Roboter**
   Der Roboter ist die aktive Komponente, welche die Handhabung, Montage oder Werkstückbearbeitung ausführt. Die zugeführte elektrische Energie bewirkt, dass der Effektor eine Bewegung ausführt. Interne Sensoren liefern die Zustandsgrößen Strom, Geschwindigkeit und Position/Winkel, die dann von der Regelung weiter verarbeitet werden.

2. **Effektor**
   Der Effektor ist am Ende des Arms, dem *Flansch*, montiert. Mit einem Greifer wird ein Werkstück transportiert oder auf einer genau festgelegten Bahn an einem raumfesten Werkzeug, z.B. einem Schweißgerät, vorbeigeführt (*Werkstückhandhabung*). Als Effektor kann aber auch ein Werkzeug montiert sein, mit dem ein Werkstück bearbeitet wird (*Werkzeughandhabung*). Das Werkzeug muss in der Regel von außen mit Energie und Zusatzstoffen versorgt werden. Beispielsweise benötigt ein Lichtbogenschweißgerät elektrische Energie, Schweißdraht und Schutzgas.

3. **Leistungsteil**
   Die meisten Roboter werden elektrisch angetrieben. Der Leistungsteil formt die von außen gelieferte elektrische Energie aus dem Stromnetz so um, dass die Motoren die jeweils benötigte Drehzahl und das erforderliche Drehmoment bereit stellen.

4. **Nahsensor**
   Um die Bewegungsführung in Bezug auf die Werkstückoberfläche zu optimieren, müssen manchmal zusätzliche Sensoren eingesetzt werden. Beispiele dafür sind Kraft-Moment-, Abstands- oder Nahtverfolgungssensoren. Diese Nahsensoren sind zwar schnell und genau, liefern aber nur Informationen aus einem kleinen, lokalen Bereich.

5. **Fernsensor**
   Fernsensoren haben einen wesentlich größeren Arbeitsbereich als Nahsensoren, sind aber wegen des größeren Abstands zum Fertigungsprozess ungenauer. Sie reagieren auch langsamer, da wesentlich umfangreichere Datenmengen anfallen. Oft werden als Fernsensoren optische Systeme eingesetzt, beispielsweise dreidimensionale Kameras.

6. **Steuerungsrechner**
   Der Steuerungsrechner liefert die Steuersignale für den Leistungsteil. Berechnet werden diese auf Grund der Sensorinformationen von außen und des gespeicherten Wissens, dargestellt durch System- und Anwendungssoftware. Die Berechnungen müssen in *Echtzeit* erfolgen.

7. **Bediengeräte**
   Neben der Standardbedienung über Bildschirm, Tastatur und Maus sind die meisten Roboter auch mit einem tragbaren Bediengerät (*Programmierhandgerät*, *PHG*) ausgestattet (Bild 1.13). Damit ist es möglich, den Roboter in unmittelbarer Nähe zum Werkstück zu bedienen und zu programmieren. Insbesondere kann der Roboter durch das *Handverfahren* mit Hilfe von speziellen Verfahrtasten am PHG bewegt und so in jede gewünschte Position gebracht werden. Die Sicherheit des Bedieners muss dabei jederzeit gewährleistet sein. In der Regel gibt es für diesen Zweck eine spezielle Betriebsart. Der Roboter wird dabei mit verminderter Spannung und Leistung betrieben. Über einen *Notaus-Taster* kann ein sofortiger Stopp herbeigeführt werden.

8. **Rechnerkommunikation**
Über Rechnernetze erfolgt Kommunikation mit übergeordneten Fertigungsleit- und Wartungsrechnern, sowie mit untergeordneten Einheiten, wie z.B. Werkzeugsteuerungen oder Zuführeinrichtungen.

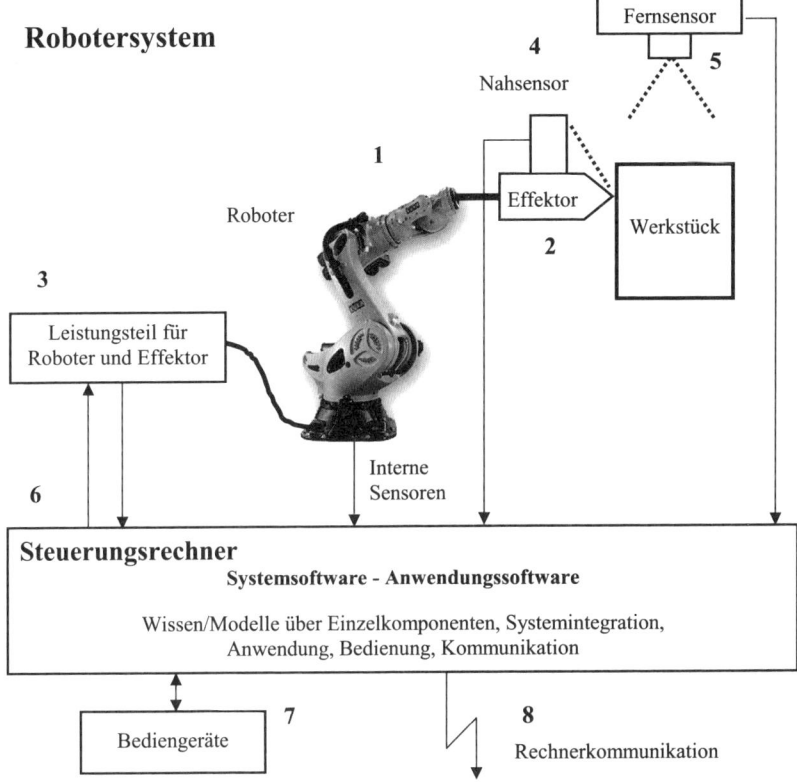

Bild 1.10 Komponenten eines Robotersystems

Hinweis – Echtzeit

Für Steuerungen werden *Echtzeitrechner* mit *Echtzeitsoftware* benötigt. Dazu braucht es vor allem zwei Eigenschaften:

1. **Rechtzeitigkeit**
    Die internen Rechenprozesse müssen rechtzeitig und schritthaltend mit den externen technischen Prozessen erfolgen. Auf plötzliche asynchrone Ereignisse, z.B. Fehler oder Kollisionsmeldungen, muss genügend schnell reagiert werden.

2. **Gleichzeitigkeit**
    Da die Prozesse in der realen, technischen Welt parallel ablaufen, muss der Rechner in der Lage sein, die internen Softwareprozesse ebenso parallel auszuführen.

1.3.3   Steuerung und Systemsoftware

Der Funktionsumfang eines Robotersystems wird vor allem durch die Steuerung realisiert. Anhand des konkreten Beispiels einer weitverbreiteten Standardsteuerung werden nun Aufbau und Funktion erklärt. Bild 1.11 zeigt einen Blick in den Schrank der Robotersteuerung KRC 2 der Firma KUKA Roboter GmbH[6]. Er enthält

- den Leistungsteil für alle Antriebe,
- den Steuerungsrechner,
- die Sicherheitseinrichtungen,
- Schnittstellen für periphere Komponenten.

Bild 1.11 Schrank der Steuerung KRC 2 (KUKA Roboter)

Eine schematische Darstellung des Innenlebens ist in Bild 1.12 dargestellt.

- Hardwareplattform
  Es gibt zwei Hardwareplattformen, eine *PC-Standardhardware* und eine spezielle *Multifunktionskarte*.
- Software
  Die Software läuft auf der PC-Hardware unter zwei verschiedenen Betriebssystemen. Bedienung, Datenverwaltung, Kommunikation über allgemeine Rechnernetze und Internet laufen unter dem Standardbetriebssystem *Windows*. Die Echtzeitsoftware zur Aus-

---

[6]   KUKA Roboter GmbH, Augsburg

führung des Anwendungsprogramms und der Bahnberechnung läuft unter dem Echtzeitbetriebssystem *VxWorks*[7].

- **Multifunktionskarte**
  Die Multifunktionskarte ist die Schnittstelle zum Roboter und zu weiteren Komponenten der Fertigungsumgebung. Durch die *Digitale Servoelektronik* werden die *Antriebsverstärker* im Leistungsteil mit Stellgrößen versorgt. Über den *Resolver-Digital-Wandler* werden die Istwerte der Antriebe eingelesen und den Regelkreisen zugeführt. Feldbusse[8] und digitale Ein-/Ausgänge ermöglichen eine Echtzeitkommunikation mit weiteren Fertigungskomponenten. Die Fehler- und Sicherheitsüberwachung wird realisiert.

- **Programmierhandgerät**
  Die Signale der Roboterverfahrtasten und der Sicherheitseinrichtungen, z.B. *Notaus-Taster*, werden vom Programmierhandgerät direkt in die Multifunktionskarte geführt.

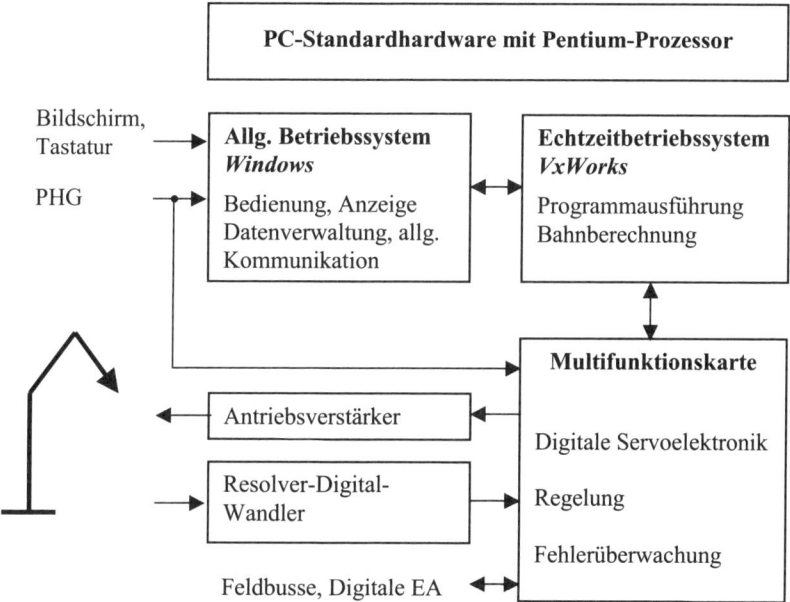

Bild 1.12 Schematischer Aufbau der Robotersteuerung KRC 2 von KUKA Roboter

1.3.4 Anwendungsprogrammierung und Bedienung

Aufbau eines Anwendungsprogramms

Um einen Roboter für eine bestimmte Anwendung einzusetzen, muss das entsprechende Anwendungswissen implementiert werden. Dies erfolgt durch das Anwendungsprogramm.

---

[7] Verbreitetes Echtzeitbetriebssystem der Firma Wind River Systems
[8] Feldbusse sind robuste Rechnernetze zur Kommunikation mit untergeordneten Komponenten

Die dafür gebräuchlichen Programmiersprachen sind meist herstellerspezifisch, funktions-orientiert und auf die besondere Roboterproblematik zugeschnitten (*4GL-Sprache*). Beim Erstellen eines Roboterprogramms lassen sich vier Aufgabenbereiche unterscheiden:

- **Roboterbewegung**
  Die für die Bewegung erforderliche Information wird der Bahnsteuerung vom Anwen-dungsprogramm mit Hilfe eines Datensatzes, des *Bahnsatzes*, zur Verfügung gestellt. Der räumliche Verlauf der Bahn wird durch eine Liste von *Stützpunkten* mit Interpolations-verfahren beschrieben. Der zeitliche Verlauf wird durch Zeit- Geschwindigkeits- und Be-schleunigungsangaben definiert. Weiter kann es *Schaltbedingungen* geben. Dies bedeutet, dass ein Signal erzeugt wird, sobald eine Orts- oder Zeitbedingung erfüllt ist. Dieses Sig-nal kann benutzt werden, um externe Operationen zu steuern, z.B. den Beginn eines Schweißprozesses.

- **Bearbeitungsprozess**
  Falls der Roboter Bearbeitungsprozesse an Werkstücken ausführt, müssen diese in Ab-stimmung mit der Bewegung gesteuert, überwacht und optimiert werden. Dazu werden über Feldbusse oder einfache Leitungen Parametersätze an die Steuerung des Werkzeugs übertragen. Der Bearbeitungsprozess wird mit speziellen Kommandos gesteuert und überwacht.

- **Ablaufsteuerung**
  Die Programmierung der Ablaufsteuerung erfolgt wie üblich über bedingte Anweisungen und Schleifen. Da es sich in der Regel um Echtzeitaufgaben handelt, muss auch die Syn-chronisation von parallelen Prozessen programmiert werden.

- **Bediener- und Netzkommunikation**
  Die Anwendungssoftware muss auch Anweisungen für die Kommunikation mit dem Be-diener über Dialoge und für die Kommunikation über Rechnernetze enthalten.

Die Programmierung von Anwendungen wird oft durch *anwendungsspezifische Softwarepa-kete* unterstützt. Beispielsweise gibt es solche Pakete für die Bereiche Lichtbogenschweißen, Laserschweißen, Kleben, Palettieren.

Hinweis – 4GL-Sprachen, Skriptsprachen

Sprachen mit vielen spezialisierten Funktionen, die dadurch bereits auf ein bestimmtes Anwendungsfeld (*Domäne*) ausgerichtet sind, werden als Sprachen der 4. Generation (*4th Generation Language* – 4GL), *domänenspezifische Sprachen* oder als *Skriptsprachen* be-zeichnet. Durch diese Spezialisierung sind sie einfacher in der Anwendung. Meistens werden sie nicht kompiliert, sondern durch einen Interpreter direkt ausgeführt.

Stützpunkte der Bewegungsbahn

Üblicherweise wird der räumliche Verlauf einer Bewegungsbahn durch eine Liste von Stütz-punkten und die Angabe von Interpolationsverfahren für den Bahnverlauf dazwischen pro-grammiert. Ein Stützpunkt beschreibt sowohl die dreidimensionale Position des Effektors als auch seine räumliche Ausrichtung. Die Positionsangabe bezieht sich auf einen ausgewählten Punkt am Effektor, den *TCP* (Tool Centre Point für Werkzeugmittelpunkt). Eine alternative Methode besteht darin, die gespeicherten Werte der Roboterachsen zur Definition der Stützpunkte zu verwenden. Diese einfache Methode hat aber den Nachteil, dass die erstellten Anwendungsprogramme mit keiner anderen Robotervariante ablaufen können.

Stützpunkte müssen gemessen und numerisch erfasst werden. Die gebräuchlichste Methode ist das *Teachen* (aus dem Englischen für Einlernen). Da der Roboter sehr genaue Wegmesssysteme besitzt, kann er als Messmaschine eingesetzt werden. Durch das Handverfahren wird der Effektor in die gewünschte Lage gebracht. Beim anschließenden Teach-Vorgang werden die Daten der Wegmesssysteme ausgelesen und als TCP-Koordinaten in einer Punktedatei abgespeichert. Darauf greift das Anwendungsprogramm zu, um während der Ausführung die durch das Teachen programmierten Stützpunkte wieder anzufahren.

Bei der *Offline-Programmierung* wird die Punktedatei nicht online mit Hilfe des Roboters, sondern offline, basierend auf einem geometrischen Modell von Werkstück und Fertigungszelle erstellt. Solche Modelle entstehen entweder bereits während der Konstruktion mit einem CAD-System[9] oder sie werden mit Hilfe von dreidimensionalen Bilddaten erzeugt.

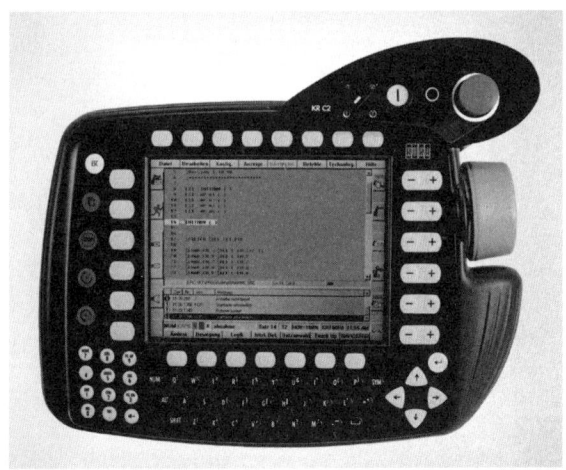

Bild 1.13 Programmierhandgerät für die Robotersteuerung KRC2 (KUKA Roboter)

Bedienung

Die Bedienung von Robotern aus nächster Nähe erfolgt mit Hilfe eines tragbaren Bediengeräts. Als Beispiel ist in Bild 1.13 das Programmierhandgerät (*PHG*) der KRC 2-Steuerung von KUKA Roboter dargestellt. Rechts vom Display sind die 6 Wipptasten zum Verfahren der Roboterachsen angeordnet und daneben der runde Knopf der 6D-Maus.

---

[9] Abkürzung für Computer Aided Design

Charakteristisch für Industrieroboter sind zwei Bediensituationen:

- **Handverfahren**
  Mit Hilfe von zwölf Drucktasten oder sechs Wipptasten am PHG wird der Roboterarm mit dem Effektor in die gewünschte Raumlage gefahren. Die Tasten entsprechen den sechs Freiheitsgraden eines Körpers im Raum, jeweils in positiver und negativer Richtung (siehe Abschnitt 2.2.3). Eine elegante Alternative zu Tasten ist eine 6D-Maus. Mit einem einzigen Bedienelement kann ein Roboter ebenfalls bezüglich aller sechs Freiheitsgrade verfahren werden. Gesteuert wird dies durch Kräfte und Drehmomente, die über einen Bedienknopf am PHG durch Verschieben und Verdrehen ausgeübt werden.

- **Testbetrieb**
  Der Programmierer muss aus nächster Nähe überprüfen, ob das Roboterprogramm die beabsichtigte Raumkurve abfährt und die Relation zum Werkstück stimmt. Dies muss mit reduzierter, ungefährlicher Geschwindigkeit erfolgen, bei der jederzeit ein Schnellstopp möglich ist.

1.4   Andere Roboterklassen

Die bei den Industrierobotern bereits ausgereiften Techniken sind auch die Grundlage für die anderen Roboterklassen. Deren besondere Probleme, Entwicklungstrends und Anwendungsfelder können jedoch nur grob dargestellt werden.

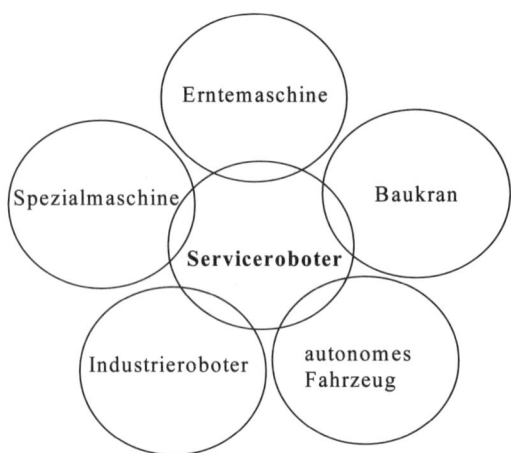

Bild 1.14 Serviceroboter und angrenzende Technologien

1.4.1   Serviceroboter und mobile Roboter

Die Klasse der Serviceroboter ist nur schwer von anderen Roboterklassen und Maschinen abzugrenzen. Es gibt einen fließenden Übergang, wie dies Bild 1.14 darstellt. Mobile Roboter haben viele Gemeinsamkeiten mit Servicerobotern. Sie führen ebenfalls weitgehend selbstständig Operationen aus und erbringen so Dienstleistungen. Der Schwerpunkt liegt aber noch mehr auf Mobilität, auch bei schwierigem Gelände, und auf autonomem Verhalten. Weiterhin gibt es bei Servicerobotern eine große Spannbreite bezüglich des Preises und damit des Niveaus der eingesetzten Technik. Diese reicht von sehr einfachen und kostengünstigen Servicerobotern für den privaten Bereich bis hin zu hochprofessionellen Geräten für industrielle und kommerzielle Anwendungen.

Bild 1.15 Reinigungsroboter
(Robomop International)

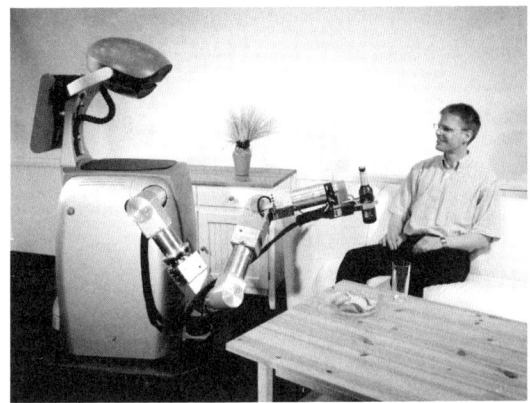

Bild 1.16 Assistenzroboter Care-O-bot
(Fraunhofer Institut IPA)

Die Bilder 1.15 bis 1.18 sollen das weite Feld der Serviceroboter und mobilen Roboter andeuten. Zu sehen sind:

- kostengünstiger Reinigungsroboter für den Haushalt,
- mobiler Assistenzroboter,
- Assistenzroboter für den Einsatz im Operationssaal,
- mobiler, autonomer Erkundungsroboter auf dem Mars.

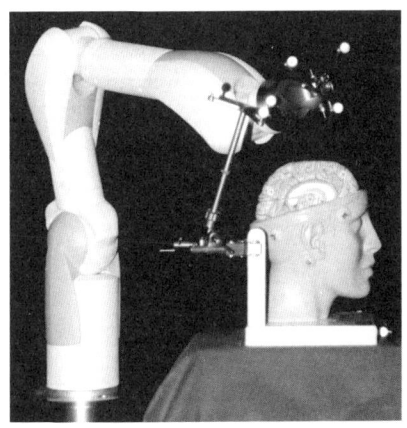

Bild 1.17 KINEMEDIC-Arm (Institut für Robotik
und Mechatronik, DLR)

Bild 1.18 Erkundungsroboter auf dem Mars
(JPL NASA, USA)

1.4.2   Mikroroboter

Mit Mikrorobotern will man in neue Anwendungsfelder vordringen. Ein Paradebeispiel dafür ist die Handhabung und Bearbeitung von Mikroobjekten. Bild 1.19 zeigt zwei kooperierende Mikroroboter. Sie sind nur wenige Millimeter groß. Mit der Miniaturisierung ist noch eine weitere Zielsetzung verbunden, nämlich mehrere Roboter gemeinsam als *Schwarm* einzusetzen. Das Vorbild dafür liefern Insekten. Zwar besitzt ein einzelnes Tier nur eine relativ niedrige Intelligenz. Jedoch ein Schwarm als Ganzes zeigt oft hochintelligentes Verhalten, z.B. ein Bienenvolk oder ein Ameisenstaat. Die in Tabelle 1.2 erwähnten Nanoroboter haben noch keine praktische Bedeutung und sind bisher nur Gegenstand der Forschung.

Bild 1.19 Mikroroboter MINIMAN (Institut für Prozessrechentechnik IPR, Universität Karlsruhe)

1.4.3   Humanoide Roboter

Humanoide Roboter sind die Krone der Roboterentwicklung. Das ultimative Ziel sind Maschinen, die als nützliche, aber immer ungefährliche Assistenten des Menschen eingesetzt werden können. Die zu lösenden technischen Probleme stellen außerordentlich große Herausforderungen dar. Auch wenn das angestrebte Ziel nur teilweise erreicht werden kann, so resultieren daraus dennoch viele wertvolle Ergebnisse für andere Bereiche der Robotik. Bild 1.20 zeigt einen noch beinlosen Roboter, der aber mit hochentwickelten Armen, Händen und Sensoren ausgestattet ist. In Bild 1.21 ist der schon sehr weit gediehene Entwicklungsstand eines Laufroboters zu sehen.

Die wichtigsten Problemfelder bei humanoiden Robotern sind:

* **Verhältnis Nutzgewicht-Eigengewicht**
  Absolute Leichtbauweise ist erforderlich. Das Nutzgewicht muss das Eigengewicht übertreffen, damit eigenständige Fortbewegung, einschließlich Treppensteigen, möglich ist.

- **Aktorik**
Bisher realisierte humanoide Roboter haben Gelenke mit insgesamt 25 Freiheitsgraden und mehr. Diese zu steuern und zu koordinieren ist eine äußerst komplexe Echtzeitaufgabe.

- **Sensorik**
Es gilt, umfangreiche Sensordaten zu verarbeiten und miteinander in Beziehung zu setzen. Objekte müssen identifiziert und damit Entscheidungen auf den unterschiedlichsten Reaktionsebenen abgeleitet werden. Diese reichen von kurzfristigen Reflexen bis zu langfristiger Aktionsplanung.

- **Navigation**
Die kontinuierliche Ortsbestimmung ist eine Voraussetzung für autonomes Verhalten. Dazu müssen lokale Informationen von Sensoren zusammen mit globaler Information von Navigationssystemen ausgewertet werden. Dies wird dann noch in Beziehung zu gespeicherten Umgebungsmodellen gesetzt.

- **Kognition**
In Anlehnung an das menschliche Gehirn werden darunter alle höherwertigen Informationsverarbeitungen verstanden. Sie reichen von Reflexen über zielgerichtetes Handeln bis zum Lernen.

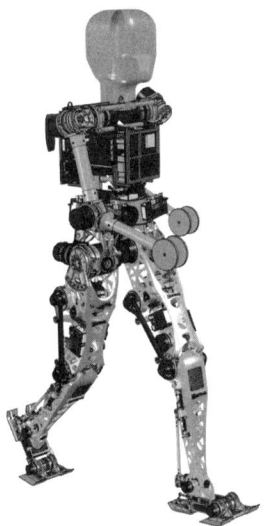

Bild 1.20 Roboterassistent (Institut für Robotik und Mechatronik, DLR)

Bild 1.21 Humanoider Roboter (Institut für Angewandte Mechanik, TU München)

Wichtig – Verständnis der Grundprinzipien

Voraussetzung für eine erfolgreiche Beschäftigung mit der Robotik, wie mit jedem anderen Fachgebiet, ist das Verständnis der Grundprinzipien und inneren Logik.

1.5   Datenfluss in einem Robotersystem

Bisher wurde der Stand der Robotertechnik beschrieben und die Technik von außen betrachtet. Die Darstellung in Bild 1.22 soll ein übergreifendes Prinzip herausarbeiten. Das Gemeinsame aller Robotersysteme und vieler Maschinen darüber hinaus besteht darin, Material-, Energie- und Datenflüsse zu erfassen, zu steuern und zu koordinieren.

Materialfluss

Roboter transportieren oder bearbeiten Werkstücke. Dadurch verändert sich die Verteilung der Materie im Raum. Dies erfordert Energie.[10]

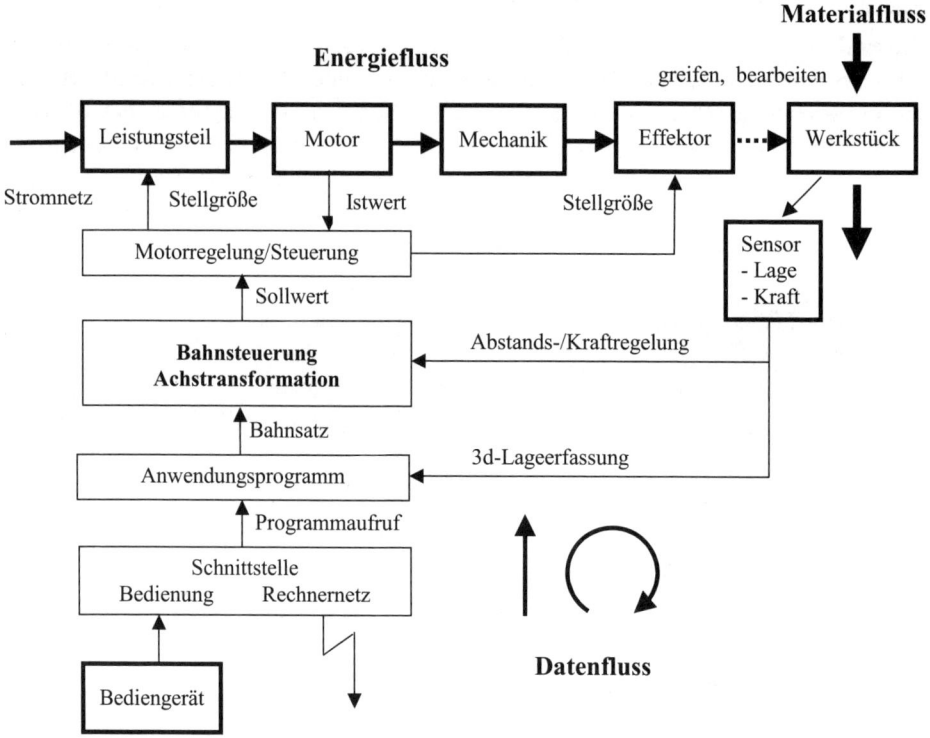

Bild 1.22 Material-, Energie- und Datenfluss in einem Robotersystem

---

[10]   Prinzipiell kann dabei auch Energie frei werden, z.B. wenn ein Körper nach unten bewegt wird.

Energiefluss

Die Energie wird dem Stromnetz entnommen und im Leistungsteil so umgeformt, dass der zeitliche Verlauf von Strom und Spannung den berechneten Anforderungen für den betreffenden Elektromotor entspricht. Im Motor wird die elektrische Energie in mechanische umgewandelt. Durch die Robotermechanik, einschließlich Getriebe, wird diese auf den Effektor übertragen, z.B. einen Greifer. Dieser nimmt das Werkstück auf und bewegt es auf Grund der bereit gestellten Energie.

Datenfluss

Beim Datenfluss gibt es zwei Verläufe:

- Seriell
  Ausgehend von einer Bedieneingabe oder Anforderung über das Rechnernetz wird ein Fertigungsprozess gestartet. Diese Aufforderung wird über die Verarbeitungskette Anwendungsprogramm, Bahnsteuerung, Motorregelung/Steuerung bezüglich des vorhandenen Robotersystems immer mehr konkretisiert und in Teiloperationen aufgelöst. Die Achstransformationen berechnen ausgehend von der Zielstellung des Effektors die resultierenden Achsstellungen. Das Ergebnis sind die detaillierten, zeitbezogenen Stellgrößen, die an den Leistungsteil ausgegeben werden.
- Zirkular
  Durch Sensoren und Weg-/Winkelmesssysteme werden Informationen über den aktuellen Zustand von Energie- und Materialfluss geliefert. Damit findet einmal Überwachung statt. Aber diese Informationen werden auch benutzt, um in einem geschlossenen Wirkkreislauf Energie- und Materialfluss zu steuern und zu optimieren. Beispielsweise werden die Informationen eines Abstandssensors benutzt, um die durch die Bahnsteuerung erzeugten Bahnsollwerte bezüglich des geforderten Abstands immer wieder anzupassen.

In den nun folgenden Kapiteln steht die Realisierung des Datenflusses im Mittelpunkt. Dies ist der Gegenstand der Softwareentwicklung und damit der *Praktischen Robotik*.

1.6   Zusammenfassung

Die *Robotik* ist ein interdisziplinäres Wissensgebiet, das sich mit der Realisierung und Anwendung von Robotersystemen beschäftigt. Am Anfang der Entwicklung stehen die *Industrieroboter*. Sie zeichnen sich durch Schnelligkeit, Genauigkeit, hohe Traglast und Robustheit aus. Die größte Verbreitung hat der Gelenkarmroboter mit sechs Drehachsen.

Die Mächtigkeit der Funktionen wird vor allem durch die *Steuerung* realisiert. Neben dem Steuerungsrechner umfasst sie Leistungsteil, Sicherheitseinrichtungen und Schnittstellen für periphere Komponenten. Die Systemsoftware realisiert hauptsächlich die Verfahren zur Achstransformation der eingesetzten kinematischen Struktur und zur Bahnsteuerung. Eine

konkrete Roboteranwendung wird durch das Anwendungsprogramm realisiert. Bewegungsbahnen werden durch eine Liste von Stützpunkten mit Interpolationsverfahren definiert. Die
Roboterposition bezieht sich auf den Werkzeugmittelpunkt (*TCP*). Sensoren ermöglichen
eine Anpassung der Bewegung an die konkrete Fertigungsumgebung. Das Anwendungsprogramm steuert neben der Bewegung auch den Bearbeitungsprozess des Werkzeugs.

Weitere Roboterklassen sind *Serviceroboter/mobiler Roboter, Mikroroboter* und *humanoider
Roboter*. Das übergreifende Prinzip für alle Robotersysteme besteht darin, Material-, Ener-
gie- und Datenfluss integriert zu realisieren.

Wichtige Begriffe und Methoden

- Roboter, Robotik
- Sensorik, Aktorik, Kognition, Navigation
- Industrieroboter, Serviceroboter, Mikroroboter, humanoider Roboter
- Arbeitsraum, Traglast, Genauigkeit, Geschwindigkeit
- Effektor, Tool Centre Point (TCP), Orientierung
- Bahn, Stützpunkte, Interpolationsverfahren
- Teachen, Offline-Programmierung
- Bahnsteuerung, Achstransformation
- Regelung, Stellgröße, Sollwert, Istwert, geschlossener Wirkkreislauf
- Systemsoftware, Anwendungssoftware
- Nahsensoren, Fernsensoren
- Integrierter Material-, Energie-, Datenfluss

2 Grundlagen der Robotermathematik

Zielsetzung

Formale, mathematische Modelle sind Voraussetzung für die Programmierung. Dafür sollen die Grundlagen der Robotermathematik vermittelt werden. Der erste Schritt der Robotermodellierung ist die Beschreibung der Mechanik durch geometrische Elemente und ihre gegenseitigen Bezüge. Die Voraussetzung für eine Berechnung sind analytische Methoden, deren Grundlage die Theorie der Vektoren, Matrizen und linearen Gleichungssysteme bildet.

Da Roboter häufig Drehachsen besitzen, ist die Berechnung von Winkeln, die durch die verschiedenen geometrischen Elemente bestimmt werden, eine wichtige Anforderung. Bei der Generierung von sanften, ableitbaren räumlichen und zeitlichen Verläufen spielen Polynome eine wichtige Rolle. Schließlich ist es oft unerlässlich, die Abhängigkeit von Größen bei nur kleinen, differentiellen Änderungen zu berechnen. Auf diese Weise können lineare Gleichungssysteme zur näherungsweisen Beschreibung nichtlinearer Zusammenhänge benutzt werden.

2.1 Formale Modelle

Ein wesentliches Teilgebiet der Robotik sind Verfahren zum Steuern und Überwachen von Robotern mit Hilfe von Rechnersystemen. Die dafür benötigte Software muss Wissen repräsentieren über

- die Eigenschaften der Robotersysteme,
- die durchzuführenden Anwendungsprozesse,
- die Art und Weise der Bedienerdialoge.

Ein kleines Beispiel soll dies verdeutlichen.

Beispiel 2.1 Wissenskomponenten eines Roboters

Die Aufgabe besteht darin, die Werkzeugspitze eines Roboters auf einer geradlinigen Bahn zu verfahren. Für die Durchführung müssen die folgenden Wissenskomponenten vorhanden sein:

1. Mathematische Beschreibung einer geradlinigen Bahn im Arbeitsraum des Roboters.
2. Überführung der räumlichen Ausrichtung des Effektors am Anfang der Bahn in die Endstellung.
3. Berechnung von Bahngeschwindigkeit und Bahnbeschleunigung, basierend auf den vom Anwender vorgegebenen Zieldaten und den durch Mechanik und Elektrik zulässigen Grenzwerten.
4. Berechnung der sich ergebenden Achswinkel des Roboters auf Grund seiner mechanisch-kinematischen Struktur.
5. Berechnung und Regelung der Ströme und Spannungen für die elektrischen Antriebe unter Berücksichtigung der dynamischen Eigenschaften.
6. Falls ein Bahnsensor vorhanden ist, muss der Einfluss der Sensordaten auf den programmierten Bewegungsablauf berechnet werden.
7. Maßnahmen im Fehlerfall.

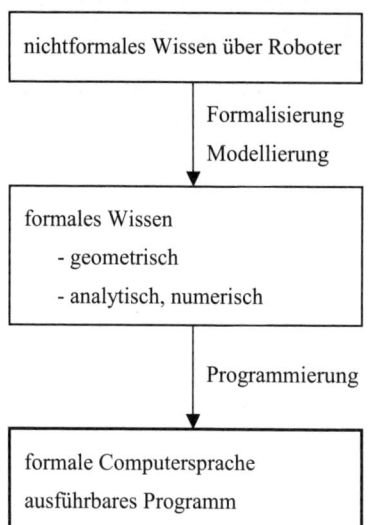

Bild 2.1 Transformation des nichtformalen Wissens in Software

Um dieses Roboterwissen mit Hilfe einer *formalen Computersprache* als Software darzustellen, muss es zuvor in eine formale Form gebracht werden. Dabei hilft die Mathematik. In Bild 2.1 ist dieser Transformationsprozess dargestellt. Das zunächst vorhandene nichtformale Wissen über das Robotersystem wird mit Hilfe der Mathematik in mathematische und damit *formale Modelle* überführt. Diese können durch formale Computersprachen implementiert und auf Rechnern zur Ausführung gebracht werden. Die beiden folgenden Definitionen sollen diese beiden wichtigen Begriffe klarstellen.

Definition – Modell

Ein *Modell* stellt die wesentlichen Eigenschaften und Verhaltensweisen eines natürlichen Phänomens dar. Formale mathematische Modelle sind berechenbar und können mit formalen Sprachen dargestellt werden.

Definition – Formale Sprache

Die Theorie der *Formalen Sprachen* ist eine Teildisziplin der Mathematik und der theoretischen Informatik. Eine Formale Sprache ist eine Menge von Wörtern aus einem vorgegebenen Grundvorrat, dem Alphabet, deren Struktur mit Hilfe der Regeln einer *formalen Grammatik* gebildet wird.

Formale, mathematische Modelle sind somit die Grundlage der Programmierung. Da Roboter räumliche Gebilde sind, spielen in der Robotermathematik die darstellende Geometrie und darauf aufbauend die analytische Geometrie die größte Rolle.

2.2   Punkt, Gerade, Ebene

Punkt, Gerade und Ebene sind einfache geometrische Objekte. Jedoch reichen sie in vielen Fällen zur geometrischen Modellierung von Robotern aus. So wird die räumliche Lage der Werkzeugspitze durch einen Punkt, die Lage einer Bewegungsachse durch eine Gerade beschrieben.

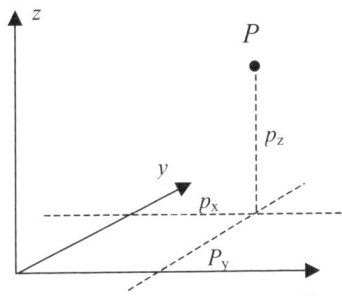

Bild 2.2 Darstellung eines Punktes in einem kartesischen Koordinatensystem

2.2.1   Punkt und Koordinaten

Die Lage eines Punktes im Raum wird durch drei Koordinaten beschrieben, die bezüglich eines Koordinatensystems definiert sind. Meistens wird dafür ein kartesisches Koordinatensystem zu Grunde gelegt. Die Koordinatenachsen x, y, z sind gerichtete Geraden, die senkrecht aufeinander stehen, und die gleiche Skalierung aufweisen. Die drei Achsen bilden ein Rechtssystem. Dies bedeutet, bewegt man die rechte Handfläche von der x- zur y-Achse, so zeigt der Daumen in Richtung z-Achse. Die Koordinaten eines Punktes sind definiert als die Weglängen p_x, p_y, p_z auf Geraden, parallel zu den Koordinatenachsen (Bild 2.2). Man schreibt $P\,(p_x, p_y, p_z)$.

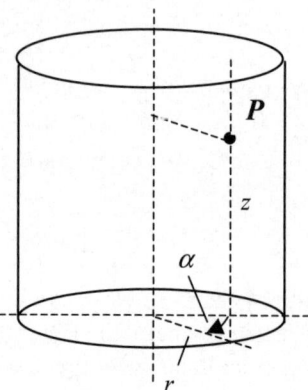

Bild 2.3 Darstellung eines Punktes in einem Zylinderkoordinatensystem

Zur Beschreibung von Punkten können auch andere Koordinatensysteme verwendet werden. So werden in einem Zylinderkoordinatensystem als Koordinaten der Winkel α, der radiale Abstand r und der Abstand von der Grundfläche z verwendet (Bild 2.3).

2.2.2   Vektoren

Zwei Punkte in der Ebene oder im Raum, die in einer bestimmten Richtung durchlaufen werden, definieren einen Vektor. Jeder Vektor $\vec{v}$ hat eine Länge $|\vec{v}|$, die seinem Betrag entspricht, und eine Richtung. Zwei Vektoren werden als gleich aufgefasst, wenn sie gleichen Betrag und gleiche Richtung haben. Der gleiche Ort ist nicht erforderlich. Solche Vektoren werden als *freie Vektoren* bezeichnet. Sind Vektoren an einen festen Ort gebunden, z.B. den Ursprung des Koordinatensystems, so heißen sie *Ortsvektoren*.

Wichtig ist, dass man Vektoren numerisch darstellen und somit berechnen kann. Dies wird ausführlich in Abschnitt 2.4.1 behandelt. Vorab jedoch sei gesagt, dass jeder Vektor $\vec{v}$ als Linearkombination bezüglich der n Vektoren $\vec{e}_1 \cdots \vec{e}_n$ einer Vektorbasis B dargestellt werden kann. Die Koeffizienten der Linearkombination werden als die *Komponenten* $v_1, \dots v_n$ von $\vec{v}$ bezeichnet.

2.2.3   Gerade in Ebene und Raum

Geraden werden analytisch durch lineare Gleichungen dargestellt, die einen eindimensionalen Lösungsraum (Abschnitt 2.4.2) haben. Ein beliebiger Punkt auf einer Geraden wird somit durch nur eine Zahl eindeutig definiert, er hat nur einen Freiheitsgrad. Die Tabellen 2.1 und 2.2 zeigen die verschiedenen Darstellungsmöglichkeiten. *Explizite* und *implizite Darstellung* sind unterschiedliche Schreibweisen für Funktionsgleichungen. Da eine Gerade nur eine unabhängige Veränderliche haben kann, können mit einer einzigen expliziten oder impliziten Gleichung nur Geraden in der Ebene dargestellt werden. Eine Gleichung mit zwei unabhängigen Veränderlichen hat einen zweidimensionalen Lösungsraum und beschreibt damit eine Ebene im Raum.

Hinweis – Freiheitsgrad

Freiheitsgrade sind Parameter eines Elements oder Systems. Alle Parameter zusammen bestimmen dessen Zustand eindeutig. Jeder Freiheitsgrad kann unabhängig von allen anderen verändert werden. Beispielsweise hat ein Punkt in der Ebene zwei Freiheitsgrade, im Raum jedoch drei. Für nicht punktförmige Elemente ergeben sich weitere Freiheitsgrade bezüglich möglicher Drehungen. So besitzt eine allgemeine geometrische Figur in der Ebene einen weiteren Freiheitsgrad. Ein allgemeiner Körper im Raum weist drei weitere Freiheitsgrade auf.

Tabelle 2.1 Mathematische Darstellung einer Geraden in der Ebene

Darstellungsart	Mathematischer Ausdruck
explizite Darstellung:	$y = mx + c = f(x)$; $f: \Re \to \Re$; $m, c \in \Re$
implizite Darstellung:	$F(x, y) = mx - y + c = 0$
Vektordarstellung:	$\vec{x} = \vec{a} + t\vec{u}$; $t \in \Re$
Komponentendarstellung:	$x_1 = a_1 + tu_1$, $x_2 = a_2 + tu_2$
Hesse-Normalenform:	$n_1 x + n_2 y + n_0 = 0$ Für den Normalenvektor gilt: $\vec{n} = \begin{bmatrix} n_1 \\ n_2 \end{bmatrix}$; $\lvert \vec{n} \rvert = 1$ Für einen beliebigen Punkt $P(p_1, p_2)$ in der Ebene erhält man den senkrechten Abstand d von der Geraden: $n_1 p_x + n_2 p_y + n_0 = d$

Tabelle 2.2 Mathematische Darstellung einer Geraden im Raum

Darstellungsart	Mathematischer Ausdruck
Vektordarstellung:	$\vec{x} = \vec{a} + t\vec{u}$; $t \in \Re$
Komponentendarstellung:	$x_1 = a_1 + tu_1$, $x_2 = a_2 + tu_2$, $x_3 = a_3 + tu_3$

Die *Vektordarstellung* ist eine lineare Gleichung mit Vektoren, dem *Hinführungsvektor* $\vec{a}$, dem *Richtungsvektor* $\vec{u}$ und dem *Ergebnisvektor* $\vec{x}$. Bei komponentenweiser Schreibweise erhält man die *Komponentendarstellung*. Eine besondere Darstellung für Geraden in der Ebene ist die *Hesse-Normalenform*. Setzt man für die Veränderlichen die Koordinaten eines nicht auf der Geraden liegenden Punktes P ein, so erhält man dessen vorzeichenbehafteten Abstandswert d. Ein positiver Wert von d bedeutet, dass P in der durch die Gerade abgetrennten Halbebene liegt, in die auch der Normalenvektor $\vec{n}$ zeigt. Beispiel 2.2 verdeutlicht die Anwendung.

Beispiel 2.2 Hesse-Normalenform

Gegeben sind die Punkte P_1 *(1,0)* und P_2 *(-1,2)*, deren Abstände d_1 und d_2 von der Geraden g berechnet werden sollen. Dies ist in Bild 2.4 dargestellt. Die Gerade g ist gegeben durch:

Explizite Darstellung: $y = f(x) = x + 1$

Implizite Darstellung: $x - y + 1 = 0$

Hesse-Normalenform: $\dfrac{1}{\sqrt{2}} x - \dfrac{1}{\sqrt{2}} y + \dfrac{1}{\sqrt{2}} = d;\ mit\ \vec{n} = \begin{bmatrix} \dfrac{1}{\sqrt{2}} \\ \dfrac{-1}{\sqrt{2}} \end{bmatrix}$

Man erhält $d_1 = \sqrt{2}$ und $d_2 = -\sqrt{2}$.

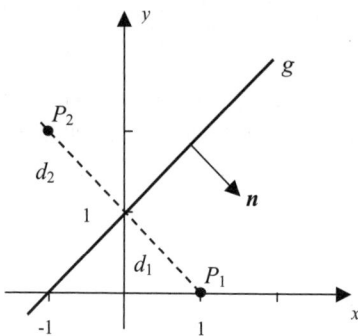

Bild 2.4 Punkte P_1, P_2 mit den Abstanden d_1, d_2 zur Geraden g

2.2.4   Schnittpunkt zweier Geraden

Um den Schnittpunkt zweier Geraden in der Ebene zu berechnen, werden die beiden Geradengleichungen kombiniert, entweder durch Gleichsetzen oder durch Addition. Drei verschiedene Lösungsfälle können auftreten:

* eine Lösung – die Geraden schneiden sich,
* keine Lösung – die Geraden sind parallel,
* unendlich viele Lösungen – die Geraden sind gleich.

Werden die Vektorgleichungen zweier Geraden im Raum g_1, g_2 gleichgesetzt, ergibt sich ein überbestimmtes Gleichungssystem bezüglich der Geradenparameter t_1 und t_2. Der Grund ist, dass sich Raumgeraden in der Regel nicht schneiden. Definiert man eine dritte Gerade g_3 so, dass die beiden Geraden g_1, g_2 von dieser rechtwinklig geschnitten werden, erhält man ein eindeutig lösbares Gleichungssystem mit drei Komponentengleichungen und den drei Geradenparametern t_1, t_2, t_3 als Unbekannte.

$$g_1: \ \vec{x} = \vec{a} + t_1 \vec{u}; \quad g_2: \ \vec{x} = \vec{b} + t_2 \vec{v}; \quad g_3: \ \vec{x} = \vec{c} + t_3 \vec{w}$$

Der Hinführungsvektor $\vec{c}$ ergibt sich durch den Schnittpunkt von g_1 und g_3.

$$\vec{c} = \vec{a} + t_1 \vec{u} .$$

Der Richtungsvektor $\vec{w}$ steht senkrecht auf $\vec{u}$ und $\vec{v}$. Nun werden die Gleichungen von g_2 und g_3 gleichgesetzt.

$$\vec{b}+t_2\vec{v}=\vec{c}+t_3\vec{w}$$

Ersetzt man $\vec{c}$ und $\vec{w}$, so erhält man

$$\vec{b}+t_2\vec{v}=\vec{a}+t_1\vec{u}+t_3(\vec{u}\times\vec{v}); \quad \begin{bmatrix} \vec{u} & -\vec{v} & \vec{u}\times\vec{v} \end{bmatrix}\cdot\begin{bmatrix} t_1 & t_2 & t_3 \end{bmatrix}^T=\vec{b}-\vec{a}$$

Dies ist ein lineares Gleichungssystem für drei Unbekannte. Das Lösungsverfahren wird in Abschnitt 2.4.2 behandelt.

2.2.5 Ebene im Raum

Eine Ebene wird durch eine lineare Gleichung mit zwei unabhängigen Veränderlichen dargestellt. Die Tabelle zeigt die verschiedenen Möglichkeiten der Darstellung, analog zu denen von Geraden in der Ebene.

Tabelle 2.3 Mathematische Darstellung einer Ebene im Raum

Darstellungsart	Mathematischer Ausdruck
explizite Darstellung;	$z=mx+ly+c=f(x,y); \quad f:\Re^2\to\Re; \quad m,l,c\in\Re$
implizite Darstellung:	$F(x,y,z)=mx+ly-z+c=0;$
Vektordarstellung:	$\vec{x}=\vec{a}+t_1\vec{u}+t_2\vec{v}; \quad t_1,t_2\in\Re$
Komponentendarstellung:	$x_1=a_1+t_1u_1+t_2v_1$, $x_2=a_2+t_1u_2+t_2v_2$, $x_3=a_3+t_1u_3+t_2v_3$
Hesse-Normalenform:	$n_1x+n_2y+n_3z+n_0=0$, Für den Normalenvektor gilt: $\vec{n}=\begin{bmatrix} n_1 \\ n_2 \\ n_3 \end{bmatrix}; \quad \lvert\vec{n}\rvert=1$ Für einen beliebigen Punkt $P(p_x,p_y,p_z)$ im Raum erhält man den senkrechten Abstand d von der Ebene: $n_1p_x+n_2p_y+n_3p_z+n_0=d$

2.2.6 Schnittgerade zweier Ebenen

Um die Schnittgerade zweier Ebenen zu berechnen, werden deren Gleichungen gleichgesetzt oder addiert. Drei verschiedene Lösungsfälle bezüglich der Schnittgerade können auftreten.

- eine Lösung – die Ebenen schneiden sich,
- keine Lösung – die Ebenen sind parallel,
- unendlich viele Lösungen – die Ebenen sind gleich.

Beispiel 2.3 zeigt die Vorgehensweise bei Vektordarstellung und impliziter Darstellung von Ebenen.

Beispiel 2.3 Berechnung der Schnittgerade zweier Ebenen

a) Vektordarstellung:

$$E_1: \vec{x} = \begin{bmatrix} 1 \\ 0 \\ 0 \end{bmatrix} + t_1 \begin{bmatrix} 0 \\ 1 \\ 0 \end{bmatrix} + t_2 \begin{bmatrix} 0 \\ 0 \\ 1 \end{bmatrix} \;;\; E_2: \vec{x} = \begin{bmatrix} 0 \\ 0 \\ 2 \end{bmatrix} + t_3 \begin{bmatrix} 1 \\ 0 \\ 0 \end{bmatrix} + t_4 \begin{bmatrix} 0 \\ 1 \\ 0 \end{bmatrix}$$

Durch Gleichsetzen der Ebenengleichungen erhält man: $t_1 = t_4$; $\; t_2 = 2$; $\; t_3 = 1$.

Durch Einsetzen dieser Lösung in E_1 (oder in E_2) ergibt sich die Gleichung der Schnittgeraden zu

$$g: \vec{x} = \begin{bmatrix} 1 \\ 0 \\ 2 \end{bmatrix} + t_1 \begin{bmatrix} 0 \\ 1 \\ 0 \end{bmatrix}$$

b) Implizite Darstellung:

$E_1: 1x + 0y + 0z - 1 = 0$
$E_2: 0x + 0y + 1z - 2 = 0$

Die beiden Gleichungen stellen ein unterbestimmtes Gleichungssystem für drei Unbekannte dar. Das Lösungsverfahren wird in Abschnitt 2.4.2 behandelt.

2.3   Trigonometrische Funktionen

2.3.1   Gradmaß, Bogenmaß, Einheitskreis

Neben dem Gradmaß wird häufig das Bogenmaß benutzt. Dessen Wert entspricht der Länge des zu einem bestimmten Winkel gehörigen Bogens eines Einheitskreises (Radius $r=1$). Für die Umrechnung von Gradmaß α_G nach Bogenmaß α_B gilt deshalb:

$$\alpha_B = \alpha_G \frac{\pi}{180}$$

Die trigonometrischen Funktionen können in einem Einheitskreis mit den vier Quadranten I - IV definiert werden, dargestellt in Bild 2.5. Es gilt:

$$\sin(\alpha)=AB; \quad \cos(\alpha)=OA; \quad \tan(\alpha)=\frac{\sin\alpha}{\cos\alpha}=\frac{AB}{OA}; \quad \cot(\alpha)=\frac{1}{\tan(\alpha)}=\frac{OA}{AB}$$

Die Werte der trigonometrischen Funktionen für die Winkel 0°, 30°, 45°, 60°, 90° betragen:

$$\sin: 0, \frac{1}{2}, \frac{\sqrt{2}}{2}, \frac{\sqrt{3}}{2}, 1 \;;\; \cos: 1, \frac{\sqrt{3}}{2}, \frac{\sqrt{2}}{2}, \frac{1}{2}, 0 \;;\; \tan: 0, \frac{1}{\sqrt{3}}, 1, \sqrt{3}, \infty$$

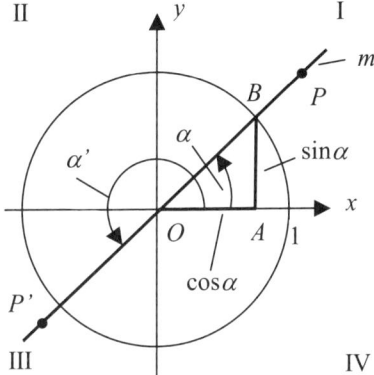

Bild 2.5 Definition der trigonometrischen Funktionen im Einheitskreis

2.3.2 Inverse trigonometrische Funktionen

In der Praxis müssen sehr häufig Winkel in Abhängigkeit von Punkten, Vektoren, Strecken oder Geraden berechnet werden. Dazu werden die inversen trigonometrischen Funktionen benötigt.

Für die inverse Tangensfunktion $a\tan(m)$ gilt:

$$\alpha = a\tan(m); \quad a\tan:\Re \rightarrow (\frac{-\pi}{2},\frac{\pi}{2})$$

Eine beliebige Steigung m einer Geraden wird so auf einen Wertebereich von nur 180° abgebildet. Dies entspricht π im Bogenmaß.

Wünschenswert ist jedoch ein Wertebereich von insgesamt 360° oder 2π im Bogenmaß. Ein Blick auf Bild 2.5 zeigt, dass es zu einer gegebenen Steigung m einer Geraden zwei Winkel α und α' gibt, die sich um 180° unterscheiden. Die Zuordnung der Steigung einer Geraden zum dazugehörigen Winkel wird eindeutig, wenn zusätzlich der Quadrant bezeichnet wird, in dem der freie Schenkel des Winkels liegt. Dies wird dadurch erreicht, dass die Steigung nicht durch eine skalare Größe m, sondern indirekt durch die Koordinaten x, y eines Punktes P definiert wird. Dadurch werden der Quadrant und der zugeordnete Winkel eindeutig beschrieben. Für die so erweiterte inverse Tangensfunktion atan2(*y,x*) gilt:

$$\alpha = a\tan2(y,x); \quad a\tan2:\Re^2 \to [-\pi,\pi]$$

Für die Anwendung des Kosinussatzes im nächsten Abschnitt wird noch die inverse Kosinusfunktion benötigt. Es gilt:

$$\alpha = a\cos(l); \quad a\cos:[-1,1] \to [0,\pi]$$

2.3.3 Winkel in einem allgemeinen Dreieck, Kosinussatz

Für die Berechnung von Winkeln in einem allgemeinen Dreieck eignet sich besonders gut der *Kosinussatz*.

$$s_1^2 = s_2^2 + s_3^2 - 2s_2 s_3 \cos\varphi_1 \tag{2.1}$$

Der Winkel φ_1 ist der Gegenwinkel zur Seite s_1. Die Formel für die beiden anderen Seiten ist entsprechend.

Für $\varphi_1 = 90°$ erhält man den *Lehrsatz des Pythagoras* mit s_1 als Hypotenuse.

Ist $\varphi_1 = 180°$, so ergibt sich mit Hilfe der *1. binomischen Formel*[1] die Aussage, dass die Strecke s_1 die Summe von s_2 und s_3 ist.

$$s_1^2 = s_2^2 + s_3^2 + 2s_2 s_3 = (s_2 + s_3)^2; \quad s_1 = s_2 + s_3$$

2.4 Lineare Algebra

Die lineare Algebra[2] beschäftigt sich mit Vektoren, Matrizen und linearen Abbildungen. Sie hat eine große Bedeutung für die Berechnung geometrischer Objekte.

2.4.1 Vektoren und Matrizen

Vektorraum

Ein Vektorraum V ist eine Menge von Vektoren über den reellen Zahlen $\Re$ mit den beiden algebraischen Operationen:

---

[1] Die drei *binomischen Formeln* lauten: $(a+b)^2=a^2+2ab+b^2$; $(a-b)^2=a^2-2ab+b^2$; $(a+b)(a-b)=a^2-b^2$
[2] Andere Bezeichnungen sind Vektoralgebra oder lineare Geometrie

1. **Addition von zwei Vektoren**

   $\vec{c}=\vec{a}+\vec{b}; \quad c_i=a_i+b_i; \quad i=1\ldots n$

2. **Multiplikation eines Vektors mit einem Skalar**

   $\vec{c}=\vec{a}\,k; \quad c_i=a_i\,k; \quad i=1\ldots n$

Der Begriff *algebraisch* bedeutet, dass eine Reihe von Bedingungen erfüllt sein muss:

- Kommutativität (Vertauschbarkeit der Operanden),
- Assoziativität (beliebiges Setzen von Klammern, bedeutet beliebige Reihenfolge bei der Berechnung),
- Distributivität (Regeln für die gemeinsame Anwendung von Vektoraddition und Skalarmultiplikation),
- neutrales Element (Nullvektor bei der Vektoraddition),
- inverses Element (die Addition eines Vektors mit seiner Inversen ergibt den Nullvektor).

Ein Vektorraum V hat mindestens eine Basis B mit den Basisvektoren $\vec{e}_1\cdots\vec{e}_n$. Jeder Vektor aus V kann als Linearkombination der Basisvektoren dargestellt werden, mit

$$\vec{v}=l_1\vec{e}_1+\ldots+l_n\vec{e}_n; \quad l_1\cdots l_n\in\Re .$$

Die Basisvektoren sind linear unabhängig, d.h. es gilt:

$$l_1\vec{e}_1+\ldots+l_n\vec{e}_n=\vec{0} \quad \text{nur für} \quad l_1=l_2=\ldots=l_n=0$$

Skalarprodukt – Inneres Produkt

Die Berechnung des Skalarprodukts dient in der Robotik vor allem zwei Aufgaben:

1. Berechnung der Länge (Betrag, Norm) eines Vektors,
2. Berechnung des Winkels zwischen zwei Vektoren.

Es gilt:

$$\vec{a}\cdot\vec{b}=|\vec{a}|\,|\vec{b}|\cos\varphi; \quad \vec{a}\neq 0; \quad \vec{b}\neq 0;$$

$$\vec{a}\cdot\vec{b}=a_1 b_1+a_2 b_2+a_3 b_3 \tag{2.2}$$

φ: Winkel zwischen den beiden Vektoren

Daraus folgt:

$$|\vec{a}|=\sqrt{\vec{a}\cdot\vec{a}}; \quad \cos\varphi=\frac{\vec{a}\cdot\vec{b}}{|\vec{a}|\,|\vec{b}|} \tag{2.3}$$

Für den Betrag der *Projektion* $\vec{a}_b$ eines Vektors $\vec{a}$ in die Richtung eines anderen Vektors $\vec{b}$ gilt:

$$|\vec{a}_b| = |\vec{a}| \cdot \cos\varphi = \frac{\vec{a} \cdot \vec{b}}{|\vec{b}|} \qquad (2.4)$$

φ: Winkel zwischen den beiden Vektoren

Vektorprodukt (Kreuzprodukt) – äußeres Produkt

Die Hauptanwendung ist die Berechnung eines Vektors, der auf zwei gegebenen Vektoren senkrecht steht. Es gilt:

$$\vec{a} \times \vec{b} = |\vec{a}| \cdot |\vec{b}| \cdot \sin\varphi \cdot \vec{n}$$

$\vec{n}$: senkrecht auf $\vec{a}$, $\vec{b}$ als Rechtssystem; φ: Winkel von $\vec{a}$ nach $\vec{b}$

$$\vec{a} \times \vec{b} = \begin{bmatrix} a_2 b_3 - a_3 b_2 \\ a_3 b_1 - a_1 b_3 \\ a_1 b_2 - a_2 b_1 \end{bmatrix} \qquad (2.5)$$

Matrix

Eine Matrix kann als Mehrfachvektor betrachtet werden. Die Vektoren dienen in der Regel einem gemeinsamen Zweck. Die beiden wichtigsten Anwendungen in der Robotik sind:

1. **Koordinatensysteme**
   Die vier Spaltenvektoren stellen die Einheitsvektoren eines kartesischen Koordinatensystems und dessen Ursprung dar und beschreiben so dessen Position und Orientierung im Raum.
2. **Lineares Gleichungssystem**
   m Zeilenvektoren beschreiben die Koeffizienten von m linearen Gleichungen mit n Unbekannten.

Eine *Einheitsmatrix E* besitzt nur in der Hauptdiagonalen Elemente $e_{ii}=1$, sonst nur Werte $e_{ij}=0$.

Die Transponierte A^{T} einer Matrix A erhält man durch Vertauschen von Zeilen- und Spaltenvektoren.

Das Produkt zweier Matrizen A, B ist definiert als das Skalarprodukt des jeweils i-ten Zeilenvektors der linksseitigen Matrix mit dem jeweils j-ten Spaltenvektor der rechtsseitigen Matrix. Das Matrizenprodukt ist nicht *kommutativ*.

$$C = A \cdot B; \quad c_{ij} = \vec{z}_i \cdot \vec{s}_j; \; i = 1 \dots m; \; j = 1 \dots n$$

So wie einem Vektor durch Berechnung der Länge (oder Norm) ein Skalar zugeordnet wird, geschieht dies auch bei Matrizen. Diese Berechnungsvorschrift heißt *Determinante*. Sie ist jedoch nur für eine quadratische Matrix Q mit gleichvielen Zeilen und Spalten definiert. Eine Matrix Q mit det(Q)=0 nennt man *singuläre Matrix*.

Für den Spezialfall einer quadratischen Matrix Q der Dimension $n=m=2$ gilt:

$$\det(Q)=\begin{vmatrix} q_{11} & q_{12} \\ q_{21} & q_{22} \end{vmatrix}=q_{11}q_{22}-q_{12}q_{21} \tag{2.6}$$

Für die Dimension $n=m=3$ kann die Determinante nach der *Regel von Sarrus* berechnet werden. Danach wird aus Q eine rechteckige Matrix S dadurch erzeugt, indem man die 1. und 2. Spalte rechts nochmals anfügt.

$$\det(Q)=|Q|=\begin{vmatrix} q_{11} & q_{12} & q_{13} \\ q_{21} & q_{22} & q_{23} \\ q_{31} & q_{32} & q_{33} \end{vmatrix} \qquad S=\begin{bmatrix} q_{11} & q_{12} & q_{13} & q_{11} & q_{12} \\ q_{21} & q_{22} & q_{23} & q_{21} & q_{22} \\ q_{31} & q_{32} & q_{33} & q_{31} & q_{32} \end{bmatrix}$$

$$- \quad - \quad - \quad + \quad + \quad +$$

Es ergeben sich so drei Hauptdiagonalen von linksoben nach rechtsunten und drei Nebendiagonalen von rechtsoben nach linksunten. Alle drei Elemente innerhalb jeder Diagonale werden miteinander multipliziert. Anschließend werden alle Zwischenprodukte der Hauptdiagonalen addiert und die der Nebendiagonalen subtrahiert.

Beispielsweise erhält man für

$$Q=\begin{bmatrix} 0 & -1 & 0 \\ 1 & 0 & 0 \\ 0 & 0 & 1 \end{bmatrix} \quad \text{die erweiterte Matrix } S=\begin{bmatrix} 0 & -1 & 0 & 0 & -1 \\ 1 & 0 & 0 & 1 & 0 \\ 0 & 0 & 1 & 0 & 0 \end{bmatrix}.$$

Nach der *Regel von Sarrus* berechnet sich die Determinante zu:

$$\det(Q)=0\cdot 0\cdot 1+(-1)\cdot 0\cdot 0+0\cdot 1\cdot 0 \ -0\cdot 0\cdot 0-0\cdot 0\cdot 0-1\cdot 1\cdot-(1)=1$$

Für algebraische Umformungen von Matrizengleichungen hat die *Inverse* einer Matrix eine große Bedeutung. Ihr Produkt mit der nicht invertierten Matrix ergibt immer die Einheitsmatrix E:

$$A\cdot A^{-1}=A^{-1}\cdot A=E$$

Für die Berechnung der Inversen einer Matrix sei auf einschlägige Lehrbücher verwiesen[PAP01].

Im Falle einer quadratischen Matrix der Dimension $n=2$ ergibt sich die einfache Formel

$$A^{-1} = \frac{1}{\det(A)}\begin{bmatrix} a_{22} & -a_{12} \\ -u_{21} & a_{11} \end{bmatrix}; \quad \det(A)=a_{11}a_{22}-a_{12}a_{21}$$

Eine wichtige Größe, um die Lösbarkeit von linearen Gleichungssystemen zu beurteilen, ist der *Rang* R(A) einer Matrix A.

Es gilt R(A)=r, falls es mindestens eine quadratische Untermatrix *UM* der Dimension $n=r$ gibt mit det*(UM)* $\neq 0$.

2.4.2   Lineare Gleichungssysteme

In Matrizenschreibweise kann ein lineares Gleichungssystem (LGS) mit m Gleichungen und n Unbekannten geschrieben werden als:

$$\begin{matrix} a_{11}x_1 & \cdots & +a_{1n}x_n & =b_1 \\ \vdots & & \vdots & \vdots \\ a_{m1}x_1 & \cdots & +a_{mn}x_n & =b_m \end{matrix} \qquad A \cdot \vec{x} = \vec{b} \quad B = [A,b]$$

A: Systemmatrix,
B: erweiterte Systemmatrix, der Störvektor *b* wird rechts als zusätzliche Spalte angefügt,
x: Lösungsvektor,
b: Störvektor.

Allgemeines Lösungsverfahren

Ein LGS der Form $A \cdot \vec{x} = \vec{b}$ mit $\vec{b} \neq \vec{0}$ wird als *inhomogenes Gleichungssystem* bezeichnet. Für $\vec{b} = \vec{0}$ liegt ein *homogenes Gleichungssystem* vor.

Lösungstheorem für ein homogenes LGS

Ein homogenes LGS mit n Unbekannten und der Systemmatrix A hat nur dann einen nichttrivialen, von $\vec{0}$ verschiedenen Lösungsvektor $\vec{x}$, falls A singulär ist und somit gilt det*(A)* = 0.

Lösungstheorem für ein inhomogenes LGS

Für die Lösung eines inhomogenen LGS mit n Unbekannten, der Systemmatrix A und der erweiterten Systemmatrix B gilt in Abhängigkeit des Rangs R von A und B:

$R(A) \neq R(B)$:   keine Lösung

$R(A) = R(B) = n$: eine Lösung

$R(A) = R(B) < n$: unendlich viele Lösungen, Lösungsraum der Dimension $r < n$

Hinweis – Lösungsraum bei singulärer Systemmatrix

Falls A singulär ist, gibt es für das homogene LGS nicht nur einen, sondern unendlich viele Lösungsvektoren, die vom Nullvektor $\vec{0}$ verschieden sind. Sie bilden einen r-dimensionalen Lösungsraum. Sie können als Linearkombination der Basisvektoren dieses Lösungsraums dargestellt werden.

Für die praktische Anwendung sind bezüglich der Lösung eines inhomogenen LGS die folgenden drei Fälle zu unterscheiden:

1. **Die Systemmatrix A ist quadratisch und nichtsingulär**
   Es gibt eine eindeutige Lösung.
2. **Die Systemmatrix A hat mehr Zeilen als Spalten**
   Es handelt sich um ein überbestimmtes Gleichungssystem. Eine Lösung lässt sich trotzdem berechnen, falls zusätzlich ein Optimierungskriterium angewandt wird, z.B. kleinster quadratischer Fehler.
3. **Die Systemmatrix A hat weniger Zeilen als Spalten**
   Das Gleichungssystem ist unterbestimmt. Es gibt unendlich viele Lösungsvektoren, die einem Lösungsraum zugeordnet werden können.

Das allgemeine Lösungsverfahren für ein LGS besteht aus den drei folgenden Schritten:

1. Berechnung aller Lösungen $\vec{x}_h$ des homogenen LGS, falls $\det(A)=0$ gilt.
2. Berechnen einer beliebigen Lösung $\vec{x}_p$ des inhomogenen LGS.
3. Alle Lösungen $\vec{x}$ des inhomogenen LGS berechnen sich dann mit
   $\vec{x} = \vec{x}_h + \vec{x}_p$.

Dieses allgemeine Verfahren wird in Beispiel 2.4 demonstriert.

Beispiel 2.4

Gegeben ist ein LGS, das die beiden Ebenen in Beispiel 2.3 darstellt:

$$\begin{bmatrix} 1 & 0 & 0 \\ 0 & 0 & 1 \end{bmatrix} \cdot \begin{bmatrix} x_1 \\ x_2 \\ x_3 \end{bmatrix} = \begin{bmatrix} 1 \\ 2 \end{bmatrix}$$

1. Berechnung aller Lösungen des homogenen LGS:

$$\begin{bmatrix} 1 & 0 & 0 \\ 0 & 0 & 1 \end{bmatrix} \cdot \begin{bmatrix} x_1 \\ x_2 \\ x_3 \end{bmatrix} = \vec{0}; \quad \vec{x}_h = \begin{bmatrix} 0 \\ t \\ 0 \end{bmatrix}; \quad t \in \Re$$

Es gibt somit unendlich viele Lösungsvektoren $\vec{x}_h$, die in einem eindimensionalen Lösungsraum liegen.

2. Berechnung einer beliebigen Lösung des inhomogenen LGS:

$$\vec{x}_p = \begin{bmatrix} 1 \\ 0 \\ 2 \end{bmatrix}.$$

3. Damit ergibt sich für die Menge aller Lösungen des inhomogenen LGS:

$$\vec{x} = \vec{x}_h + \vec{x}_p = \begin{bmatrix} 0 \\ t \\ 0 \end{bmatrix} + \begin{bmatrix} 1 \\ 0 \\ 2 \end{bmatrix} = \begin{bmatrix} 1 \\ 0 \\ 2 \end{bmatrix} + t \circ \begin{bmatrix} 0 \\ 1 \\ 0 \end{bmatrix} \quad t \in \Re$$

Dies ist die Punkt-Richtungsform einer Geraden im dreidimensionalen Raum $\Re^3$.

Cramer'sche Regel

Ein systematisches Lösungsverfahren für den Fall einer quadratischen, nichtsingulären Systemmatrix ist die sog. *Cramer'sche Regel*. Man bekommt n modifizierte Systemmatrizen A_i, indem man den i-ten Spaltenvektor durch den Störvektor $\vec{b}$ ersetzt. Für den Lösungsvektor $\vec{x}$ mit seinen n Komponenten x_i gilt:

$$x_1 = \frac{D_1}{D}; \quad \dots \quad x_n = \frac{D_n}{D}; \quad D = \det(A); \quad D_i = \det(A_i) \tag{2.7}$$

Beispiel 2.5 Anwendung der Cramer'schen Regel

Gegeben sind zwei Geraden g_1, g_2 in der Ebene, dargestellt durch zwei lineare Gleichungen. Falls es einen Schnittpunkt gibt, soll dieser bestimmt werden.

g_1: $y = x+1$; g_2: $y = -2x+4$

Damit ergibt sich das lineare Gleichungssystem, dargestellt als Matrix-Vektor-Gleichung:

$$\begin{bmatrix} 1 & -1 \\ 2 & 1 \end{bmatrix} \cdot \begin{bmatrix} x \\ y \end{bmatrix} = \begin{bmatrix} -1 \\ 4 \end{bmatrix}$$

Die Anwendung der Cramer'schen Regel führt zu:

$$D = \begin{vmatrix} 1 & -1 \\ 2 & 1 \end{vmatrix} = 3 \; ; \; D_1 = \begin{vmatrix} -1 & -1 \\ 4 & 1 \end{vmatrix} = 3 \; ; \; D_2 = \begin{vmatrix} 1 & -1 \\ 2 & 4 \end{vmatrix} = 6$$

Man erhält eine eindeutige Lösung für den Geradenschnittpunkt, da $D \neq 0$ ist:

$$x = \frac{D_1}{D} = 1 \; ; \; y = \frac{D_2}{D} = 2$$

Ein allgemeines Verfahren zu Lösung linearer Gleichungssysteme ist die *Gaußsche Algorithmus* [PAP01]. Darauf wird im Rahmen dieses Buches jedoch nicht eingegangen.

Eigenwerte und Eigenvektoren

Wichtige Eigenschaften der Systemmatrix A sind ihre *Eigenwerte* und *Eigenvektoren*. In vielen Anwendungen beschreiben diese wichtige physikalische und geometrische Eigenschaften. Die Eigenwerte λ_i werden durch Lösen des homogenen Gleichungssystems

$$A \cdot \vec{x} = \lambda \cdot \vec{x}; \; (A - E\lambda) \cdot \vec{x} = \vec{0} \tag{2.8}$$

bestimmt. Nichttriviale Lösungen ungleich null erhält man nur, wenn gilt:

$$\det(A - E\lambda) = 0 \tag{2.9}$$

Die Berechnung der Determinante ergibt ein Polynom bezüglich der Variablen λ, die sogenannte *charakteristische Gleichung*. Deren Nullstellen stellen die Eigenwerte λ_i dar. Die Eigenvektoren werden durch Einsetzen der Eigenwerte λ_i in Gleichung (2.8) berechnet. Dabei haben Eigenwerte, die k-fach auftreten, einen k-dimensionalen Raum von zugeordneten Eigenvektoren zur Folge [PAP01] [BRO91].

Als Beispiel sei die Matrix

$$A = \begin{bmatrix} 5 & 4 \\ 1 & 2 \end{bmatrix}$$

gegeben. Die charakteristische Gleichung mit Lösung lautet:

$$\lambda^2 - 7\lambda + 6 = 0; \; \lambda_1 = 6; \; \lambda_2 = 1$$

Durch Einsetzen in Gleichung (2.8) erhält man für die Eigenvektoren:

$$e\vec{v}_1 = \begin{bmatrix} 4 \\ 1 \end{bmatrix}; \; e\vec{v}_2 = \begin{bmatrix} 1 \\ -1 \end{bmatrix}$$

2.4.3   Lineare Abbildung

Homogene Matrix – Frame

Eine Abbildung ist eine Zuordnung zwischen den Elementen von zwei Mengen. Unter linearer Abbildung versteht man eine Zuordnung zwischen Mengen, die Vektorräume sind. Solche Abbildungen werden durch lineare Gleichungssysteme dargestellt. Für die Abbildung eines Punktes P in der Ebene, dargestellt durch die Koordinaten x_1, x_2 auf einen Punkt P', dargestellt durch x_1', x_2' gilt:

$$x_1' = a_{11}x_1 + a_{12}x_2 + a_{13}$$
$$x_2' = a_{21}x_1 + a_{22}x_2 + a_{33} \qquad (2.10)$$

Falls dieses Gleichungssystem um eine dritte Gleichung geeignet erweitert wird, kann die rechte Seite der Gleichung durch eine einzige Operation, die Matrixmultiplikation, dargestellt werden. Man erhält:

$$x_1' = a_{11}x_1 + a_{12}x_2 + a_{13}$$
$$x_2' = a_{21}x_1 + a_{22}x_2 + a_{23}$$
$$1 = 0x_1 + 0x_2 + 1$$

Für die Darstellung in Matrizenschreibweise bekommt man:

$$\begin{bmatrix} x_1' \\ x_2' \\ 1 \end{bmatrix} = \begin{bmatrix} a_{11} & a_{12} & a_{13} \\ a_{21} & a_{22} & a_{23} \\ 0 & 0 & 1 \end{bmatrix} \cdot \begin{bmatrix} x_1 \\ x_2 \\ 1 \end{bmatrix}; \quad \vec{x}' = HM \cdot \vec{x} \qquad (2.11)$$

Die sich so ergebende Matrix *HM* wird als *homogene Matrix* oder auch als *Frame* bezeichnet. Da ein Punkt durch einen Ortsvektor eindeutig beschrieben ist, wird durch Formel (2.11) auch die lineare Abbildung eines Punktes definiert. Bei der Abbildung von nicht ortsgebundenen, *freien Vektoren* darf keine Konstante addiert werden. Als Abbildungsgleichung erhält man somit:

$$\begin{bmatrix} x_1' \\ x_2' \\ 0 \end{bmatrix} = \begin{bmatrix} a_{11} & a_{12} & a_{13} \\ a_{21} & a_{22} & a_{23} \\ 0 & 0 & 1 \end{bmatrix} \cdot \begin{bmatrix} x_1 \\ x_2 \\ 0 \end{bmatrix} \qquad (2.12)$$

Eine wichtige Anwendung ist die Transformation von kartesischen Koordinaten von einem Koordinatensystem $\{K_I\}$ in ein anderes Koordinatensystem $\{K_o\}$. Der Bezug eines Vektors $\vec{v}$ zu einem Koordinatensystem $\{K\}$ wird dargestellt durch die Schreibweise $^K\vec{v}$. Ein Index x spezifiziert den Vektor zusätzlich, beispielsweise $^K\vec{v}_x$.

Transformiert man mit Formel (2.12) den Ursprungsvektor $^{K1}\vec{u}$ und die Achsvektoren $^{K1}\vec{x}$, $^{K1}\vec{y}$ von $\{K1\}$, so erhält man als transformierte Vektoren:

$$^{K0}\vec{u} = \begin{bmatrix} a_{13} \\ a_{23} \\ 1 \end{bmatrix} \quad ^{K0}\vec{x} = \begin{bmatrix} a_{11} \\ a_{21} \\ 0 \end{bmatrix} \quad ^{K0}\vec{y} = \begin{bmatrix} a_{12} \\ a_{22} \\ 0 \end{bmatrix}$$

Dies zeigt, dass die homogene Transformationsmatrix *HM* betrachtet werden kann als die Darstellung von $\{K_1\}$ bezüglich $\{K_0\}$ mit der Struktur:

1. Spalte: *x*-Vektor von $\{K_1\}$ bezüglich $\{K_0\}$,

2. Spalte: *y*-Vektor von $\{K_1\}$ bezüglich $\{K_0\}$,

3. Spalte: Ursprungsvektor von $\{K_1\}$ bezüglich $\{K_0\}$,

3. Zeile: immer der Zeilenvektor [0 0 1]

Die Schreibweise für die Transformation von $\{K_1\}$ nach $\{K_0\}$ ist $^{K0}T_{K1}$ oder alternativ $^{K0}_{K1}T$.

Wichtig – homogene Matrix (Frame)

Das Konzept der homogenen Matrix (Frame) hat in der Robotik eine überaus große Bedeutung. Damit werden u.a. dargestellt:

Koordinatentransformation, Bahnpunkt, Richtung im Raum, Gerade, Ebene.

Diese Art der linearen Transformation ist eine *gleichsinnige Kongruenzabbildung*[3]. Die Determinante einer solchen Transformationsmatrix hat immer den Wert 1. Dies bedeutet, dass damit nur Verschiebungen und Drehungen dargestellt werden. Genau diese geometrischen Transformationen werden aber benötigt, um Bewegungsachsen von Robotern zu modellieren.

Die Untermatrix $O = \begin{bmatrix} a_{11} & a_{12} \\ a_{21} & a_{22} \end{bmatrix}$ beschreibt die *Orientierung des Koordinatensystems* mit folgenden Eigenschaften:

- $\det(O) = 1$,

- die Spalten und Zeilenvektoren sind orthonormal und bilden ein Rechtssystem.

Die Reihenfolge, in der Transformationsmatrizen verwendet werden, ist entscheidend, da die Matrizenmultiplikation nicht kommutativ ist. Steht eine Transformationsmatrix *T* bei einer Multiplikation links von einem Frame *F*, so wird *F* bezüglich des Referenzkoordinatensystems transformiert. Man spricht von *absoluter Transformation*. Steht *T* aber rechts von

---

[3]   Größe, Form und Drehsinn von geometrischen Objekten werden nicht verändert.

F, so wird diese Transformation bezüglich des Koordinatensystems, das durch *F* definiert ist, ausgeführt. Dies wird als *relative Transformation* bezeichnet.

Hinweis – Schreibweise für Koordinatensysteme

Da Koordinatensysteme durch Frames (homogene Matrizen) eindeutig definiert sind, werden sie in den folgenden Ausführungen wie diese durch Symbole für Matrizen bezeichnet, beispielsweise durch *F*.

Beispiel 2.6 zeigt die Koordinatentransformation für einen Punkt *P*.

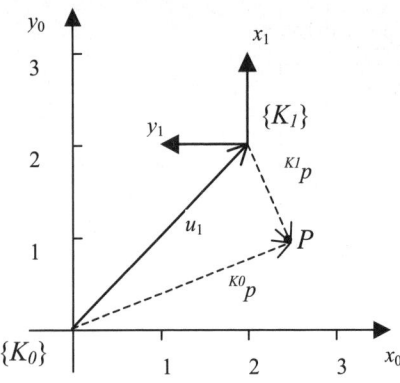

Bild 2.6 Darstellung eines Punktes *P* bezüglich zweier Koordinatensysteme $\{K_1\}$ und $\{K_0\}$.

Beispiel 2.6 Transformation eines Punktes *P* in der Ebene

Gegeben ist ein Punkt *P* in $\{K_1\}$ mit ^{K1}P (-1,-1). Gesucht ist ^{K0}P.

Die Transformationsmatrix für das Beispiel, dargestellt in Bild 2.6, lautet:

$$^{K0}_{K1}T = \begin{bmatrix} 0 & -1 & 2 \\ 1 & 0 & 2 \\ 0 & 0 & 1 \end{bmatrix}$$

Die Transformation von $\{K_1\}$ nach $\{K_0\}$ erfolgt mit der Gleichung:

$$\begin{bmatrix} p'_1 \\ p'_2 \\ 1 \end{bmatrix} = \begin{bmatrix} 0 & -1 & 2 \\ 1 & 0 & 2 \\ 0 & 0 & 1 \end{bmatrix} \cdot \begin{bmatrix} -1 \\ -1 \\ 1 \end{bmatrix} = \begin{bmatrix} 3 \\ 1 \\ 1 \end{bmatrix}$$

Damit ergibt sich der transformierte Punkt ^{K0}P *(3,1)*.

Die Behandlung von linearen Abbildungen im dreidimensionalen Raum ist analog. Die Matrizengleichung für die Abbildung eines Ortsvektors lautet:

$$
\begin{bmatrix} x_1' \\ x_2' \\ x_3' \\ 1 \end{bmatrix} = \begin{bmatrix} a_{11} & a_{12} & a_{13} & a_{14} \\ a_{21} & a_{22} & a_{23} & a_{24} \\ a_{31} & a_{32} & a_{33} & a_{34} \\ 0 & 0 & 0 & 1 \end{bmatrix} \cdot \begin{bmatrix} x_1 \\ x_2 \\ x_3 \\ 1 \end{bmatrix}
\tag{2.13}
$$

Die Orientierungsmatrix ist wie bei Abbildungen in der Ebene ebenfalls orthonormal und hat den Determinantenwert 1.

Tabelle 2.4 Transformationmatrizen für Rotation und Translation im Raum

Darstellungsart	Mathematischer Ausdruck
Translation bezüglich der Koordinatenachsen	$Trans(\vec{v}) = \begin{bmatrix} 1 & 0 & 0 & v_1 \\ 0 & 1 & 0 & v_2 \\ 0 & 0 & 1 & v_3 \\ 0 & 0 & 0 & 1 \end{bmatrix}$
Rotation um die x-Achse	$Rotx(\alpha) = \begin{bmatrix} 1 & 0 & 0 & 0 \\ 0 & \cos\alpha & -\sin\alpha & 0 \\ 0 & \sin\alpha & \cos\alpha & 0 \\ 0 & 0 & 0 & 1 \end{bmatrix}$
Rotation um die y-Achse	$Roty(\alpha) = \begin{bmatrix} \cos\alpha & 0 & \sin\alpha & 0 \\ 0 & 1 & 0 & 0 \\ -\sin\alpha & 0 & \cos\alpha & 0 \\ 0 & 0 & 0 & 1 \end{bmatrix}$
Rotation um die z-Achse	$Rotz(\alpha) = \begin{bmatrix} \cos\alpha & -\sin\alpha & 0 & 0 \\ \sin\alpha & \cos\alpha & 0 & 0 \\ 0 & 0 & 1 & 0 \\ 0 & 0 & 0 & 1 \end{bmatrix}$

$$\tag{2.14}$$

Translation und Rotation bezüglich Koordinatenachsen

In Tabelle 2.4 sind die Transformationsmatrizen für Rotation und Translation bezüglich der Achsen eines dreidimensionalen kartesischen Koordinatensystems dargestellt.

Berechnung der Transformation für eine beliebige Drehung

Die prinzipielle Vorgehensweise ist für die Drehung um einen beliebigen Drehpunkt DP in der Ebene und eine beliebige Drehgerade g_d im Raum gleich. Bei der Drehung im Raum werden der Ursprung und typischerweise der z-Vektor eines Koordinatensystems D auf die Drehgerade g_d gelegt. Die restliche Orientierung von D ist beliebig.

Bei einer Drehung in der Ebene liegt der Ursprung des Koordinatensystems D auf dem Drehpunkt DP. Die Rotationsmatrix Rot(α) für die Drehung in der Ebene erhält man, indem aus der Matrix Rotz(α) in Tabelle 2.4 die 3. Zeile und 3. Spalte eliminiert werden.

1. Basierend auf dem Drehpunkt oder der Drehgeraden wird ein Koordinatensystem D definiert. In der Ebene erfolgt die Drehung um die Ebenennormale, im Raum typischerweise um die z-Achse von D.

2. Der zu drehende Vektor, ortsgebunden oder frei, wird vom Referenzkoordinatensystem R nach D transformiert.

$$^{D}\vec{v} = D^{-1} \cdot {}^{R}\vec{v}$$

3. Nun wird der Vektor $^{D}\vec{v}$ bezüglich D um $\vec{z}$ gedreht.

$$^{D}\vec{v}_{\alpha} = Rotz(\alpha) \cdot {}^{D}\vec{v}$$

4. Anschließend erfolgt die Rücktransformation nach R.

Damit ergibt sich als Gesamtgleichung für den um α gedrehten Vektor $\vec{v}$:

$$^{R}\vec{v}_{\alpha} = D \cdot Rotz(\alpha) \cdot D^{-1} \cdot {}^{R}\vec{v}$$

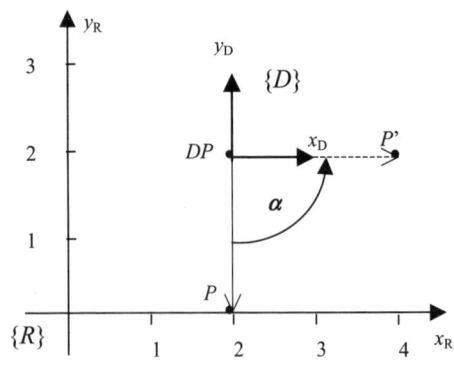

Bild 2.7 Drehung eines Punktes P in der Ebene um einen beliebigen Drehpunkt DP

Beispiel 2.7 Drehung in der Ebene

Gegeben sind der Drehpunkt DP (2,2), der zu drehende Punkt P (2,0) und der Drehwinkel α=90°. Die Gesamtgleichung für die Transformation ergibt sich zu:

$$\vec{p}_{90} = D \cdot Rot(\pi/2) \cdot D^{-1} \cdot \vec{p} = \begin{bmatrix} 1 & 0 & 2 \\ 0 & 1 & 2 \\ 0 & 0 & 1 \end{bmatrix} \cdot \begin{bmatrix} 0 & -1 & 0 \\ 1 & 0 & 0 \\ 0 & 0 & 1 \end{bmatrix} \cdot \begin{bmatrix} 2 \\ 0 \\ 1 \end{bmatrix} = \begin{bmatrix} 4 \\ 2 \\ 1 \end{bmatrix}$$

In Bild 2.7 ist die Drehung eines Punktes P in der Ebene dargestellt.

Eine nützliche Regel ist, dass ein in der Ebene um +90° gedrehter Vektor $\vec{v}\,'$ berechnet wird durch:

$$\vec{v}\,' = \begin{bmatrix} v_x{}' \\ v_y{}' \end{bmatrix} = \begin{bmatrix} -v_y \\ v_x \end{bmatrix} \tag{2.15}$$

Berechnung der Koordinatentransformation in der Ebene über zwei gemeinsame Punkte

Der Grundgedanke besteht darin, dass zwei Punkte P_1 und P_2 die Position und Orientierung eines kartesischen Koordinatensystems in der Ebene bestimmen können. Allerdings bedarf es einer zusätzlichen Regel, da zwei Punkte vier Freiheitsgrade repräsentieren, ein Koordinatensystem in der Ebene aber nur drei Freiheitsgrade darstellt. Eine mögliche Vorgehensweise lautet:

- P_1 definiert den Ursprung (2 Freiheitsgrade).
- Die Richtung der Strecke P_1P_2 definiert die Orientierung der x-Achse (1 Freiheitsgrad).
- Da es sich um ein kartesisches Koordinatensystem handelt, ist dadurch die y-Achse ebenfalls bestimmt.

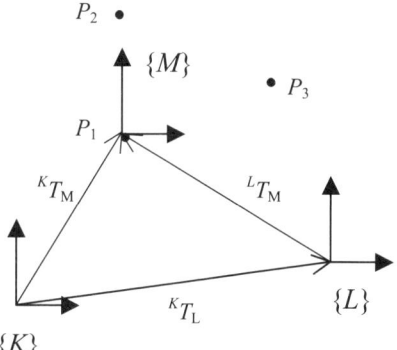

Bild 2.8 Zuordnung der Koordinatensysteme {K}, {L} und {M}

Die Koordinaten der beiden Punkte P_1 und P_2 sollen bezüglich der beiden Koordinatensysteme {K} und {L} bekannt sein. Damit definieren P_1 und P_2 ein weiteres Koordinatensystem {M} mit den Transformationen ${}_{M}^{K}T$ und ${}_{M}^{L}T$. Für die Koordinatentransformation von {L} nach {K} ergibt sich somit:

$$_{L}^{K}T = {}_{M}^{K}T \cdot {}_{M}^{L}T^{-1} \tag{2.16}$$

Durch Anwendung der Regeln zur Definition eines Koordinatensystems aus zwei Punkten erhält man für die Berechnung der beiden Transformationsmatrizen $^K_M T$ bzw. $^L_M T$ (Die Punktkoordinaten sind entweder in {K} oder {L} dargestellt):

$$^{K/L}_{M}T = \begin{bmatrix} \dfrac{p_{2x}-p_{1x}}{\sqrt{\left(p_{2x}-p_{1x}\right)^2+\left(p_{2y}-p_{1y}\right)^2}} & \dfrac{-\left(p_{2y}-p_{1y}\right)}{\sqrt{\left(p_{2x}-p_{1x}\right)^2+\left(p_{2y}-p_{1y}\right)^2}} & p_{1x} \\ \dfrac{p_{2y}-p_{1y}}{\sqrt{\left(p_{2x}-p_{1x}\right)^2+\left(p_{2y}-p_{1y}\right)^2}} & \dfrac{p_{2x}-p_{1x}}{\sqrt{\left(p_{2x}-p_{1x}\right)^2+\left(p_{2y}-p_{1y}\right)^2}} & p_{1y} \\ 0 & 0 & 1 \end{bmatrix} \tag{2.17}$$

Der geometrische Zusammenhang ist in Bild 2.8 dargestellt. Für die Berechnung der Koordinatentransformation in der Ebene werden zunächst nur die beiden P_1 und P_2 betrachtet.

Berechnung der Koordinatentransformation im Raum über drei gemeinsame Punkte

Drei Punkte repräsentieren neun Freiheitsgrade, wohingegen ein Koordinatensystem im Raum durch sechs Freiheitsgrade festgelegt wird. Die in der Ebene angewandten Regeln müssen deshalb erweitert werden. Die geometrischen Zusammenhänge sind ebenfalls durch Bild 2.8 dargestellt. Mit den folgenden Regeln wird ein kartesisches Koordinatensystem im Raum über drei Punkte definiert:

- P_1 definiert den Ursprung (3 Freiheitsgrade).
- Die Richtung der Strecke $P_1 P_2$ definiert die z-Achse (2 Freiheitsgrade).
- P_3 definiert zusammen mit $P_1 P_2$ eine Ebene, in der die x-Achse liegt (1 Freiheitsgrad).
- Da es sich um ein kartesisches Koordinatensystem handelt, bilden die drei Achsvektoren ein Rechtssystem.

Für die resultierende Transformationsmatrix gelten die folgenden Zusammenhänge:

$$\vec{u}=\vec{p}_1;\ \vec{z}=\frac{\vec{p}_2-\vec{p}_1}{|\vec{p}_2-\vec{p}_1|};\ \vec{y}=\frac{\vec{z}\times\left(\vec{p}_3-\vec{p}_1\right)}{|\vec{z}\times\left(\vec{p}_3-\vec{p}_1\right)|};\ \vec{x}=\vec{y}\times\vec{z}; \tag{2.18}$$

$$T=\begin{bmatrix} \vec{x} & \vec{y} & \vec{z} & \vec{u} \\ 0 & 0 & 0 & 1 \end{bmatrix} \tag{2.19}$$

Da die Koordinaten der Punkte P_1, P_2, P_3 in beiden Koordinatensystemen {K} und {L} gegeben sind, können mit Formel (2.19) $^K_M T$ und $^L_M T$ berechnet werden. Für die Transformation $^K_L T$ ergibt sich dann:

$$^K_L T = {}^K_M T \cdot {}^L_M T^{-1}$$

2.4.4 Darstellung der Orientierung durch Eulerwinkel

Direkte Eulertransformation

Die Orientierung eines Koordinatensystems im Raum besitzt drei Freiheitsgrade. Dies wird deutlich, wenn die Orientierung nicht durch eine 3,3-Matrix, sondern durch drei Winkel beschrieben wird. Diese definieren drei aufeinander folgende Drehungen um raumfeste oder veränderliche Koordinatenachsen. Für die Auswahl dieser Achsen gibt es mehrere Definitionen [SIE96] [WEB02]. Beispielhaft wird im Folgenden nur die Variante der *ZYZ-Eulertransformation*[4] behandelt. Bei der direkten Eulertransformation wird die 3,3-Orientierungsmatrix O_F aus den drei *Eulerwinkeln* α, β, γ berechnet. Dabei erfolgt die Transformation zunächst durch eine Drehungen um die z-Achse eines Referenzkoordinatensystems R mit dem Winkel α, dann um dessen veränderte y'-Achse mit β, schließlich um die nochmals veränderte z''-Achse mit γ. Auf diese Weise wird das Referenzkoordinatensystem R in ein transformiertes Koordinatensystem F mit der Orientierungsmatrix O_F überführt. Im Bereich der Robotik wird O_F üblicherweise durch die drei Spaltenvektoren[5] $\vec{n}$, $\vec{o}$, $\vec{a}$ beschrieben. Die Transformationsgleichung hat die Form:

$$O_F = [\vec{n} \quad \vec{o} \quad \vec{a}] = Rotz(\alpha) \cdot Roty(\beta) \cdot Rotz(\gamma) \tag{2.20}$$

Bild 2.9 zeigt die resultierende räumliche Ausrichtung der Vektoren $\vec{n}$, $\vec{o}$, $\vec{a}$ bei einer *ZYZ-Eulertransformation* mit $\alpha = 40°$, $\beta = 40°$, $\gamma = 20°$.

Inverse Eulertransformation

Bei der inversen Eulertransformation werden die drei Eulerwinkel aus einem gegebenen Frame F mit der Orientierungsmatrix O_F berechnet. Die Drehachse für den ersten Eulerwinkel α ist die z-Achse des Referenzkoordinatensystems R. Dieser Winkel wird dabei so bestimmt, dass bei der anschließenden Drehung um die neu entstandene y-Achse mit dem Winkel β die z-Achse mit dem Vektor a zur Deckung gebracht wird. Die abschließende Drehung erfolgt nun um a. Der Drehwinkel γ wird so gewählt, dass die dadurch veränderte y-Achse mit dem Orientierungsvektor o übereinstimmt. Die Berechnung der Eulerwinkel ist mehrdeutig. Es gilt ein Wertebereiche von $360°$ mit $-180° < \alpha, \beta, \gamma \leq 180°$.

---

[4] Diese wird auch als *zy'z''*-Eulertransformation bezeichnet.
[5] Im englischen Sprachraum werden die Einheitsvektoren des Roboter-Flanschkoordinatensytems mit *normal* (x-Vektor), *orientation* (y-Vektor) und *approach* (z-Vektor) bezeichnet.

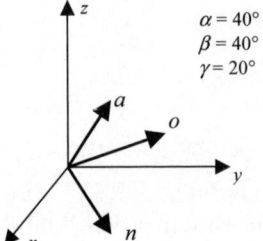

$\alpha = 40°$
$\beta = 40°$
$\gamma = 20°$

Bild 2.9 Beispiel für die Ausrichtung der Orientierungsvektoren bei der ZYZ-Eulertransformation

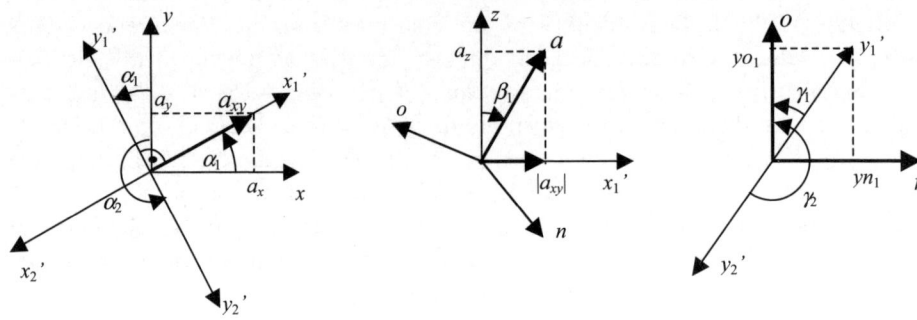

Bild 2.10 a) Berechnung von α   b) Berechnung von β   c) Berechnung von γ

Um die Eulerwinkel aus den vorgegebenen Orientierungsvektoren $\vec{n}, \vec{o}, \vec{a}$ zu berechnen, werden deren Projektionen auf drei verschiedene Koordinatenebenen betrachtet. Bild 2.10 a) zeigt die Projektion von $\vec{a}$ auf die xy-Ebene von R. Da die y'-Achse so ausgerichtet ist, dass die z-Achse durch eine Drehung um β in $\vec{a}$ überführt wird, steht der auf die xy-Ebene projizierte Vektor $\vec{a}_{xy}$ senkrecht auf $\vec{y}'$ und damit parallel zu $\vec{x}'$. Der Winkel zwischen $\vec{x}$ und $\vec{x}'$, der dem Winkel zwischen $\vec{y}$ und $\vec{y}'$ entspricht, stellt somit den Eulerwinkel α dar. Dafür gibt es zwei Lösungen α_1/α_2, die sich um 180° unterscheiden. Dies hat dann auch jeweils zwei veränderte Koordinatenvektoren $\vec{y}_1'/\vec{y}_2'$ und $\vec{x}_1'/\vec{x}_2'$ zur Folge[6]. Unter der Voraussetzung, dass $\vec{a}$ nicht parallel zur z-Achse von R ausgerichtet ist ($\beta \neq 0$), und somit der Projektionsvektor $\vec{a}_{xy}$ existiert, ergibt sich

$$\alpha_1 = a\tan2(a_y, a_x)$$

$$\alpha_2 = \begin{cases} \alpha_1 - \pi & \text{für } \alpha_1 \geq 0 \\ \alpha_1 + \pi & \text{für } \alpha_1 < 0 \end{cases} \tag{2.21}$$

Diese Unterscheidung für α_2 ist wichtig, damit der zulässige Wertebereich von 360° nicht überschritten wird.

---

[6] Falls im Zusammenhang mit der Eulertransformation bei Winkeln und Vektoren kein Index 1 oder 2 angegeben ist, bedeutet dies, dass die Aussagen für beide Lösungen gelten.

In Bild 2.10 b) sind die Projektion von $\vec{n}, \vec{o}, \vec{a}$ auf die $x'z$-Ebene von R dargestellt. Der Winkel β wird durch die z-Komponente a_z von $\vec{a}$ und dem Betrag des projizierten Vektors $\vec{a}_{xy}$ bestimmt. Falls die zweite Lösung α_2 gewählt wird, bildet $\vec{y}_2'$ die Drehachse, deren Drehsinn entgegengesetzt zu $\vec{y}_1'$ gerichtet ist. Deshalb gilt:

$$\beta_2 = -\beta_1; \quad \beta_1 = a\tan 2(\sqrt{a_x^2 + a_y^2}, a_z) \tag{2.22}$$

Für die Berechnung von γ gibt es zwei Ansätze. Beim *geometrischen* Ansatz wird ausgewertet, dass γ der Winkel zwischen den Vektoren $\vec{y}_{1/2}'$ und $\vec{o}$ ist. Dazu wird die durch $\vec{n}$ und $\vec{o}$ aufgespannte Koordinatenebene betrachtet. Die Vektoren $\vec{y}_{1/2}'$ befindet sich ebenfalls in dieser Ebene, da sie senkrecht auf $\vec{a}$ stehen. Der Winkel γ wird durch die Beträge $yn_{1/2}$ und $yo_{1/2}$ der Projektionen von $\vec{y}_{1/2}'$ auf die Vektoren $\vec{n}$ und $\vec{o}$ bestimmt. Durch Anwendung von Formel (2.4) erhält man für die Beträge $yn_{1/2}$ und $yo_{1/2}$ der projizierten Vektoren:

$$yn_{1/2} = \vec{n} \cdot \vec{y}_{1/2}'; \quad yo_{1/2} = \vec{o} \cdot \vec{y}_{1/2}'$$

Durch Einsetzen der Komponentendarstellung von $\vec{y}_1'$ erhält man:

$$\vec{y}_1' = \begin{bmatrix} -\sin\alpha_1 & \cos\alpha_1 & 0 \end{bmatrix}^T;$$
$$yn_1 = \vec{n} \cdot \vec{y}_1' = -n_x \sin\alpha_1 + n_y \cos\alpha_1; \quad yo_1 = \vec{o} \cdot \vec{y}_1' = -o_x \sin\alpha_1 + o_y \cos\alpha_1$$

Somit kann γ mit Hilfe der atan2-Funktion berechnet werden:

$$\gamma_1 = a\tan 2(yn_1, yo_1);$$
$$\gamma_1 = a\tan 2(-n_x \sin\alpha_1 + n_y \cos\alpha_1, -o_x \sin\alpha_1 + o_y \cos\alpha_1) \tag{2.23}$$

Wie bei α unterscheidet sich auch bei γ die zweite Lösung um 180° von der ersten. Damit der zulässige Wertebereich von 360° nicht überschritten wird, gilt

$$\gamma_2 = \begin{cases} \gamma_1 - \pi & \text{für } \gamma_1 \geq 0 \\ \gamma_1 + \pi & \text{für } \gamma_1 < 0 \end{cases}. \tag{2.24}$$

Neben dem geometrischen Verfahren gibt es ein zweites, *algebraisches* Verfahren, das auf Koeffizientenvergleich beruht [WEB02]. Multipliziert man Formel (2.20) aus, so erhält man bezüglich der z-Komponenten n_z und o_z:

$$O_F = \begin{bmatrix} n_x & o_x & a_x \\ n_y & o_y & a_y \\ n_z & o_z & a_z \end{bmatrix} = \begin{bmatrix} - & - & - \\ - & - & - \\ -\sin\beta \cdot \cos\gamma & \sin\beta \cdot \sin\gamma & - \end{bmatrix}$$

Die restlichen Elemente der rechtsstehenden Matrix sind irrelevant. Durch Koeffizientenvergleich ergeben sich nun die beiden Gleichungen:

$$n_z = -\sin\beta \cos\gamma; \quad o_z = \sin\beta \sin\gamma.$$

Daraus folgt:

$$\cos\gamma = \frac{-n_z}{\sin\beta}; \quad \sin\gamma = \frac{o_z}{\sin\beta}; \quad \tan\gamma = \frac{\sin\gamma}{\cos\gamma} = \frac{o_z}{-n_z}$$

Bezüglich eines Winkelbereichs von 360° erhält man als Lösungen für γ:

$$\gamma_1 = a\tan2(o_z, -n_z),$$ (2.25)

γ_2 wird nach Formel (2.24) berechnet

Falls $\beta_{1,2}=0$ zutrifft, liegt eine *Singularität* vor und es gibt unendlich viele Lösungen. Um dies zu umgehen, wird in diesem Fall festgelegt:

$$\gamma_{1,2} = 0; \quad \alpha_1 = a\tan2(n_y, n_x)$$ (2.26)

Für die Berechnung von α_2 gilt wieder Formel (2.21).

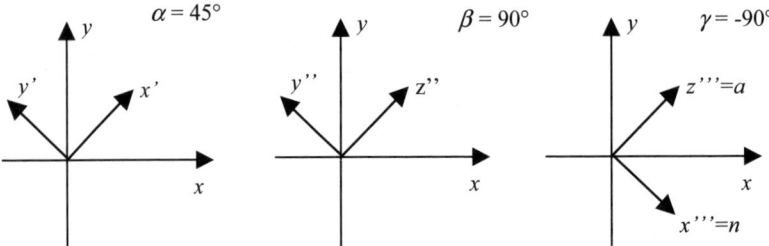

Bild 2.11 Drehung des Referenzkoordinatensystems um $\alpha=45°$, $\beta=90°$, $\gamma=-90°$ in Beispiel 2.8

Beispiel 2.8 Berechnung der inversen *ZYZ*-Eulertransformation

Gegeben ist die Orientierungsmatrix

$$O_F = \begin{bmatrix} 1/\sqrt{2} & 0 & 1/\sqrt{2} \\ -1/\sqrt{2} & 0 & 1/\sqrt{2} \\ 0 & -1 & 0 \end{bmatrix}$$

Mit Hilfe der Formeln (2.21) bis (2.26) erhält man die beiden Lösungen

$$\alpha_1 = a\tan2(\frac{1}{\sqrt{2}}, \frac{1}{\sqrt{2}}) = \tan(1) = \frac{\pi}{4}; \quad \alpha_2 = \pi/4 - \pi;$$

$$\beta_1 = a\tan2(\sqrt{\frac{1}{2}+\frac{1}{2}}, 0) = \tan(1,0) = \frac{\pi}{2}; \quad \beta_2 = -\frac{\pi}{2};$$

$$\gamma_1 = a\tan2(-1,0) = -\frac{\pi}{2}; \quad \gamma_2 = -\frac{\pi}{2} + \pi = \frac{\pi}{2}.$$

Bild 2.11 zeigt die sich ergebenden Drehungen des Referenzkoordinatensystems R durch die Anwendung der Eulerwinkel α_1, β_1, γ_1. Dargestellt ist jeweils die Projektion auf die xy-Ebene von R.

2.5   Polynome

In der Robotik finden Polynome u.a. bei der Erzeugung von Bahnkurven und Zeitprofilen Verwendung. Sie haben die allgemeine Form:

$$P(x)=\sum_{i=0}^{n}a_i x^i =(x-\alpha)^k(x-\beta)^l(x-\gamma)^m \dots \quad x\in \Re,C^{\,7} \tag{2.27}$$

Die Nullstellen eines Polynoms werden auch als *Wurzeln* bezeichnet. Über ihre Anzahl gibt der *Fundamentalsatz der Algebra* Auskunft [BRO91] [PAP01]:

Fundamentalsatz der Algebra

Jedes Polynom n-ten Grades, dessen Koeffizienten reelle oder komplexe Zahlen sind, besitzt n reelle oder komplexe Wurzeln α, β, γ, ..., wobei k-fache Wurzeln auch k-fach gezählt werden.

Im Vergleich zu anderen Funktionen können Polynome besonders einfach differenziert und integriert werden. So gilt für ein Polynom 3. Grades $P_3(x)$:

$$\frac{dP_3(x)}{dx}=3a_3 x^2 +2a_2 x+a_1; \quad \int P_3(x)dx=\frac{1}{4}a_3 x^4 +\frac{1}{3}a_2 x^3 +\frac{1}{2}a_1 x^2 +a_0 x+C$$

Ein Polynom n-ten Grades ist durch $n+1$ Koeffizienten und damit $n+1$ Bestimmungsgleichungen eindeutig bestimmt. Diese können sich auf das Polynom, aber auch dessen Ableitungen und Integrale beziehen.

In Beispiel 2.9 wird gezeigt, wie die Koeffizienten eines Polynoms 2. Grades durch drei Bedingungen bestimmt werden.

Beispiel 2.9 Berechnung der Koeffizienten für eine Parabel

Es soll die Parabelfunktion $f(x)$ aus den folgenden Bedingungen berechnet werden:

$f(0)=0;\;\; f(1)=1;\;\; f'(1)=4$

---

[7] C bedeutet hier Menge der komplexen Zahlen.

Als Lösung für die Koeffizienten der Parabelfunktion erhält man:

$$f(x) = 3x^2 - 2x$$

2.6   Differentielle Zusammenhänge

2.6.1   Ableitung von Funktionen

Viele geometrische und physikalische Zusammenhänge werden durch *nichtlineare Gleichungssysteme* beschrieben. Trotzdem gibt es in vielen Fällen die Möglichkeit, die sehr mächtigen Methoden der linearen Gleichungssysteme anzuwenden, wenn statt der absoluten Größe, z.B. Winkel oder Koordinate, nur kleine, differentielle Änderungen dieser Größe betrachtet werden müssen.

Solche kleinen Änderungen werden als *Differentiale* bezeichnet. Sie werden mit Hilfe der Ableitung einer Funktion berechnet. Die wichtigsten Regeln sind:

$$\frac{d}{dx}[k_1 f(x) + k_2 g(x)] = k_1 \frac{d}{dx} f(x) + k_2 \frac{d}{dx} g(x) \qquad \text{(Summenregel)} \qquad (2.28)$$

$$\frac{d}{dx} f(g(x)) = \frac{d}{du} f(u) \frac{d}{dx} g(x) = f'(u) g'(x) \, mit \, u = g(x) \quad \text{(Kettenregel)} \qquad (2.29)$$

Die Ableitungen einiger wichtiger Funktionen zeigt Tabelle 2.5.

Tabelle 2.5 Ableitungen einiger wichtiger Funktionen

Funktion	Ableitung	Funktion	Ableitung
x^n	nx^{n-1}	$\log_a x$	$\dfrac{1}{x \ln a}$
$\sin x$	$\cos x$	$a \cos x$	$\dfrac{-1}{\sqrt{1-x^2}}$
$\cos x$	$-\sin x$	$a \tan x$	$\dfrac{1}{1+x^2}$
$\tan x$	$\dfrac{1}{\cos^2 x}$	e^x	e^x

Das Differential dy einer skalaren Funktion mit einer Veränderlichen $y=f(x)$ berechnet sich zu:

$$\frac{dy}{dx} = f'(x); \quad dy = f'(x)dx$$

Beispiel 2.10 Ableitung und Differential einer skalaren Funktion mit einer
Veränderlichen

Gegeben sei die Funktion einer Veränderlichen $y = f(x) = x^2 + 1$. Daraus folgen für die Ableitung und das Differential:

$$y' = \frac{dy}{dx} = f'(x) = 2x; \quad dy = f'(x) \cdot dx = 2x \cdot dx$$

Dies bedeutet, dass in einer hinreichend kleinen Umgebung eines gegebenen Wertes $x = x_0$ die Funktion durch die Geradengleichung $y = 2x_0 \, x - x_0^2 + 1$ beschrieben wird. Diese Gleichung erhält man, wenn man für die Steigung der Geraden $2x_0$ ansetzt und den Funktionswert $f(x_0) = x_0^2 + 1$ zu Grunde legt. Für $x_0 = 1$ lautet die Geradengleichung somit $y = 2x$.

Die Ableitungsregeln können auch auf *Vektor-* und *Matrixfunktion* übertragen werden. Die Ableitung einer Matrix wird durch die Ableitung ihrer Elemente berechnet.

$$F'(x) = ((f_{ij}'(x)))$$

Für die Berechnung der Ableitung von zusammengesetzten Matrixfunktionen gilt:

$$F(x) = A \cdot G(x) \cdot B; \qquad F'(x) = A \cdot G'(x) \cdot B$$
$$F(x) = A + G(x) + B; \qquad F'(x) = G'(x)$$

2.6.2 Berechnung der Jacobimatrix

Geometrische Abbildungen werden in der Regel durch Funktionen mehrerer Veränderlicher beschrieben:

$$y = f(x_1, \ldots, x_n)$$

Das vollständige oder *totale Differential* einer solchen Funktion lautet:

$$dy = \frac{\partial f}{\partial x_1} dx_1 + \ldots + \frac{\partial f}{\partial x_n} dx_n \qquad (2.30)$$

Das Konzept des totalen Differentials kann auch auf mehrdimensionale Funktionen, also Vektor- und Matrixfunktionen, übertragen werden. Eine Vektorfunktion mit n Eingangsvariablen und m Komponenten hat die Form:

$$\vec{y} = \vec{f}(x_1, \ldots, x_n) = \begin{bmatrix} f_1(x_1, \ldots, x_n) \\ \vdots \\ f_m(x_1, \ldots, x_n) \end{bmatrix}$$

Das totale Differential kann als Matrix-Vektor-Produkt dargestellt werden:

$$d\vec{y} = \begin{bmatrix} \dfrac{\partial f_1}{\partial x_1}dx_1 + \ \cdots \ + \dfrac{\partial f_1}{\partial x_n}dx_n \\ \vdots \qquad \cdots \qquad \vdots \\ \dfrac{\partial f_m}{\partial x_1}dx_1 + \ \cdots \ + \dfrac{\partial f_m}{\partial x_n}dx_n \end{bmatrix} = \begin{bmatrix} \dfrac{\partial f_1}{\partial x_1} & \cdots & \dfrac{\partial f_1}{\partial x_n} \\ \vdots & \cdots & \vdots \\ \dfrac{\partial f_m}{\partial x_1} & \cdots & \dfrac{\partial f_m}{\partial x_n} \end{bmatrix} \cdot \begin{bmatrix} dx_1 \\ \vdots \\ dx_n \end{bmatrix} \tag{2.31}$$

$$d\vec{y} = J \cdot d\vec{x}$$

Die m,n-Matrix J wird als Ableitungs-, Funktional- oder *Jacobimatrix* bezeichnet. Sie beschreibt den differentiellen Zusammenhang zwischen n Eingangsgrößen und m Ausgangsgrößen in Form eines linearen Gleichungssystems. Die Umkehrabbildung existiert nur, falls $det(J) \neq 0$ gilt.

Die Berechnung der Jacobimatrix wird an Hand von Beispiel 2.11 demonstriert.

Beispiel 2.11 Jacobimatrix für den differentiellen Zusammenhang zwischen kartesischen Koordinaten und Polarkoordinaten

Bild 2.12 zeigt die Definition von kartesischen Koordinaten und Polarkoordinaten. Beide werden als Vektoren $\vec{x}$ und $\vec{p}$ dargestellt. Die Abbildungsfunktionen in Vektorschreibweise lauten:

$$\vec{x} = \begin{bmatrix} x_1 \\ x_2 \end{bmatrix} = \begin{bmatrix} p_2\cos p_1 \\ p_2\sin p_1 \end{bmatrix}; \quad \vec{p} = \begin{bmatrix} p_1 \\ p_2 \end{bmatrix} = \begin{bmatrix} \alpha \\ r \end{bmatrix} = \begin{bmatrix} a\tan(x_2/x_1) \\ \sqrt{x_1^2 + x_2^2} \end{bmatrix} \tag{2.32}$$

Das totalen Differential $d\vec{x}$ hat die Form:

$$d\vec{x} = \begin{bmatrix} dx_1 \\ dx_2 \end{bmatrix} = \begin{bmatrix} -p_2\sin p_1 & \cos p_1 \\ p_2\cos p_1 & \sin p_1 \end{bmatrix} \cdot \begin{bmatrix} dp_1 \\ dp_2 \end{bmatrix} = X_p \cdot d\vec{p} \tag{2.33}$$

Für das totale Differentiale der Umkehrabbildung $d\vec{p}$ ergibt sich:

$$d\vec{p} = \begin{bmatrix} dp_1 \\ dp_2 \end{bmatrix} = \begin{bmatrix} d\alpha \\ dr \end{bmatrix} = \begin{bmatrix} \dfrac{-x_2}{x_1^2(1+(x_2/x_1)^2)} & \dfrac{1}{x_1(1+(x_2/x_1)^2)} \\ \dfrac{x_1}{\sqrt{x_1^2+x_2^2}} & \dfrac{x_2}{\sqrt{x_1^2+x_2^2}} \end{bmatrix} \cdot \begin{bmatrix} dx_1 \\ dx_2 \end{bmatrix} = P_x \cdot d\vec{x} \tag{2.34}$$

Die Elemente der Jacobimatrizen X_p und P_x werden durch partielle Ableitung nach den Eingangsvariablen gewonnen. Man beachte, dass für die Ableitung der Elemente von P_x die Kettenregel (2.30) angewendet wird. So gilt beispielsweise für die Ableitung von p_1 und p_2 nach x_1

$$\frac{d}{dx_1}a\tan(\frac{x_2}{x_1}) = \frac{d}{du}\tan(u)\frac{d}{dx_1}\left(\frac{x_2}{x_1}\right) = \frac{1}{1+u^2}\frac{x_2(-1)}{x_1^2}$$

$$\frac{d}{dx_1}\sqrt{x_1^2 + x_2^2} = \frac{1}{2}(x_1^2 + x_2^2)^{\frac{-1}{2}} 2x_1$$

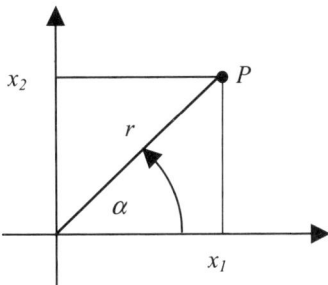

Bild 2.12 Geometrischer Zusammenhang zwischen
kartesischen Koordinaten und Polarkoordinaten

2.7   Zusammenfassung

Die Robotermathematik liefert die Methoden zur Realisierung von formalen Robotermodellen. Die Grundlage dafür bilden die elementaren geometrischen Objekte. Deren analytische Beschreibung und Berechnung erfolgt mit der Vektor-/Matrixalgebra und der Theorie der linearen Gleichungssysteme. Große Bedeutung haben dabei die homogenen Matrizen (*Frame*), die der Darstellung und Transformation von kartesischen Koordinatensystemen dienen.

Da Roboter meistens mit Drehgelenken ausgestattet sind, spielt auch die Berechnung von Winkeln eine zentrale Rolle. Um trigonometrische und andere nichtlineare Funktionen zu behandeln ist es oft ausreichend, sich auf differentielle Zusammenhänge zu beschränken, z.B. in Form der *Jacobimatrix*. Diese Linearisierung erlaubt dann die Anwendung der mächtigen Methoden der linearen Algebra.

Wichtige Begriffe und Methoden

- Formale mathematische Modelle als Grundlage der Programmierung
- Mathematische Beschreibung von Gerade und Ebene durch explizite/implizite Darstellung, Komponenten- und Vektordarstellung, Hesse-Normalenform
- Inverse trigonometrische Funktionen, atan2-Funktion, Kosinussatz
- Allgemeines Lösungsverfahren für lineare Gleichungssysteme, *Cramer'sche Regel*
- Homogene Matrix, Frame, Koordinatentransformation
- Rotation um eine beliebige Gerade im Raum
- Inverse Eulertransformation
- Polynome als mehrfach ableitbare Funktionen
- Jacobimatrix zur Linearisierung

2.8   Aufgaben

Hinweis – Lösungen zu den Aufgaben

Die Lösungen zu den Aufgaben aller Kapitel finden Sie im Internet unter der Adresse:
http://www.hs-augsburg.de/stark/robotik_mit_matlab

Aufgabe 2.1

Gegeben ist ein Rechteck mit den Kantenlängen $l=4$ *cm*, $b=3$ cm. Es ist parallel zu den Koordinatenachsen ausgerichtet und sein linker unterer Eckpunkt liegt bei P *(1,1)*.

a) Stellen Sie für die vier Geraden, die durch die Kanten bestimmt sind, alle Darstellungsformen von Tabelle 2.1 auf.

b) Zeigen Sie mit Hilfe der Hesse-Normalenform, dass der Abstand der Eckpunkte von der gegenüberliegenden Kante der Breite b, bzw. der Länge l entspricht.

Aufgabe 2.2

Gegeben ist ein allgemeines Dreieck ABC.

a) Berechnen Sie die Höhe h_c beim Eckpunkt C mit Hilfe der Hesse-Normalenform einer Geraden g_1, die durch A und B verläuft.

b) Ermitteln Sie h_c durch die Berechnung des Abstands, den der Lotfußpunktes D der Höhe h_c vom Eckpunkt C hat.

Aufgabe 2.3

Vorgegeben ist eine Ebene E_1, die senkrecht auf der xy-Ebene steht und die Punkte $P_1(1,0)$ und $P_2(2,1)$ enthält.

a) Stellen Sie die Ebene E_1 mit allen Methoden von Tabelle 2.3 dar.

b) Berechnen Sie die Schnittgerade g_s mit der xy-Ebene.

c) Welchen Winkel schließt g_s mit der x-Achse ein?

d) Berechnen Sie den senkrechten Abstand des Ursprungs von der Ebene E_1.

Aufgabe 2.4

Gegeben ist ein gleichseitiges Dreieck ABC mit der Kantenlänge $a=2$ cm.

a) Berechnen Sie die Höhe h.

b) Berechnen Sie alle Innenwinkel mit Hilfe des Kosinussatzes.

c) Berechnen Sie alle Innenwinkel mit Hilfe der inversen Tangensfunktion.

Aufgabe 2.5

Ein rechtwinkliges Dreieck hat die Eckpunkte A $(0,0)$, B $(4,0)$, C $(4,3)$.

a) Berechnen Sie die Projektion der Strecke AC auf die x-Achse.
b) Berechnen Sie die Projektion der Strecke AB auf die Strecke AC.
c) Berechnen Sie den Winkel α bei A.

Aufgabe 2.6

Gegeben sind drei Punkte P_1 $(1,0,0)$, P_2 $(3,0,0)$, P_3 $(2,1,1)$, die eine Ebene E bestimmen.

a) Berechnen Sie den Normalenvektor $\vec{n}_1$ von E mit Hilfe des Vektorprodukts.
b) Stellen Sie die Hesse-Normalenform von E auf und zeigen Sie, dass der so ermittelte Normalenvektor $\vec{n}_2$ bis auf einen Faktor k mit $\vec{n}_1$ übereinstimmt.

Aufgabe 2.7

Berechnen Sie jeweils den Schnittpunkt S mit Hilfe der *Cramer'schen Regel*. Gegeben sind die Gleichungen von:

a) zwei Geraden in der Ebene mit: $y = 3$; $x = 2$
b) zwei Geraden in der Ebene mit: $y = 2x$; $x = 4$
c) drei Ebenen mit: $z = 2$; $x = 5$; $y + z - 6 = 0$

Aufgabe 2.8

Die Ebene E_1 enthält die z-Achse und den Punkt P_1 $(1,1,10)$. Für die Ebene E_2 gilt $z=3$.

a) Stellen Sie die beiden Ebenen als lineare Gleichungssysteme dar.
b) Berechnen Sie deren Schnittgerade mit Hilfe des allgemeinen Lösungsverfahrens für lineare Gleichungssysteme.

Aufgabe 2.9

Gegeben sind die beiden Transformationen

$$^{A}T_B = \begin{bmatrix} 0 & -1 & 2 \\ 1 & 0 & 1 \\ 0 & 0 & 1 \end{bmatrix} \text{ und } {}^{A}T_C = \begin{bmatrix} -1 & 0 & 4 \\ 0 & -1 & 3 \\ 0 & 0 & 1 \end{bmatrix}$$

a) Zeichnen Sie die Lage der Koordinatensysteme $\{B\}$ und $\{C\}$ bezüglich $\{A\}$.
b) Berechnen Sie die Transformation $^{B}T_C$.
c) Transformieren Sie den Differenzvektor $^{B}\vec{d} = \begin{bmatrix} 1 & 1 \end{bmatrix}^T$ nach $\{C\}$.

Aufgabe 2.10

a) Zeigen Sie dass gilt für einen beliebigen Winkel gilt:

$$Rotx(\alpha) = Roty(\pi/2) \cdot Rotz(\alpha) \cdot Roty(-\pi/2)$$

b) Ein Punkt P $(2,0,0)$ soll bezüglich einer Geraden mit dem Hinführungsvektor $\vec{a} = \begin{bmatrix} 1 & 0 & 0 \end{bmatrix}^T$ und dem Richtungsvektor $\vec{u} = \begin{bmatrix} 1 & 0 & 0 \end{bmatrix}^T$ um $\varphi = 30°$ gedreht werden. Berechnen Sie den gedrehten Punkt P_D. Gibt es mehrere Lösungen?

Aufgabe 2.11

Gegeben ist das Einheitsframe E und die beiden Transformationen

$$T_1 = Trans(3,1,0) \cdot Rotx(\pi/2); \quad T_2 = Trans(1,0,0) \cdot Rotz(\pi/2).$$

a) E wird bezüglich T_1 transformiert. Welche Lage nimmt das Frame nun ein?
b) Das transformierte Frame soll nun durch T_2 einmal absolut und einmal relativ transformiert werden. Zeichnen Sie die neuen Lagen des transformierten Frames.

Aufgabe 2.12

Gegeben ist eine ZYZ-Eulertransformation mit $\alpha = 90°$, $\beta = 90°$, $\gamma = 45°$.

a) Zeichnen Sie für jede Drehung die Projektion des transformierten Referenzkoordinatensystems auf die xy-Ebene.
b) Berechnen Sie die resultierende homogene Transformationsmatrix ET.
c) Berechnen Sie aus ET die beiden Lösungen für die inverse ZYZ-Eulertransformation.

Aufgabe 2.13

Gegeben ist die Funktion $z = f(x,y) = \cos y^2 + \sin x^2$.

a) Berechnen Sie die partiellen Ableitungen von $z = f(x,y)$.
b) Stellen Sie das totale Differential dz als Skalarprodukt dar.

3   Programmieren mit MATLAB

Zielsetzung

Mit Hilfe der Programmiersprache werden die formalen mathematischen Modelle in ausführbaren Programmcode umgesetzt. Die technische Software MATLAB umfasst eine eigene Programmiersprache mit umfangreicher Funktionsbibliothek. Zunächst werden in diesem Kapitel schwerpunktmäßig diejenigen Merkmale von Sprache und Entwicklungsumgebung erklärt, die für die Programmierung der Robotersoftware benötigt werden.

Dann erfolgt die Anwendung auf die in Kapitel 2 behandelten Grundlagen der Robotermathematik. Das Ergebnis ist die Entwicklung der Funktionsbibliothek ROBOMATS. Damit werden die spezifischen mathematischen Verfahren für die Robotik bereitgestellt. Der abschließende Teil betrachtet die besonderen Eigenschaften einer technischen Programmiersprache und die geeignete Vorgehensweise für die Softwareentwicklung.

3.1   Erste Schritte

3.1.1   Was ist MATLAB?

MATLAB ist eine Abkürzung für MATrix LABoratory. Es wurde in den 1970iger Jahren entwickelt und wird von der Firma *The MathWorks* vertrieben. Inzwischen hat MATLAB eine weltweite Verbreitung gefunden. Haupteinsatzgebiete sind alle Bereiche der Mathematik, Naturwissenschaften und Technik. Aber auch im Bereich der Chemie, Bio- und Wirtschaftswissenschaften wird es verstärkt eingesetzt. MATLAB ist auch die Grundlage für SIMULINK, ein weiteres Produkt von der Firma The MathWorks. Mit SIMULINK können Systeme mit Hilfe grafischer Blöcke modelliert und simuliert werden.

Der Funktionsumfang von MATLAB kann auf zwei Arten genutzt werden:

1. als interaktives Berechnungswerkzeug,
2. als Programmierumgebung zum Erstellen und Testen von Programmen, die in einer eigenen Sprache geschrieben werden.

Wie der Name bereits ausdrückt, wurden die zu berechnenden Daten zunächst einheitlich als Matrix-Datentyp dargestellt. In der Zwischenzeit sind viele weitere Datentypen hinzugekommen.

MATLAB ist ein *numerisches System*. Dies bedeutet, dass die dargestellten mathematischen Gleichungen bezüglich eines vorgegebenen Definitionsbereichs numerisch berechnet werden. Eine zweite Art von mathematischen Softwarepaketen sind *Computeralgebra-Systeme*. Sie erlauben die Berechnung von Termen und Gleichungen durch die Anwendung von Rechenregeln und die daraus folgende Umformung der symbolischen Darstellung. Beispiele dafür sind die Vereinfachung von Brüchen durch Kürzen gleicher Terme im Zähler und Nenner oder das Auflösen einer gegebenen Gleichung nach einer bestimmten Größe.

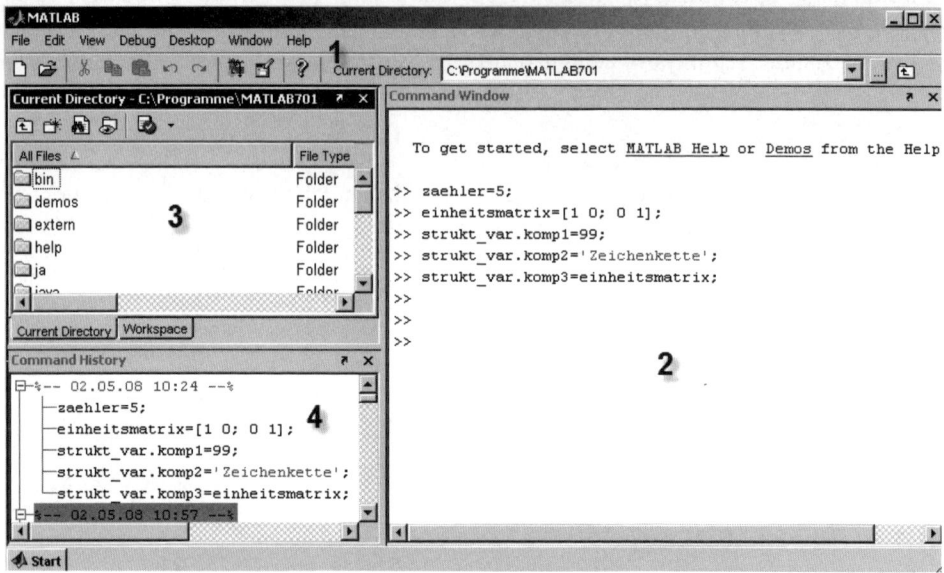

Bild 3.1 Bedienoberfläche von MATLAB nach dem Start

Das MATLAB-System besteht aus fünf Teilen:

• **Entwicklungsumgebung**
Diese umfasst eine große Anzahl an Bedienfunktionen und zusätzlichen Werkzeugen für besondere Aufgaben. Viele dieser Werkzeuge haben grafische Bildschirmoberflächen (*Desktop*).

• **Mathematische Funktionsbibliothek**
Sie besteht aus einer Sammlung von Funktionen, angefangen bei elementaren Funktionen wie Sinus, Logarithmus, bis zu komplexen Funktionen zur Berechnung der Inverse einer Matrix, der Eigenwerte oder der Fouriertransformation.

• **Programmiersprache MATLAB-Skript**
Verfügbar ist die höhere Programmiersprache MATLAB-Skript, die mit den üblichen Sprachelementen, bis hin zur objektorientierten Programmierung, ausgestattet ist. Sie er-

laubt sowohl *Programmieren im Kleinen*, um schnell kleine Programme zur erstellen, aber auch *Programmieren im Großen*, z.B. um eine komplette Robotersteuerung zu realisieren.

- Grafik
  Es werden umfangreiche Funktionen zur Verfügung gestellt, um Daten zu visualisieren, Bilder zu bearbeiten, Animationen zu erstellen und grafische Benutzerschnittstellen (*Graphical User Interface, GUI*) für Applikationen zu realisieren.

- **Programmierschnittstelle** (*Application Program Interface*)
  Dies ist eine Bibliothek, die es erlaubt mit Programmen zu kommunizieren, die in anderen Programmiersprachen implementiert sind.

Als besonderes Merkmal weist MATLAB eine ganze Familie von anwendungsspezifischen Paketen auf, die sogenannten *Toolboxen*. Sie unterstützen spezifische Anwendungsgebiete wie z.B. Signalverarbeitung, Regelungstechnik, neuronale Netze, Mechaniksimulation oder Finanzmathematik.

3.1.2   Bedienoberfläche

Bild 3.1 zeigt die Bedienoberfläche von MATLAB nach dem Start. Vier Bereiche können unterschieden werden (Nummern 1 bis 4 in Bild 3.1):

1. **Kopfleiste**
   Die Kopfleiste enthält u.a. Hauptmenü, aktueller Verzeichnispfad (*Current Directory*), Symbolleisten (*Toolbar*),

2. **Kommandofenster**
   Über das Kommandofensters werden Ausführungskommandos eingeben. Ergebnisse und Meldungen werden angezeigt.

3. **Aktuelles Verzeichnis oder Hauptbereich** (*Current Directory* oder *Base Workspace*)
   Im Hauptbereich werden alle Variablen verwaltet, die durch interaktive Eingabe entstehen.

4. **Liste der ausgeführten Kommandos** (*Command History*)
   Alle eingegebenen Kommandos werden gespeichert und können so leicht erneut ausgeführt werden.

Nicht alle Funktionen der Bedienoberfläche können an dieser Stelle behandelt werden. Besonders wichtig sind die folgenden:

- Hauptmenü – File – New
  Es wird eine neue Programmdatei mit dem syntaxgesteuerten MATLAB-Editor und integriertem *Debugger* geöffnet. Dies kann auch durch die Eingabe von `edit` im Kommandofenster erfolgen.

- Hauptmenü – File – Set Path
  Damit werden neue Suchpfade definiert. Diese verweisen auf Verzeichnisse, in denen sich Funktionsdateien befinden. Beim Aufruf einer Funktion werden automatisch alle

Verzeichnisse, die durch Suchpfade beschrieben sind, nach der dazugehörigen Datei durchsucht.

- **Hauptmenü – Debug**
  Die Debugger-Funktionen können über das Hauptmenü, über Kommandos oder auch innerhalb des Editors aufgerufen werden. Am wichtigsten sind das Setzen von Haltepunkten (*Breakpoint*) und das Anhalten bei Ausgabe einer Warnung oder Fehlermeldung. Bei einem Programm, das im Debugger-Modus ausgeführt wird, werden die aktuellen Variableninhalte angezeigt, sobald sich der Cursor über dem Variablennamen befindet. Der Debugger wird ausführlich in Abschnitt 8.1 besprochen.

- **Hauptmenü – Help**
  Über das Help-Menü wird in den sogenannten *Help-Browser* verzweigt. Informationen findet man entweder über das Inhaltsverzeichnis (*Contents*), über Stichwörter (*Index*) oder über inhaltliche Merkmale (*Search*).

  Einen schnellen Überblick kann man sich durch Eingabe von `help` im Kommandofenster verschaffen. Über die angezeigten Hyperlinks verzweigt man schnell auf die gesuchte Funktion. Durch Eingabe von `doc <Funktion>` bekommt man eine ausführliche Dokumentation angezeigt.

- **Kommandofenster**
  Das Kommandofenster dient der interaktiven Benutzung von MATLAB. Wie bei einem Taschenrechner werden eingegebene Kommandos sofort ausgeführt. Die Variablen werden in einem eigenen Bereich angelegt, dem Hauptbereich (*Base Workspace*). Ihr neuer Inhalt wird sofort angezeigt, außer wenn das Kommando mit einem Semikolon abgeschlossen wird. Durch die Eingabe von drei Punkten . . . wird ein Kommando in die nächste Eingabezeile ausgedehnt.

  Mehrere Kommandos können in einer *Skriptdatei* zusammengefasst und als Ganzes ausgeführt werden. Auf diese Weise kann die Bedienung rationalisiert und automatisiert werden. Die durch eine Skriptdatei erzeugten Variablen liegen ebenfalls im Hauptbereich.

3.1.3   Variablen in MATLAB

Definition von Variablen

Variablen werden erzeugt, man sagt definiert, indem man einen Namen wählt und diesem einen Datentyp und einen Wert zuweist in der Form *Name = Datentyp(Wert)*.

```
> x = int32(5);
```

Namen beginnen immer mit einem Buchstaben. Dann können Ziffern und das „_"– Zeichen folgen. Es wird zwischen Groß- und Kleinschreibung unterschieden. MATLAB lässt auch zu, dass bei einer Variablendefinition der Datentyp nicht explizit deklariert wird. Bei dieser impliziten Deklaration wird dann automatisch ein passender Datentyp gewählt.

Wird jedoch kein Name vorgegeben, so wird automatisch der Name `ans` gewählt.

Hinweis – Fehlerquelle bei impliziter Deklaration des Datentyps

Dieses vereinfachte Verfahren, den Datentyp implizit zu deklarieren, stellt auch eine große Fehlerquelle dar, da bei jeder neuen Zuweisung auch der Datentyp neu definiert werden kann.

Der Befehl `help datatypes` listet alle vorhandenen Datentypen auf. Die wichtigsten Datentypen sind:

- `int32` ganze (integer) Zahl, Länge 4 Byte,
- `double` reelle Zahl, Länge 8 Byte, doppelte Genauigkeit,
- `char` Textzeichen (*character*), dargestellt durch zwei Byte (!),
- `logical` Wahrheitswert (boolean) – `true` (wahr) oder `false` (falsch)

Der zugewiesene Wert für eine Variable kann eine Zahl, ein Text, der Inhalt einer anderen Variablen oder ein Funktionswert sein. Für Zahlen kennt MATLAB die folgenden Formate:

- ganze Zahl, mit oder ohne Vorzeichen:
  `2 -5 +40 -500`
- Dezimalbruch, mit einem Dezimalpunkt (nicht mit einem Komma!), vor oder nach dem Dezimalpunkt muss keine weitere Zahl stehen
  `1.6 -3.0 513. .45`
- dezimale Gleitkommazahl, wobei Mantisse und Exponent mittels des Buchstabens `e` (entspricht einem „10-hoch") verknüpft sind:
  `1.0e+2` ist also $1.0 * 10^{+2} = 100$.

Hinweis – Verwendung des Multiplikationspunkts

Um mit der MATLAB-Notation in den Programmlistings kompatibel zu bleiben, wird für die Multiplikation auch im Text das *-Zeichen anstelle des Multiplikationspunktes verwendet.

Daneben gibt es noch *Konstanten*, die man über ihren Namen anspricht, zum Beispiel die Zahl *pi* = 3.14...

```
>> pi
ans = 3.1416
```

Falls eine Zuweisung nicht definiert ist, erfolgt diese automatisch an die Variable `ans`.

Texte (String, Character-Arrays) werden in MATLAB zwischen zwei einfache Hoch-Kommata gesetzt. Für die Darstellung eines Zeichens werden im Gegensatz zu anderen Programmiersprachen jeweils zwei Byte verwendet.

```
>> 'Das ist ein Text'
ans = Das ist ein Text
```

Funktionen sind Teile eines Programms (Abschnitt 3.2.5). Jede Funktion liefert bei ihrem Aufruf einen Funktionswert zurück, der einer Variablen zugewiesen wird.

Die folgenden Beispiele zeigen verschiedene Möglichkeiten der Definition von Variablen. Ein Semikolon am Ende eines Befehls unterdrückt die Anzeige des zugewiesenen Variablenwertes.

```
>> x = int32(5)    % Zuweisung mit expliziter Typdeklaration
x = 5
>> y = 7.25;
>> z = sin(2e-1);
>> textvar = 'dies ist ein Text!';
```

Hinweis – Kommentare in Anweisungszeilen

Ein %-Zeichen in einer Anweisungszeile bewirkt, dass der folgende Text in der Zeile als Kommentar behandelt wird.

Die im Hauptbereich angelegten Variablen mit ihren Datentypen können mit whos ausgelesen werden. Der Datentyp wird mit Class bezeichnet.

```
>> whos
   Name          Size                      Bytes  Class
   textvar       1x18                         36  char array
   x             1x1                           4  int32 array
   y             1x1                           8  double array
   z             1x1                           8  double array
```

Eine weitere wichtige Eigenschaft von Variablen ist ihre *Sichtbarkeit*. Darunter wird verstanden, aus welchen Programmstrukturen heraus auf eine Variable zugegriffen werden kann. Vier Bereiche für die Darstellung von Variablen werden unterschieden (Bild 3.2).

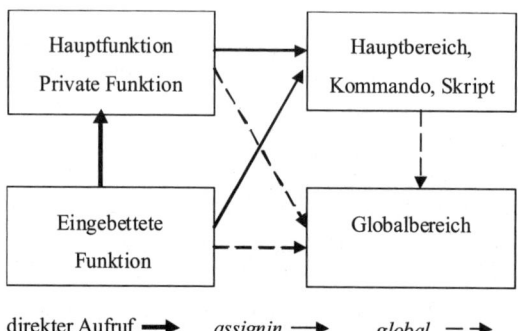

Bild 3.2 Darstellung und Sichtbarkeit von Variablen

1. **Hauptbereich, Kommando, Skriptdatei**
   Variable, die in Kommandos oder Skriptdateien definiert werden, liegen im sogenannten
   Hauptbereich (*Base Workspace*). Aus anderen Bereichen heraus können diese Variablen
   im Hauptbereich nur mit dem Befehl `assignin` beschrieben werden.

2. **Globalbereich**
   Variable in diesem Bereich müssen mit dem Spezifizierer `gobal` definiert werden. Aus
   allen anderen Bereichen heraus kann auf diese Variablen nur zugegriffen werden, wenn
   diese zuvor ebenfalls mit dem Spezifizierer `gobal` deklariert und damit importiert werden.

3. **Hauptfunktion, private Funktion**
   Auf Variable, die innerhalb einer Funktion definiert werden, kann nur lokal oder von
   darin eingebetteten Funktionen zugegriffen werden. Funktionen, die am Anfang einer
   Datei stehen, werden als *Hauptfunktionen* bezeichnet. Sie werden durch Eingabe des Da-
   teinamens aufgerufen. Ihre Sichtbarkeit wird durch die Sichtbarkeit des Dateinamens be-
   stimmt. Weitere Funktionen innerhalb einer Datei werden als *private Funktionen* oder
   Unterfunktionen bezeichnet. Sie können nur von anderen Funktionen innerhalb dieser
   Datei aufgerufen werden. Ansonsten gelten die gleichen Regeln wie für Hauptfunktionen.

4. **Eingebettete Funktionen**
   Die Besonderheit ist, dass auch auf die lokalen Variablen der umgebenden Funktion direkt zugegriffen werden kann.

Eine weitere wichtige Eigenschaft ist die *Lebensdauer* einer Variablen. Solche, die innerhalb
einer Funktion definiert werden, haben einen Speicherplatz nur während der Laufzeit dieser
Funktion. Variable, die im Hauptbereich oder Globalbereich erzeugt werden, behalten ihren
Speicherplatz während der gesamten Programmzeit. Mit Hilfe des Spezifizierers `per-
sistent` kann erreicht werden, dass auch eine lokale Variable für die gesamte Programm-
laufzeit erhalten bleibt.

Vektor und Matrix

Die grundlegende Datenstruktur von MATLAB ist die *Matrix*, auch als *Feld* oder *Array* bezeichnet. Ein Vektor ist eine Matrix mit nur einer Zeile oder einer Spalte. So wurden im vorhergehenden Listing die Textvariable als eine Matrix mit einer Zeile und 18 Spaltenelemen-
ten, alle übrigen Variablen als Matrizen mit jeweils einem Element realisiert. Eine Matrix mit
mehr als einem Element erzeugt man mit Hilfe einer *Werteliste*, die in eckigen Klammern
[...] stehen muss. Die Zeilen werden mit Semikolon, die Spalten mit Kommata oder Leerzeichen getrennt. Ein Hochkomma am Ende des Variablennamens oder der Werteliste einer
Matrix bewirkt, dass diese transponiert wird, also Zeilen und Spalten vertauscht werden. Alle
Elemente einer Matrix haben immer den gleichen Datentyp. Später werden wir den Datentyp
Cell Array kennen lernen, bei dem die Elemente beliebige Datentypen haben können.

Eine Werteliste, die aus einer Folge von aufsteigenden oder absteigenden Werten besteht,
kann auch über eine *implizite For-Schleife* erzeugt werden, und zwar der Form [Anfangs-

`wert:Schrittweite:Endwert]`. Falls die Angabe für die Schrittweite fehlt, wird der Wert 1 verwendet. So erzeugt `[1:2:8]` den Zeilenvektor `[1  3  5  7]`.

Schließlich kann eine Werteliste mit Hilfe von Funktionen erzeugt werden. Das folgende Listing zeigt einige Beispiele für die Definition von Matrizen:

Beispiel 3.1 Definition von Vektoren und Matrizen

```
>> ZeilVekt=[1 5 -3]
ZeilVekt =
     1      5     -3
>> SpaltVekt= [2; 6; -4]
SpaltVekt =
     2
     6
    -4
>> spalt1=[1 2]'; spalt2=[3 4]';
>> mat22=[spalt1 spalt2]
mat22 =
     1      3
     2      4
>> mat23=[mat [5 6]']
mat23 =
     1      3      5
     2      4      6
>> t=[-1:0.5:2]    % implizite For-Schleife
t =
    -1    -0.5    0.0    0.5    1    1.5    2
>> M=[ones(2) [0 0]'] % Erzeugung von Werten durch eine Funktion
M =
     1      1      0
     1      1      0
```

Der Zugriff auf die Elemente einer Matrix erfolgt durch die Angabe des Zeilen- und dann des Spaltenindex in runden Klammern ( ). Als Indexangaben können verwendet werden:

* ganze Zahl,
* Vektor mit einer Anzahl Indizes,
* Doppelpunkt :, bedeutet alle Elemente.

Für die Definition eines Indexvektors können alle für die Definition von Vektoren verfügbaren Methoden verwendet werden, z.B. Definition über implizite For-Schleife oder über eine Funktion.

Beispiel 3.2 Elementzugriff auf Vektoren und Matrizen

```
>> mat23(2,1)
ans = 2
>> mat23(1, [1 3])
ans = 1       5
>> mat23(1, [1:3])
ans = 1       3       5
>> mat23(:,1)
ans = 1
       2
```

Hinweis – Vektorisierung und Programmlaufzeit

Für die Programmlaufzeit ist es wesentlich optimaler, wenn Matrixelemente nicht einzeln explizit bearbeitet werden, sondern implizit als ganze Matrix oder Vektor (Abschnitt 8.3.2).

Struktur

Der Datentyp *Struktur* umfasst eine beliebige Anzahl von *Komponenten,* die unterschiedliche Datentypen aufweisen können. Die Definition einer Komponente erfolgt mit einer Einzelzuweisung oder mit Hilfe des *struct*-Befehls. Die Adressierung einer Komponente geschieht über den bei der Definition angelegten *Komponentennamen.* Strukturen eignen sich gut, um unterschiedliche Daten zusammenzufassen. Beispiel 3.3 zeigt die beiden Möglichkeiten der Definition. Für die Variable `person1` werden die Komponenten einzelnen zugewiesen, für `person2` mit Hilfe des `struct`-Befehls.

Beispiel 3.3 Definition von Strukturen

```
>> person1.name='Maier';
>> person1.alter=31;
>> person1.groesse=1.85;
>> person2=struct('name', 'Huber', 'alter', 29, 'groesse', 1.90);
```

Cell Array

Ein *Cell Array* ist ein mehrdimensionales Array, das in jedem Element, genannt Zelle, Daten mit beliebigem Datentyp enthalten kann. Erzeugt wird ein Cell Array durch Anwenden der geschweiften Klammer bei der Zuweisung (Beispiel 3.4). Der Zugriff erfolgt wie bei normalen Arrays über Indizes, jedoch ebenfalls mit geschweifter Klammer. Eine wichtige Anwendung ist das Speichern von unterschiedlich langen Texten in einer Liste.

Beispiel 3.4 Definition von Cell Arrays

```
>> aa=[1 2 3];            % einfaches Array
>> cc={'text' 3.5 aa}     % Cell Array
>> cc =
     'text'      [3.5000]      [1x3 double]
>> cc{1}                  % Elementzugriff
ans = text
```

3.1.4   Arithmetische Operationen

Operator und Funktion

Wie in den meisten Programmiersprachen werden Operationen durch zwei verschiedene Sprachelemente beschrieben:

- Operator

  Ein Operator wirkt auf die Operanden, bei denen er steht. Man unterscheidet vor-, zwischen- und nachgestellte Operatoren (Sufix-, Infix-, Postfix-Operator). Ein Beispiel für einen Infix-Operator ist `a+b`.

- Funktion

  Eine Funktion weist durch ihren Aufruf einer Variablen einen Wert zu. Die Operanden werden als Parameter in runden Klammern übergeben, z.B. `y=sin(x)`.

Hinweis – Begriff Funktion

Begrifflich muss zwischen mathematischer Funktion und Software-Funktion unterschieden werden. Die erste ist eine mathematisch definierte Abbildung zwischen zwei Mengen. Die zweite ist das Konstrukt einer Programmiersprache. In der Regel werden mathematische Funktionen durch Software-Funktionen realisiert.

Matrizen- und Vektoroperationen

Da die grundlegende Datenstruktur die Matrix ist, werden alle Operationen als Matrix-Operationen behandelt. Insbesondere muss die Dimension der Matrizen bezüglich der durchzuführenden Operation übereinstimmen.

Beispiel 3.5 Matrixoperationen

```
>> v1 = [1 2]; v2 = [2 2]';
>> v3 = v1 +  v2
??? Error using ==> plus
Matrix dimensions must agree.

>> v4 =  v1 * v2
v4 = 6
>> v5 = v2 * v1
v5 =
     2     4
     2     4
```

Die Addition der Matrizen v1 (Zeilenvektor) und v2 (Spaltenvektor) scheitert, da die Anzahl der Zeilen und Spalten der beiden Matrizen gleich sein muss. Das Produkt der Matrizen v4=v1*v2 ergibt das Skalarprodukt der beiden durch die Matrizen dargestellten Vektoren. Das vertauschte Matrizenprodukt v5=v2*v1 ergibt eine 2,2-Matrix, da zwei Zeilenvektoren mit jeweils einer Spalte mit zwei Spaltenvektoren mit jeweils einer Zeile multipliziert werden. Mit Hilfe des vorgestellten Punkt-Operators „ . " wird erreicht, dass die Operationen elementweise durchgeführt werden (Beispiel 3.6).

Beispiel 3.6 Elementweise Matrixoperation

```
>> v1.*v2
??? Error using ==> times
Matrix dimensions must agree.
>> mat1=[2 2; 2 2]; mat2=[3 3;3 3];
>> mat1*mat2
ans =
    12    12
    12    12
>> mat1.*mat2
ans =
     6     6
     6     6
```

Die folgende Tabelle 3.1 zeigt die wichtigsten Vektor- und Matrixoperationen:

Tabelle 3.1 Vektor- und Matrixoperationen

Vektor-/Matrixoperation	Realisierung in MATLAB
Vektor – Skalarprodukt	Matrizenmultiplikation (v4 in Beispiel 3.5) oder mit der Funktion `dot(v1, v2)`.
Vektor – Kreuzprodukt	`cross(v1, v2)`
Vektor – Betrag	`norm(v)`
Matrix – Determinante	`det(Q)`
Matrix – Inverse	`inv(Q)` oder `Q^-1`
Matrix – Eigenwerte	`[V D] = eig(Q)` D: Diagonalmatrix der Eigenwerte; V: Matrix mit den Eigenvektoren als Spalten
Matrix – Division (links, rechts) Lösungsvektor für lineares Gleichungssystem	Linksdivision: `A*X=B;  X=A\B % backslash` X stellt den Lösungsvektor in einem linearen Gleichungssystem dar. Rechtssdivision: `X*A=B;  X=B/A % slash`

Hinweis – Matrix-Division und Inverse

Die Matrix-Division kann zwar auch durch Multiplikation mit der Inversen einer Matrix erreicht werden. Jedoch ist der bei der Division verwendete Algorithmus wesentlich effizienter, insbesondere bei sehr großen Matrizen.

Hinweis – überbestimmtes, lineares Gleichungssystem

In einem überbestimmten, linearen Gleichungssystem berechnet die Linksdivision eine Lösung im Sinne des kleinsten quadratischen Fehlers.

Das Beispiel 3.7 zeigt, wie aus drei Punkten, die nicht auf einer Geraden liegen, die Einheitsvektoren xvek, yvek, zvek eines kartesischen Koordinatensystems berechnet werden.

Beispiel 3.7 Berechnung von Einheitsvektoren aus drei Punkten

```
zvek=(p2-p1)/norm(p2-p1)
hilfvek1=(p3-p1)/norm(p3-p1); % definiert die Ebene des x-Vektors
hilfvek2=cross(zvek,hilfvek1);
yvek=hilfvek2/norm(hilfvek2)
xvek=cross(yvek,zvek)
```

Tabelle 3.2 Trigonometrische Funktionen

Funktionsart	Realisierung in MATLAB

Trigonometrische Funktionen	`x=sin(alpha)`, `x=cos(alpha)`
	
	`alpha` wird im Bogenmaß angegeben, `-1 <= x <= 1`
	
	`x=tan(alpha)`
	
	`alpha` wird im Bogenmaß angegeben, $-\infty < x < \infty$

Inverse trigonometrische Funktionen	`alpha=asin(x)`
	
	`-1 <= x <= 1`, $-\pi/2 <=$ `alpha` $<= \pi/2$
	
	`alpha=acos(x)`
	
	`-1 <= x <= 1`, $0 <=$ `alpha` $<= \pi$
	
	`alpha=atan(x)`
	
	$-\infty < x < \infty$, $-\pi/2 <=$ `alpha` $<= \pi/2$
	
	`alpha=atan2(y,x)`
	
	$-\infty < x,y < \infty$, $-\pi <=$ `alpha` $<= \pi$

Trigonometrische Funktionen

Durch die Funktionsbibliothek werden viele mathematische Funktionen zur Verfügung gestellt. Für die Robotermathematik sind die trigonometrischen Funktionen von besonderem Interesse (Tabelle 3.2). Als Eingangsparameter können Skalare, Vektoren und Matrizen benutzt werden. Der gelieferte Funktionswert weist dann die jeweils gleiche Datenstruktur auf.

Ableitung – Gradient

In der Robotik spielen Ableitungen nach der Zeit und nach dem Ort eine wichtige Rolle. Die Ableitung von analytisch dargestellten Funktionen wird mit Hilfe der Ableitungsregeln ermittelt (Abschnitt 3.6.1), Funktionen können aber auch numerisch dargestellt sein. Dies geschieht, indem den diskreten Werten eines Definitionsbereichs die diskreten Funktionswerte direkt zugeordnet werden. Bei eindimensionalen Funktionen mit einer unabhängigen Veränderlichen erfolgt dies über einen Vektor, bei zweidimensionalen Funktionen über eine Matrix.

Tabelle 3.3 Numerische Berechnung der 1. Ableitung

Funktionsart	Realisierung in MATLAB
Funktion einer Veränderlichen x	`FX=gradient(F,h)`
	F: Vektor mit den x-Komponenten, `FX`: 1. Ableitung von `F`
	h: Abstand zwischen den Punkten in `F`
Funktion zweier Veränderlicher x und y	`[FX,FY]=gradient(F,h)`
	F: Matrix mit den x- und y-Komponenten
	`FX`: 1. Ableitung nach x, `FY`: 1. Ableitung nach y
	h: Abstand zwischen den Punkten in `F`

Beispiel 3.8 Berechnung der ersten Ableitung einer Parabel

```
t=0:0.01:2;
s=t.^2;
plot(t,s)    % Grafikausgabe
grad=gradient(s,0.01);
hold on      % bewirkt, dass die vorherige Grafik erhalten bleibt
plot(t,grad)
.
```

3.1.5   Behandlung von Zeichenketten

Zeichenketten (Strings) werden für die Kommunikation mit dem Bediener benötigt. Dies sind Ausgabetext und Eingabekommandos. Oft ist es auch sinnvoll, Datensätze, die durch den Bediener überprüft und verändert werden müssen, durch eine Textdatei darzustellen. Dieses Verfahren bietet den großen Vorteil, dass solche Daten mit Hilfe jedes Standardeditors bearbeitet werden können.

Eine Liste von Zeichenketten kann entweder als *Array* oder als *Cell Array* programmiert werden:

```
charRecord = ['AAA'; 'BBB'; 'CCC'];
cellRecord = {'Mueller Josef'; 'Schmidt Daniela'; 'Maas Hans'};
```

Bei einem Textarray müssen jedoch alle Zeichenketten die gleiche Länge haben. Bei der Verwendung eines Cell Array ist dies nicht erforderlich.

Tabelle 3.4 zeigt die wichtigsten Funktionen für Zeichenketten. Der Parameter s enthält die eingelesene oder auszugebende Zeichenkette. Bei der Bearbeitung einer eingelesenen Zeichenkette kann diese mit Hilfe von Formatspezifikationen weiterverarbeitet werden, die im Parameter `format` dargestellt sind. Tabelle 3.5 zeigt die wichtigsten Formatspezifikationen. Eine auszugebende Zeichenkette enthält Formatspezifikationen an den Stellen, an denen Variableninhalte einzusetzen sind.

Tabelle 3.4 Die wichtigsten Funktionen für die Behandlung von Zeichenketten

Funktionsart	Realisierung in MATLAB

Lesen mit Formatanweisung	`sscanf(s, format, size)`
	
	`format` Formatbeschreibung (Tabelle 3.5)
	
	`size` ist optional, ein Skalar `m` oder ein Vektor `[m n]`, beschreibt die Größe der zu erzeugenden Vektor- oder Matrixdatenstruktur. Die zulässigen Werte sind:
	    `m,n`: Anzahl der zu lesenden Elemente
	    `inf`: alle vorhandenen Elemente

Schreiben mit Formatanweisung	`sprintf(s, para1, ...)` s enthält an den gewünschten Stellen im String die Formatbeschreibungen für die einzufügenden Parameter
Ermittle Textelement (Token)	`[token reststring]=strtok(s)` Es wird das erste auftretende Textelement ermittelt
Suche Zeichenkette	`indexliste=strmatch(s,str_list)` `str_list` ist eine Liste von Zeichenketten, dargestellt als Array oder als Cell Array. s enthält die zu suchende Teilzeichenkette, `indexliste` enthält alle Indizes der Zeichenketten, die mit dem Inhalt von s beginnen
Umwandlung Zahl nach Zeichenkette	`s=num2str(num)`
Umwandlung Zeichenkette nach Zahl	`num=str2num(s)`

Verkettung von zwei Zeichenketten	`str3=strcat(str1,str2)`
	
	`str3=[str1 str2]`

Tabelle 3.5 Formatspezifikationen für Zeichenketten

Datenart	Formatspezifikation in MATLAB	
Dezimalzahl	`%d:`	Dezimalzahl
Gleitpunktzahl	`%e:`	Gleitpunktzahl mit Exponentialdarstellung,
	`%f:`	Gleitpunktzahl mit Dezimalpunkt,
	`%g:`	optimierte Darstellung,
	`%F.Gf:`	optionale Spezifikation von Gesamtlänge (F) und Anzahl der Stellen nach dem Dezimalpunkt (G).
Einzelzeichen,	`%c:`	Einzelzeichen
Zeichenkette	`%s:`	String
Steuerzeichen	`%*:`	wird vorangestellt und bewirkt, dass ein Format übersprungen wird
	`\n:`	neue Zeile bei der Ausgabe

Beispiel 3.9 Behandlung von Zeichenketten

```
A = ['abc 46 6 ghi'; 'def 7 89 jkl'];
B = sscanf(A, '%*s %d %d %*s', [2, inf])


B = 476
    869


sprintf('Zahl %4.2f', 63.567)
ans = Zahl 63.56


[token reststring] = strtok('koordinate: 10.5 20.6 30.7')
token = koordinate;
reststring = 10.5 20.6 30.7


ss={'max' 'minimax' 'maxmin'};
indizes = strmatch('max', ss)
indizes = 1
          3
```

Beispiel 3.9 zeigt die Behandlung von Zeichenketten. A ist ein Array mit zwei gleichlangen Zeichenketten. In der Formatanweisung wird mit *s eine Teilzeichenkette gelesen und übersprungen. Die Variable B enthält somit nur zwei Dezimalzahlen, die auf Grund der size-Anweisung [2,inf] als Spaltenvektor mit zwei Zeilen dargestellt sind. Bei der Ausgabe der Zahl 63.567 mit sprintf wird durch die Formatanweisung definiert, dass insgesamt mindestens vier Stellen und nach dem Dezimalpunkt zwei Stellen geschrieben werden. Die Funktion strtok entnimmt aus der übergebenen Zeichenkette das erste Textelement (Token) und speichert den verbliebenen Rest der Zeichenkette nach reststring. Schließlich liefert strmatch die Indizes für die beiden Zeichenketten, die mit max beginnen.

3.1.6 Programmstrukturen

Programmstrukturen erlauben es, den Programmcode zu unterteilen und damit auch den Programmablauf zu steuern. Solche Teilstrukturen sind *Blöcke* und *Funktionen*. Sie beginnen mit einem speziellen Schlüsselwort und enden in den meisten Fällen mit dem Schlüsselwort end. Die Möglichkeit, Programme mit Hilfe der objektorientierten Programmierung zu strukturieren, wird nicht behandelt, da dies den Umfang dieses Buches sprengen würde. Auf die besonderen Ziele der objektorientierten Programmierung, besonders sicheren und wiederverwendbaren Programmcode zu entwickeln, muss deshalb verzichtet werden. Die normale Abarbeitung eines Programms ist seriell. Nur spezielle Anweisungen bewirken, dass davon abgewichen wird.

- Verzweigung
  Einer oder mehrere Blöcke werden alternativ durchlaufen.

- **Schleife**
  Die Anweisungen innerhalb des Blocks einer Schleife werden in der Regel mehrmals durchlaufen. Dies wird durch die Schleifenvariable gesteuert, die entweder eine Bedingung oder einen Zählindex darstellt. Schleifen realisieren *iterative Algorithmen*.

- **Funktion**
  Aufgerufen wird eine Funktion über einen vereinbarten Funktionsnamen, der auch Dateiname ist. Mit Hilfe von Parametern werden Daten übergeben und ein Funktionswert wird rückgeliefert. Innerhalb von Funktionen können Variable und weitere Funktionen definiert sein. Funktionen, die sich selbst direkt oder indirekt aufrufen, realisieren *rekursive Algorithmen*.

- **Block zur Behandlung von Ausnahmen** (*Exception Handling*)
  Beim Auftreten von Ausnahmen, z.B. unzulässigen Variablenwerten, muss in der Regel der Normalablauf eines Programms unterbrochen werden. Als Standardverfahren wird der *try-catch*-Mechanismus angewendet. Mit dem *try*-Block wird der zu überwachende Bereich des Codes definiert. Mit dem *catch*-Block wird spezieller Programmcode bereitgestellt, der im Falle des Auftretens einer Ausnahme ausgeführt wird und diese behandelt.

Verzweigungen und Schleifen

Die verfügbaren Anweisungen für Verzweigungen und für Schleifen listet Tabelle 3.6 auf.

Tabelle 3.6 Anweisungen für Verzweigungen und Schleifen.

Art der Anweisung	Realisierung in MATLAB

Verzweigung	`if` Bedingung
	         Anweisungen
	`elseif` Bedingung
	         Anweisungen
	`else`
	         Anweisungen
	`end`
	Ein Bedingungsausdruck ist wahr, falls der reelle Teil des Ergebnisses ungleich null ist. Die `elseif`- und `else`-Anweisung ist optional.

Mehrfachverzweigung	`switch` Verzweigungsbedingung
	         Anweisungen
	`case` Bedingung
	         Anweisungen
	`otherwise`
	         Anweisungen
	`end`

Art der Anweisung	Realisierung in MATLAB
	Die Verzweigungsbedingung liefert einen Wert, der mit den Bedingungen der `case`-Ausdrücke verglichen wird. Bei der ersten Übereinstimmung werden die zugeordneten Anweisungen ausgeführt, sonst die Anweisungen des `otherwise`-Ausdrucks, der jedoch optional ist.

Bedingte Schleife	```while Bedingung```
	
	``` Anweisungen```
	
	```end```
	
	Die Schleife wird erst verlassen, wenn der Bedingungsausdruck den numerischen Wert null zur Darstellung des logischen Wertes *falsch* ergibt.

Gezählte Schleife	```for Variable = Liste```
	
	``` Anweisungen```
	
	```end```
	
	Die Elemente von `Liste` werden einzeln mit jedem Durchlauf in `Variable` übernommen. Die Schleife endet mit dem letzten Element. In der Praxis wird `Liste` mit der Anweisung
	
	``` Liste = Anfangswert:Schrittweite:Endwert```
	
	erzeugt.

Abbruch einer Schleife	Mit der Anweisung `continue` wird der aktuelle Schleifendurchlauf abgebrochen und mit dem nächsten fortgesetzt. Mit der Anweisung `break` wird die gesamte Schleife sofort abgebrochen.

Funktionen

In MATLAB sind Funktionen das wichtigste Mittel, um Programme und das durch sie dargestellte Wissen zu strukturieren. Es gibt drei Arten von Funktionen, je nachdem, wo sie definiert sind. Sie unterscheiden sich in der Sichtbarkeit ihres Namens und bei eingebetteten Funktionen auch in der Sichtbarkeit von Variablen. Eine eingeschränkte Sichtbarkeit von Funktionen und auch von Variablen führt zu weniger Fehlerquellen in Programmen, da weniger leicht unbeabsichtigt darauf zugegriffen werden kann. Die drei Arten von Funktionen sind:

- **Hauptfunktion**
  Eine Hauptfunktion befindet sich am Anfang einer M-Datei mit dem gleichen Namen und der Endung `.m`. Dies bedeutet, dass sie überall sichtbar und damit aufrufbar ist, wo die zugehörige Datei sichtbar ist. Dies wird durch die definierten Suchpfade bestimmt.

- **Private Funktion**
  In einer M-Datei können nach der Hauptfunktion noch private Funktionen folgen. Dazu muss die Hauptfunktion mit der Deklaration `end` abgeschlossen sein, die sonst nicht erforderlich ist. Private Funktionen können nur von anderen Funktionen innerhalb derselben Datei aufgerufen werden. Sie sind in der Regel Hilfsfunktionen für die Hauptfunktion.

- **Eingebettete Funktion**
  Eine eingebettete Funktion ist innerhalb einer anderen Funktion definiert. Sie kann nur von umgebenden Funktionen aufgerufen werden und selbst nur eingebettete Funktionen aufrufen. Als Besonderheit sind auch Variable außerhalb sichtbar, die in den umgebenden Funktionen definiert sind.

Beispiel 3.10 Definition von Funktionen

```
function [aus1 aus2]= fun_beispiel(ein1, ein2)
%  Hier erfolgt eine Beschreibung der Funktion,
%  Eingabeparameter: Datentyp, Bedeutung
%  ...
%  Ausgabeparameter: Datentyp, Bedeutung
%  ...

%  Diese Leerzeile bewirkt, dass nur der davorstehende
%  Kommentar mit dem help-Kommando angezeigt wird

%  Datum:   Autor:
%  Aenderungen:
%  Datum:   Autor:
%           Kurzbeschreibung der Veränderung

% Beispiel für einen Funktionskörper

if ein1 == 0
    return
end
var1=ein2;
aus1=ein1;
aus2=priv_fun_beispiel(var1);
end


function aus_priv=priv_fun_beispiel(ein_priv)
% Hier erfolgt eine Beschreibung der Funktion

% Beispiel für einen Funktionskörper

aus_priv=ein_priv;
end
```

In Beispiel 3.10 sind eine Hauptfunktion und eine private Funktion definiert. Für sie gelten die folgenden Eigenschaften:

- **Funktionskopf**
  Nach dem Schlüsselwort `function` werden der Name der Funktion und in runden Klammern die *formalen Parameter* definiert. Die Ausgabeparameter werden als zugewiesene Variable (z.B. `aus_priv`) oder als zugewiesene Variablenliste (z.B. `[aus1 aus2]`) angegeben.

- **Funktionsaufruf, aktuelle Parameter**
  Beim Funktionsaufruf werden die formalen Parameter durch *aktuelle Parameter* ersetzt. So ersetzt im Beispiel 3.10 der aktuelle Parameter `var1` den formalen Parameter `ein_priv`.

- **Wertzuweisung Ausgabeparameter**
  Allen Ausgabeparametern muss vor Beendigung ein Wert zugewiesen werden.

- `return`-**Anweisung**
  Eine Funktion kann durch die `return`-Anweisung vorzeitig beendet werden. Ansonsten erfolgt der Rücksprung in den aufrufenden Programmteil nach Ausführung der letzten Anweisung.

- **Lokale Variable**
  Variable, definiert in Funktionen, sind nur innerhalb der Funktion sichtbar und benutzbar. Eine Ausnahme bilden eingebettete Funktionen, für welche die lokalen Variablen der umgebenden Funktion ebenfalls sichtbar sind. Auf die Variablen des Globalbereichs kann mit dem `global`-Spezifizierer zugegriffen werden. Die Variablen des Hauptbereichs können mit dem `assignin`-Kommando beschrieben werden.

- **Variable Anzahl an Ein- und Ausgabeparametern**
  Es gibt auch die Möglichkeit, Funktionen mit einer variablen Anzahl an Eingabe- und Ausgabeparametern zu definieren.

- **Hilfetext**
  Der unmittelbar auf die Definition der Hauptfunktion folgende Kommentar bis zur nächsten Leerzeile wird als Erklärungstext bei Aufruf der Hilfefunktion `help <Funktionsname>` angezeigt.

- **Funktionsbeschreibung**
  Jede Funktion sollte als Kommentar im Kopf eine Beschreibung der Funktion und Ein-/Ausgabeparameter, Erstellungsdatum, Autor, Änderungen mit Datum enthalten.

Ausnahmebehandlung

Für eine hohe Zuverlässigkeit der Software ist es wichtig, dass Fehler konsequent behandelt werden. Diese werden, gemeinsam mit anderen Ereignissen, die den vorgesehenen Programmablauf unterbrechen, als *Ausnahme* (*Exception*) bezeichnet. Zwei Forderungen sind in diesem Zusammenhang wichtig:

- **Genaue Fehlererkennung**
  Fehler müssen genau lokalisiert und mit möglichst viel Diagnoseinformation weitergeleitet werden.

- **Angemessene Fehlerreaktion**
  Auf Fehler soll angemessen reagiert werden. Die Entscheidung darüber darf nicht in der Funktion liegen, die den Fehler erzeugt oder meldet. Vielmehr muss diese Entscheidung vom Benutzer einer Funktion getroffen werden.

Dafür wird das `try-catch`-Konstrukt bereitgestellt. In der aufrufenden Funktion wird der zu überwachende Programmcode mit der `try`- und `catch`-Anweisung eingerahmt. Tritt eine Ausnahme auf wird der normale Programmablauf unterbrochen und der `catch`-Block ausgeführt. Mit `lasterror` kann der zuletzt aufgetretene Fehler ausgelesen werden. Davon abhängig findet die angemessene Fehlerreaktion statt. Mit `rethrow` kann die empfangene Fehlerinformation auch an einen übergeordneten `catch`-Block weitergeleitet werden.

Falls während des Programmablaufs ein Fehler erkannt wird, kann er mit der Standardfunktion `error` angezeigt werden. Sie liefert eine Zeichenkette und optional einen *Meldungsbezeichner*. Auch viele MATLAB-Funktionen erzeugen solche Fehlermeldungen, falls eine fehlerhafte Situation eintritt, z.B einer nicht durchführbaren Multiplikation. Die Anwendung der Ausnahmebehandlung wird in Abschnitt 8.2.3 ausführlich behandelt. Tabelle 3.7 zeigt die benötigten Standardfunktionen.

Tabelle 3.7 Anweisungen zur Ausnahmebehandlung

Art der Funktion	Realisierung in MATLAB

Definition	```
	try
	        Anweisungen
	catch
	        Anweisungen
	end
	``

Auslösen einer Ausnahme	`error (msg_id, message)` `message` ist der Meldungstext. `msg_id`, der Meldungsbezeichner ist eine Zeichenkette und optional, der Standardaufbau ist Bezeichner_Komponente:Bezeichner_Meldung. Er ermöglicht eine zusätzliche Identifizierung und Weiterverarbeitung der Fehlermeldung.
Lesen der letzten Ausnahmemeldung	`s = lasterror` Die letzte ausgegebene Meldung wird nach `s` gespeichert. Die Variable `s` stellt eine Struktur dar, die den Meldungstext und den Identifizierer enthält.
Weiterleiten einer Ausnahmemeldung	`rethrow(s)` `s` ist eine Struktur, die den Meldungstext und den Identifizierer enthält.

In Beispiel 3.11 wird das Abfangen einer Ausnahmemeldung demonstriert. Bei der Multiplikation von v1 und v2 tritt ein Fehler auf. Die von MATLAB erzeugte Meldung wird abgefangen und der mitgelieferte Meldungsbezeichner MATLAB:innerdim über lasterror und rethrow weitergeleitet. Dadurch wird die empfangene Meldung im Kommandofenster ausgegeben. Sie enthält einen Hinweis auf die MATLAB-Funktion, welche die Fehlermeldung erzeugt hat (mtimes) und einen Meldungstext.

Beispiel 3.11 Abfangen einer Standardfehlermeldung

```
function test_ausnahme
v1=[1 1]; v2=[2 2];
try
    v3=v1*v2;
catch
    fprintf('Fehlermeldung abgefangen\n');
    s=lasterror;
    rethrow(s)
end


>>
Fehlermeldung abgefangen
identifier =MATLAB:innerdim
??? Error using ==> mtimes
Inner matrix dimensions must agree.
```

3.1.7　Ein-/Ausgabe und Dateioperationen

Programme müssen mit dem Bediener über Tastatur, Maus und Bildschirm kommunizieren sowie mit Dateien Daten austauschen. Behandelt wird nur eine einfache Kommunikation über das Kommandofenster, keine Bedienerführung über eine grafikorientierte Benutzerschnittstelle (*Graphical User Interface, GUI*). Bei den Dateioperationen wird nur auf das Lesen und Schreiben von Textdateien sowie das Abspeichern von Variablen des Hauptbereichs (*Base Workspace*) als binäre Datei eingegangen. Tabelle 3.8 zeigt die wichtigsten Funktionen.

Tabelle 3.8 Ein-/Ausgabe- und Dateifunktionen

Art der Funktion	Realisierung in MATLAB
Ausgabe einer Matrix auf dem Bildschirm	`disp(M)` `M`: Matrix.
Datei öffnen	`fid=fopen(dateiname, mode)` `fid`: File-Identifizierer, enthält den Wert `-1`, falls die Datei nicht geöffnet werden kann. `Dateiname`: Zeichenkette, die den Verzeichnis-Datei-Pfad oder die Datei im aktuellen Verzeichnis beschreibt `mode`: Art des Zugriffs auf die Datei, mit den Werten `'r'`: lesen, `'w'`: schreiben, `'a'`: anfügen.
Datei schließen	`fclose(fid)`
Allg. Textausgabe auf Bildschirm oder in Datei	`fprintf(fid, format)` `fid` ist der Dateiidentifizierer, der mit `fopen` geliefert wird. Falls `fid` fehlt, erfolgt die Ausgabe auf den Bildschirm. Der `format`-String definiert das angewandte Format (Tabelle 3.3).
Eingabe über Tastatur	`var=input(prompt, 's')` Der Text `prompt` wird ausgegeben und es wird auf Eingabe gewartet. Diese kann ein beliebiger Rechenausdruck sein. Eine Texteingabe erfordert den optionalen Parameter `'s'`.
Einlesen Textzeile aus Datei	`stringvariable=fgetl(fid)` Die nächste Zeile einer Textdatei wird in eine Variable eingelesen.
Lesen mit Formatanweisung aus Datei	`fscanf(fid, format, size)` Diese Funktion hat die gleiche Wirkung wie `sscanf` (Tabelle 3.2), mit dem Unterschied, dass über `fid` auf eine Datei zugegriffen wird.
Variable in Datei speichern	`save(dateiname, 'var1', 'var2', ...)` Alle Variablen oder nur die spezifizierten im aktuellen Adressbereich (Workspace) werden in die definierte Datei gespeichert.
Variable aus Datei laden	`load(dateiname, 'var1', 'var2', ...)` Alle abgespeicherten Variablen oder nur die spezifizierten werden in den aktuellen Adressbereich (Workspace) geladen.

3.1.8 Grafik

Mächtige Funktionen zur grafischen Darstellung sind eine der Stärken von MATLAB. Daten können so mit Hilfe von Linien, Flächen, Farben, Textelementen visualisiert werden. Die dreidimensionale Darstellung erlaubt es, noch mehr Informationen einzubringen und mit verschiedenen Ansichten zu arbeiten. Auf einen weiteren Aspekt von Grafik, nämlich die Programmierung von grafischen Benutzerschnittstellen (GUI), wird im Rahmen dieses Buches verzichtet [STE07]. Tabelle 3.9 beschreibt die wichtigsten Ausgabefunktionen für zwei- und dreidimensionale grafische Darstellung.

Tabelle 3.9 Grafikfunktionen

Art der Funktion	Realisierung in MATLAB
Ausgabe eines mathematischen Ausdrucks	`fplot('math', [min max])` `math:` beliebiger mathematischer Ausdruck, `min, max`: Unter- und Obergrenze des Definitionsbereichs.
Ausgabe zweidimensionaler Datensatz	`plot(X1, Y1, S1, X2, Y2, S2, ...)` Jeder Datensatz, dargestellt durch die Vektoren `X1`, `X2`, `...` und `Y1`, `Y2`, `...`, wird als Polygonzug gezeichnet. `S` ist ein String, der die grafische Darstellung bestimmt. Er enthält die drei Merkmale Farbe, Marker und Linienart. Die wichtigsten Kenner sind: Farbe: `B` (blau), `G` (grün), `R` (rot), `K` (schwarz) Marker: `.` (Punkt), `o` (Kreis), `x` (Kreuz), `+` (Plus) Linienart: `-` (durchgezogen), `:` (punktiert), `--` (gestrichelt)
Ausgabe dreidimensionaler Datensatz	`plot3(X, Y, Z, S)` Jeder Datensatz wird dargestellt durch die Vektoren `X`, `Y` und `Z`. `S` definiert wie beim zweidimensionalen Datensatz die Darstellungsart.

Skalierung der Achsen	`axis([xmin xmax ymin ymax zmin zmax])`
	legt den Wertebereich für die Achsen fest
	`axis parameter`
	`parameter` beeinflusst zusätzlich die Achsdarstellung. Wichtige Werte:
	`equal:` die Skalierung ist gleich, ein Kreis erscheint nicht als Ellipse,
	`auto:` automatische Skalierung.

Beschriftung der Achsen	`xlabel('text')`, `ylabel('text')`, `zlabel('text')`
Beschriftung der Linien (Legende)	`legend('text_line1', 'text_line2', ...)` Für jede gezeichnete Linie wird ein Text mit einem Linienbeispiel zugeordnet.
Anzeige Text in der Grafik	`text(X, Y, S)` `X`, `Y` bezeichnen die Position, `S` die Zeichenkette.
Gitternetz	`grid on/off`: aktiviert /deaktiviert ein Gitternetz.
Akkumulierte Zeichnungen	`hold on/off`: bewirkt, dass vorherige Grafiken erhalten bleiben.
Aufteilung der Zeichnung in mehrere Bereiche	`subplot(m,n,p)` Die Zeichnung wird in `m*n` Bereiche unterteilt. `p` ist eine Zahl zwischen `1` und `n*m`, definiert das aktuelle Fenster.

In Beispiel 3.12 ist eine einfache Grafikausgabe programmiert. Bild 3.3 zeigt die dazugehörige Grafikausgabe. Die Gesamtgrafik ist in zwei übereinander liegende Bereiche aufgeteilt. Jeder weist Titel, Achsbeschriftung, Legende und Gitter auf. Die Achsen sind entsprechend dem Definitions- und Wertebereich skaliert.

Beispiel 3.12 Zweidimensionale Grafikausgabe

```
function grafik_2d_beispiel
subplot(2,1,1)          % obere Teilgrafik
X=0:0.2:2*pi;
SIN=sin(X);
COS=cos(X);
hold on
plot(X,SIN,'R-o');
plot(X,COS,'G:x');
title ('Sinus-  und Kosinusfunktion im Interval [0 2*pi]');
xlabel('x-Achse'); ylabel('y-Achse');
axis([0 2*pi -1.5 1.5]);
legend('Sinuskurve','Kosinuskurve')
grid on

subplot(2,1,2)          % untere Teilgrafik
X_Parabel=-2:0.1:2;
PAR=X_Parabel .* X_Parabel; % elementweise Multiplikation
plot(X_Parabel,PAR);
title ('Parabel im Interval [-2 2]');
xlabel('x-Achse'); ylabel('y-Achse');
axis([-2 2 -1 5]);
legend('Parabel')
grid on
```

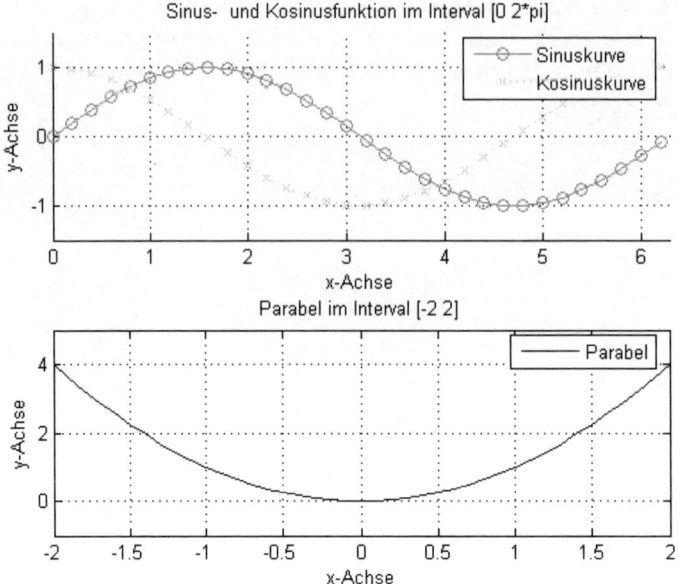

Bild 3.3 Grafikausgabe für Beispiel 3.12

3.2   Unterstützung der Robotermathematik

Nachdem die Grundlagen der Programmierung mit MATLAB dargelegt sind, gilt es aufzu-
zeigen, wie damit die Verfahren der Robotermathematik umgesetzt werden können. Das
Spektrum dieser Verfahren umfasst die Themen Gerade/Ebene, Winkel, Transformationen,
Polynome und Ableitungen. Die dafür entwickelten Softwarefunktionen werden in der
Funktionsbibliothek ROBOMATS zusammengefasst.

3.2.1   Schnitt, Abstand von Ebene und Gerade

Die Mechanik eines Roboters wird durch geometrische Objekte im Raum und ihre gegenseitigen Bezüge modelliert. Im Mittelpunkt stehen Gerade und Ebene. Zu berechnen sind ihre
relative Lage und Ausrichtung, dargestellt durch Schnitte, Abstände und Vektoren.

Zwei Geraden in der Ebene

Zwei Geraden in der Ebene schneiden sich, außer sie sind parallel. Im Falle eines Schnittes
ergibt sich ein eindeutig lösbares Gleichungssystem mit zwei Gleichungen und zwei Unbekannten. Die Berechnung des Schnittpunkts zeigt Beispiel 3.13. Die Geraden werden in der
vektoriellen Punkt-Richtungs-Form dargestellt.

Beispiel 3.13 Schnitt zweier Geraden in der Ebene

```
% g1:  x=a+k1*u;  g2: x=b+k2*v;    Spaltenvektoren

a=[2 0]'; u=[0 1]';
b=[0 -1]'; v=[1 0]';
A=[u -v]; r=b-a; % Systemmatrix und Störvektor
k=A\r;
s1=a+k(1)*u      % Schnittpunkte s1 und s2 sind gleich
s2=b+k(2)*v
```

Zwei Geraden im Raum

Die Geraden g_1, g_2 sind in der Vektorform dargestellt. Durch Gleichsetzen ergibt sich ein überbestimmtes Gleichungssystem. In Abschnitt 2.2.4 wird gezeigt, dass durch Hinzunahme der Abstandsgeraden ein eindeutig lösbares Gleichungssystem entsteht.

Beispiel 3.14 zeigt die Programmierung. Das in MATLAB angewandte Verfahren für die Linksdivision berechnet bei einem überbestimmten Gleichungssystem die Lösungen im Sinne des kleinsten quadratischen Fehlers. Deshalb werden auf den beiden Geraden die Lösungspunkte s1 und s2 so bestimmt, dass sie den kürzesten und damit senkrechten Abstand zueinander haben.

Beispiel 3.14 Abstand von zwei Geraden im Raum

```
% g1:  x=a+k1*u;  g2: x=b+k2*v;    nur Spaltenvektoren

a=[2 0 0]'; u=[0 0 1]';
b=[0 0 0]'; v=[0 1 0]';
A=[u -v]; r=b-a; % Systemmatrix und Störvektor
k=A\r;
s1=a+k(1)*u      % Punkte mit kürzesten senkrechten Abstand
s2=b+k(2)*v
diff=s2-s1;
d=norm(diff)     % Länge des Differenzvektors ergibt den Abstand
```

Schnitt Gerade mit Ebene

Die Gleichungen für die Gerade g und die Ebene E lauten:

g: $\vec{x} = \vec{a} + k\,\vec{u}$ E: $(\vec{x} - \vec{q}) \cdot \vec{n} = 0$.

Der Parameterwert k_s für den Schnittpunkt S ergibt sich durch Gleichsetzen:

$$k_S = \frac{\vec{q}\cdot\vec{n} - \vec{a}\cdot\vec{n}}{\vec{u}\cdot\vec{n}} \ . \tag{3.1}$$

Daraus folgt für den Ortsvektor von S: $\vec{s} = \vec{a} + k_S\,\vec{u}$

Die Formel (3.1) hat nur dann eine Lösung, wenn das Skalarprodukt im Nenner ungleich null ist. Der Wert null würde bedeuten, dass der Richtungsvektor der Geraden $\vec{u}$ und der Normalenvektor der Ebene $\vec{n}$ orthogonal sind, also die Gerade parallel zur Ebene verläuft und somit keinen Schnittpunkt hat. Das folgende Beispiel zeigt die Berechnung von S.

Beispiel 3.15 Schnitt von Gerade und Ebene

```
% g:   x=u+k1*v;   E: dot((x-q),n)=0;  dot(v,n)~=0;

u=[0 2 1]';   v=[1 0 0]';
q=[3 0 0]';   n=[1 0 0]';
ks=dot(q-u,n)/ dot(v,n);
s=u+ks*v
```

Senkrechter Abstand Punkt von Gerade im Raum

Eine Gerade im Raum g wird in Vektorform dargestellt. Für den Lotfußpunkt F auf der Geraden bezüglich des Punktes P gelten zwei Bedingungen:

1. F definiert mit P einen Vektor, der senkrecht auf dem Richtungsvektor u von g steht.
2. F liegt auf der Geraden g.

Daraus ergibt sich die Lösung für k_f

$$(\vec{f}-\vec{p})\cdot\vec{u} = 0; \quad \vec{a} + k_f\vec{u} = \vec{f} \ ;$$
$$(\vec{a}+k_f\vec{u}-\vec{p})\cdot\vec{u} = 0; \quad k_f = \frac{(\vec{p}-\vec{a})\cdot\vec{u}}{\vec{u}^2} \ .$$

Beispiel 3.16 zeigt die Programmierung.

Beispiel 3.16 Senkrechter Abstand von Punkt und Gerade im Raum.

```
% g:   x=a+k*u;

a=[1 0 2]'; u=[0 1 0]';
p=[2 2 1]';
kf=dot(p-a, u)/ dot(u,u);
f=a+kf*u;
d=norm(p-f) % senkrechter Abstand
```

Senkrechter Abstand Punkt von Ebene

Der Abstand eines Punktes *P* von einer Ebene kann mit der *Hesse-Normalenform* berechnet werden (Abschnitt 2.2.3). Der Normalenvektor ist vom Ursprung zur Ebene gerichtet. Das Vorzeichen ist negativ, falls *P* auf der Ebenenseite liegt, die den Ursprung enthält.

Beispiel 3.17 Hesse-Normalenform zur Berechnung des senkrechten Abstandes eines Punktes von einer Ebene

```
% E:   (x-q)*n=0, |n|=1;

q=[2 0 0]'; n=[3 0 0]'; % Ebene
p=[1 2 1]';             % Punkt ausserhalb der Ebene
n0=n/norm(n);
d=dot(p-q,n0)
```

Schnitt zweier Ebenen

Der Schnitt zweier Ebenen E_1, E_2 ergibt ein unterbestimmtes lineares Gleichungssystem. Falls die Ebenen nicht gleich oder parallel sind, ergibt sich ein eindimensionaler Lösungsraum, der eine Gerade darstellt.

Eine anschauliche Lösungsmethode besteht darin, den Schnitt zweier Ebenen zurückzuführen auf den Schnitt zweier Geraden in E_1 mit E_2. Die beiden Schnittpunkte definieren die gesuchte Schnittgerade g_s. Dies ist deshalb ein günstiger Lösungsansatz, da häufig Ebenen durch drei Punkte definiert sind. Die beiden Geradengleichungen können so einfach mit Hilfe der drei Punkte in der Ebene definiert werden.

Die Bedingungen für eine Lösung sind:

1. Die beiden Ebenen dürfen nicht parallel sein.
2. Die Schnittpunkte der Geraden mit der Ebene dürfen zusammenfallen.

Im folgenden Beispiel 3.18 sind zwei Ebenen durch jeweils drei Punkte definiert. Das Ergebnis der Berechnung sind Hinführungs- und Richtungsvektor der Schnittgeraden g_s.

Beispiel 3.18 Schnitt zweier Ebenen

```
% E1: P1, P2, P3;     g1: x=p1+k*(p2-p1); g2: x=p1+k*(p3-p1);
% E2: Q1, Q2, Q3,     n=cross(q2-q1, q3-q1); (x-q1)*n=0;
% gs: x=as+k*us;

p1=[3 0 0]'; p2=[3 0 5]'; p3=[3 2 1]';
q1=[0 0 2]'; q2=[1 0 2]'; q3=[2 2 2]';
```

```
n=cross(q2-q1,q3-q1);
ks1=dot(q1-p1, n)/ dot(p2-p1, n);
s1=p1+ks1*(p2-p1);
ks2=dot(q1-p1, n)/ dot(p3-p1, n);
s2=p1+ks2*(p3-p1);
as=s1     % Hinführungsvektor der Schnittgeraden
us=s2-s1 % Richtungsvektor der Schnittgeraden
```

3.2.2   Winkelberechnung

Winkel in einem Dreieck – Winkelbereich von 180°

Die Winkel in einem Dreieck haben kein Vorzeichen. Der maximale Wert beträgt 180°. Für die Berechnung eignet sich der Kosinussatz (Abschnitt 2.3). Gegeben sind die Eckpunkte A, B, C mit den gegenüberliegenden Seiten a, b, c. Gesucht ist der Winkel α bei A. Für die Berechnung gilt:

$$\alpha = a\cos\frac{b^2+c^2-a^2}{2bc}; \quad 0 \le \alpha \le \pi$$

Beispiel 3.19 Berechnung eines Winkels im Dreieck

```
a=3; b=3; c=3;    % gleichseitiges Dreieck
alpha=acos((b^2+c^2-a^2)/(2*b*c)); % Kosinussatz
```

Winkel zwischen zwei Vektoren mit Drehsinn – Bereich von 360°

Ein häufiger Fall besteht darin, den Winkel zwischen zwei Vektoren zu berechnen (Bild 3.4). Der Winkelbereich beträgt somit 360°. Der Drehvektor $d\vec{v}$ ist durch das Vektorprodukt zwischen $\vec{v}_1$ und $\vec{v}_2$ definiert. Der Drehsinn ist die Rechtsdrehung bezüglich dieses Drehvektors.

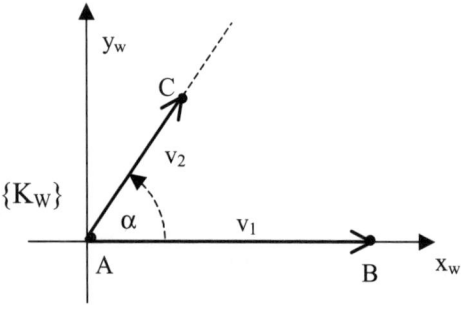

Bild 3.4 Winkel, definiert durch zwei Vektoren mit Drehsinn

Ein Winkelbereich von 360° kann nur mit Hilfe der `atan2`-Funktion berechnet werden. Damit ergibt sich die folgende Vorgehensweise:

1. Der Scheitel des zu berechnenden Winkels α liegt im Ursprung eines Koordinatensystems $\{K_w\}$. Damit beginnen beide Vektoren im Ursprung.

2. Die *x*-Achse liegt auf $\vec{v}_1$.

3. Der zweite Schenkel wird durch $\vec{v}_2$ bestimmt.

4. Für die Berechnung des Winkels muss $\vec{v}_2$ vom Referenzkoordinatensystem nach $\{K_w\}$ transformiert werden.

5. Mit Hilfe der Funktion `atan2(v2_trans_h(2),v2_trans_h(1))` wird der Winkel α berechnet.

Beispiel 3.20 Berechnung des Winkels zwischen zwei Vektoren mit Drehsinn

```
% Vektoren v1, v2, Winkel alpha

v1=[3 0]; v2=[0 3];
xw=v1/norm(v1);
zw=cross(xw,v2); zw=zw/norm(zw);
yw=cross(zw,xw);
W=[xw yw zw [0 0 0]'; [0 0 0 1]];
v2_trans_h=inv(W)*[v2;1];
alpha=atan2(v2_trans_h(2), v2_trans_h(1))
```

3.2.3 Koordinatentransformationen

Drehung und Translation bezüglich einer Koordinatenachse

Die Formeln (2.14) beschreiben Drehung und Translation bezüglich der Koordinatenachsen. Diese Formeln können direkt in Funktionen umgesetzt werden. Beispiel 3.21 zeigt dies für die Funktion Rotz(α).

Beispiel 3.21 Drehung um die *z*-Achse

```
function R = rotz(w)
    cw = cos(w); sw = sin(w);
    R = [ cw  -sw  0    0
          sw   cw  0    0
           0    0  1    0
           0    0  0    1];
```

Drehung um eine beliebige Raumgerade

Eine wichtige mathematische Operation in der Robotik ist die Drehung eines Objektes *OBJ* bezüglich einer beliebigen Drehgerade g_d im Raum. In der Regel ist *OBJ* entweder ein Punkt, dargestellt durch einen Spaltenvektor, oder ein Koordinatensystem, dargestellt durch eine 4,4-Matrix. Die folgende Vorgehensweise wird angewendet:

1. Es wird ein Koordinatensystem *DB* konstruiert, dessen z-Achse auf g_d liegt. Die Lage des Ursprungs und die Ausrichtung der beiden anderen Koordinatenachsen ist beliebig.
2. Das zu drehende Objekt wird nach *DB* transformiert.
3. Die Drehung um den Winkel φ erfolgt bezüglich der z-Achse von *DB*.
4. Anschließend wird *OBJ* zurücktransformiert.

Somit ergibt sich für die Transformation die Gleichung

$$OBJ_{gedreht} = DB \cdot Rot(\varphi) \cdot DB^{-1} \cdot OBJ$$

Beispiel 3.22 zeigt die Programmierung für die Drehung eines Punktes *P* um eine Raumgerade g_d.

Beispiel 3.22 Drehung um eine Raumgerade

```
% gd: x=a+k*u

a=[1 0 0]'; u=[0 0 2]'; phi=pi/2;
p=[2 0 0]'; % Punkt P als Objekt

zd=u/norm(u);              % Drehachse
xd=cross([0 0 1]',z);      % xd parallel zu xy-Ebene
if norm(xd)>eps
  xd=xd/norm(xd);
else
    xd=[1 0 0]';           % zd ist parallel zu z
end
yd=cross(zd,xd);
D=[xd yd zd a;[0 0 0 1]]; %Drehkoordinatensystem
p_h=[p;1];
p_h_d=D*rotz(phi)*inv(D)*p_h;
p_d=p_h_d(1:3)

>>
p_d =    % Ortsvektor des gedrehten Punktes P
     1
     1
     0
```

Bestimmung einer Differenztransformation über drei gemeinsame Punkte

Gegeben sind zwei Koordinatensysteme {K} und {L} und drei Punkte A, B, C, deren Koordinaten bezüglicher beider Koordinatensysteme bekannt sind. Gesucht ist die Differenztransformation ^K_LT. Die Berechnung wird definiert durch Formel (2.19), die Programmierung wird durch Beispiel 3.23 verdeutlicht.

Beispiel 3.23 Berechnung einer Differenztransformation

```
% Vorgegeben sind drei gemeinsame Punkte A, B, C
% in den Koordinatensystemen K und L

ak=[2 0 1]'; bk=[2 1 1]'; ck=[2 0 2]';     % Punkte A,B,C in K
al=[-1 0 0]'; bl=[-1 1 0]'; cl=[-2 0 0]'; % Punkte A,B,C in L

% Definition des Koordinatensystems KMT über drei Punkte A,B,C
ukm=ak;
zkm=(bk-ak)/norm(bk-ak);
ykm=cross(zkm, ck-ak); ykm=ykm/norm(ykm);
xkm=cross(ykm,zkm);
KMT=[xkm ykm zkm ukm;[0 0 0 1]];

% Definition des Koordinatensystems LMT über drei Punkte A,B,C
ulm=al;
zlm=(bl-al)/norm(bl-al);
ylm=cross(zlm, cl-al); ylm=ylm/norm(ylm);
xlm=cross(ylm,zlm);
LMT=[xlm ylm zlm ulm;[0 0 0 1]];


>>
 KLT= KMT*inv(LMT)          % Differenztransformation KLT
 KLT =
      0      0      1      2
      0      1      0      0
     -1      0      0      0
      0      0      0      1
```

3.2.4   Inverse Eulertransformation

Bei der inversen Eulertransformation werden die drei Eulerwinkel `alpha`, `beta` und `gamma` aus einer gegebenen Orientierungsmatrix `OM` berechnet. Für die Variante der *ZYZ*-Eulertransformation, die im Bereich der Robotik benötigt wird, definieren die Formeln (2.21) bis (2.26) die Programmierung. Über den Parameter `kf` wird eine von zwei möglichen Lösungen ausgewählt.

Beispiel 3.24 Implementierung der inversen *ZYZ*-Eulertransformation

```
function [alpha beta gamma ]=inv_zyz_euler(OM,kf)


delta=0.0001; % Überprüfung von beta auf 0, Singularität
a=OM(1:3,3); o=OM(1:3,2); n=OM(1:3,1);
beta= atan2(norm([a(1) a(2)]), a(3));
if abs(beta)>delta                        % beta größer null
    alpha=atan2(a(2),a(1)); % kf=1
    gamma=  atan2(o(3),-n(3));
    if kf==2
        if alpha>=0
            alpha=alpha-pi;
        else
            alpha=alpha+pi;
        end
        beta=-beta;
        if  gamma>=0
            gamma=gamma-pi;
        else
            gamma=gamma+pi;
        end
    end;

else                               % beta gleich null
    alpha= atan2(n(2),n(1));
    if kf==2
        if alpha>=0
            alpha=alpha-pi;
        else
            alpha=alpha+pi;
        end
     end;

    beta=0; gamma=0;
end
```

3.2.5   Synthese von Polynomen

Polynome können relativ einfach entworfen und berechnet werden. Ein Polynom n-ten Grades ist durch $n+1$ Koeffizienten bestimmt, die über $n+1$ lineare Gleichungen berechnet werden können. Diese können sich auch auf Integrale und Ableitungen des Polynoms beziehen. Tabelle 3.10 zeigt die wichtigsten Polynomfunktionen.

Tabelle 3.10 Funktionen für Polynome

Art der Funktion	Realisierung in MATLAB
Berechnung von Koeffizienten und Nullstellen	`p=poly(r)`, `r=roots(p)` `r`: Vektor der Nullstellen, `p`: Vektor der Koeffizienten.
Optimierte Berechnung der Koeffizienten	`p=polyfit(x,y,n)` `p`: Vektor der Koeffizienten, `x`, `y`: Vektoren für Punktkoordinaten, `n`: Grad des Polynoms. Die Koeffizienten werden optimiert im Sinne des kleinsten quadratischen Fehlers berechnet.
Berechnung Funktionswert	`y = polyval(p, x)` `p`: Vektor der Koeffizienten, `x`: zu berechnende x-Werte.
Ableitung und Integral	`q = polyder(p); q = poyint(p)` `q`: Vektor der Koeffizienten des abgeleiteten oder integrierten Polynoms, `p`: Vektor der Koeffizienten des abzuleitenden Polynoms.

Eine wichtige Anwendung ist die Synthese von Polynomen als Übergangskurve zwischen zwei gegebenen Kurven. Das Polynom soll an den beiden Rändern bezüglich des Funktionswertes und einer oder mehrerer Ableitungen stetig sein. In Beispiel 3.25 wird ein Polynom 3. Grades als Übergangskurve zwischen zwei vorgegebenen Strecken *AB* und *CD* in der Ebene entworfen, das auch bezüglich der 1. Ableitung stetig ist. Damit ergibt sich zur Berechnung der vier Polynomkoeffizienten das lineare Gleichungssystem

$$\begin{bmatrix} b_x^3 & b_x^2 & b_x & 1 \\ c_x^3 & c_x^2 & c_x & 1 \\ 3b_x^2 & 2b_x & 1 & 0 \\ 3c_x^2 & 2c_x & 1 & 0 \end{bmatrix} \cdot \begin{bmatrix} p_3 \\ p_2 \\ p_1 \\ p_0 \end{bmatrix} = \begin{bmatrix} b_y \\ c_y \\ m_1 \\ m_2 \end{bmatrix} \quad \text{mit}$$

$$m_1 = \frac{b_y - a_y}{b_x - a_x}, \quad m_2 = \frac{d_y - c_y}{d_x - c_x} \quad \text{und} \quad P_3(x) = p_3 x^3 + p_2 x^2 + p_1 x + p_0.$$

Die Punkte *A, B, C, D* müssen nach aufsteigenden x-Koordinaten geordnet sein. Sonst wird das Programm mit einer Fehlermeldung abgebrochen. Das Polynom wird mit einer vorgegebenen Schrittweite berechnet. Die sich ergebende Gesamtkurve zeigt Bild 3.5.

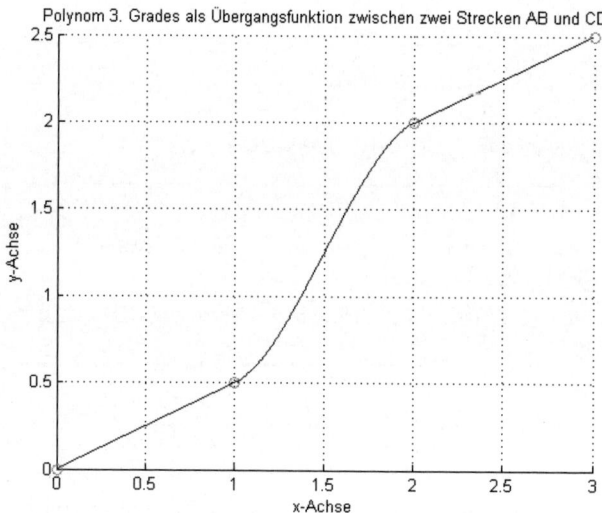

Bild 3.5 Polynom 3. Grades als Übergangsfunktion zwischen zwei Strecken *AB* und *CD*

Beispiel 3.25 Berechnung eines Übergangspolynoms 3. Grades zwischen zwei Strecken

```
% Polynom P3(x)= p3*x^3 + p2*x^2 + p1*x + p0,
% definiert durch vier Punkte A, B, C, D mit
% ax < bx < cx <dx

a=[0 0]'; b=[1 0.5]'; c=[2 2]'; d=[3 1.5]';
if not( a(1)<b(1) & b(1)<c(1) & c(1)<d(1) )
    error ('x-Komponenten der Punkte sind nicht aufsteigend')
end

schrittweite=0.01;
m1=(b(2)-a(2))/(b(1)-a(1));             % Steigung in B
m2=(d(2)-c(2))/(d(1)-c(1));             % Steigung in C

A=[b(1)^3    b(1)^2 b(1) 1;             % Bedingungsgleichungen
   c(1)^3    c(1)^2 c(1) 1;
   3*b(1)^2 2*b(1) 1    0;
   3*c(1)^2 2*c(1) 1    0 ];
k=[b(2) c(2) m1 m2]';
poly_para=A\k;

X1=[a(1) b(1)];                         %Strecke AB
Y1=[a(2) b(2)];
X2=b(1):schrittweite:c(1);              % Polynom
P3=polyval(poly_para,X2);
X3=[c(1) d(1)];                         % Strecke CD
```

```
Y3=[c(2) d(2)];
hold on; grid on
plot(X1, Y1); plot(X2, P3); plot(X3, Y3);
plot(a(1),a(2),'Ro',b(1),b(2),'Ro',…
     c(1),c(2),'Ro',d(1),d(2),'Ro');
title('Polynom 3.Grades als Übergangsfunktion');
xlabel('x-Achse'); ylabel('y-Achse');
```

3.2.6   Berechnung der Jacobimatrix

In Abschnitt 2.6 wurde die Berechnung der Jacobimatrix behandelt und in Beispiel 2.11 anhand des differentiellen Zusammenhangs zwischen kartesischen Koordinaten und Polarkoordinaten demonstriert. Beispiel 3.26 demonstriert nun die Umsetzung in ein Programm. Die Jacobimatrizen X_p und P_x werden im Arbeitspunkt $p_1=30°$ und $p_2=2$ LE berechnet. Es zeigt auch, dass die Inverse X_p^{-1} mit P_x übereinstimmt.

Beispiel 3.26 Berechnung der Jacobimatrizen zur Darstellung des differentiellen Zusammenhangs zwischen kartesischen Koordinaten und Polarkoordinaten

```
% vorgegebener Arbeitspunkt
p1=pi/6; p2=2;


% Kart. Koordinaten als Funktion der Polarkoordinaten
% und resultierende Jacobimatrix XP
x1=p2*cos(p1); x2=p2*sin(p1);
XP(1,1)=-p2*sin(p1); XP(1,2)=cos(p1);
XP(2,1)=p2*cos(p1); XP(2,2)=sin(p1);
XP


% Polarkoordinaten als Funktion der kartesischen Koordinaten
% und resultierende Jacobimatrix PX
p1_n=atan(x2/x1); p2_n=sqrt(x1^2+x2^2);
PX(1,1)=-x2/(x1^2*(1+(x2/x1)^2));
PX(1,2)=1/(x1*(1+(x2/x1)^2));
PX(2,1)=x1/sqrt(x1^2+x2^2);
PX(2,2)=x2/sqrt(x1^2+x2^2);
PX


% invertierte Jacobimatrix
Inv_XP=inv(XP)
>>
XP =
   -1.0000    0.8660
```

```
     1.7321     0.5000
 PX =                          % gleich Inv_XP
    -0.2500     0.4330
     0.8660     0.5000
```

3.2.7   Funktionsbibliothek ROBOMATS

Die im Laufe des Kapitels programmierten mathematischen Verfahren für die Robotik werden nun mit der Funktionsbibliothek ROBOMATS gemeinsam zur Verfügung gestellt. Es gilt, dass alle Vektoren als Spaltenvektoren definiert sind. Die Tabelle enthält nur die Funktionsköpfe. Die Funktionskörper sind in den jeweils bezeichneten Beispielen bereits dargestellt. Die folgende Tabelle 3.11 beschreibt die Funktionen, geordnet nach Themenbereichen:

- Abstände, Schnitte zwischen Punkt, Gerade, Ebene,
- Koordinatentransformation, Verschiebung, Drehung, Eulertransformation,
- Winkelberechnung,
- Polynome,
- Jacobimatrix, differentielle Abhängigkeit und Linearisierung.

Tabelle 3.11 Funktionen der Funktionsbibliothek ROBOMATS

Art der Funktion	Realisierung in MATLAB

Abstände	`function d=abstand_punkt_ebene(p, q, n)`
	
	`d`: senkrechter Punktabstand von der Ebene,
	
	`p`: Punkt *P*,
	
	`q,n`: Ebene, dargestellt durch `dot(x-q,n)=0`
	    (Siehe Beispiel 3.17)

Abstände	`function d=abstand_punkt_gerade_3d(p, a, u)`
	
	`d`: senkrechter Punktabstand von einer Geraden,
	
	`p`: Punkt *P*,
	
	`a, u`: Gerade, dargestellt durch `x=a+k*u`.
	    (Siehe Beispiel 3.16)
	
	`function d=abstand_gerade_3d(a, u, b, v)`
	
	`d`: senkrechter Abstand zweier Geraden,
	
	`a,u,b,v`: Geraden, dargestellt durch `x=a+k1*u`, `x=b+k2*v`,
	    (Siehe Beispiel 3.14)

Art der Funktion	Realisierung in MATLAB

Schnitte	`function s=schnittpunkt_2_geraden_2d(a, u, b, v)`
	
	`s`: Schnittpunkt zweier Geraden in der Ebene,
	
	`a,u,b,v`: Geraden, dargestellt durch `x=a+k1*u`, `x=b+k2*v`.
	
	(Siehe Beispiel 3.13)
	
	`function s=schnittpunkt_gerade_ebene(a, u, q, n)`
	
	`s`: Schnittpunkt von Gerade und Ebene,
	
	`a,u`: Gerade, dargestellt durch `x=a+k*u`,
	
	`q,n`: Ebene, dargestellt durch `dot(x-q,n)=0`.
	
	(Siehe Beispiel 3.15)
	
	`function [as us]=schnittgerade_ebenen_3_punkte`
	`(p1,p2,p3,q1,q2,q3)`
	
	`as,us`: Schnittgerade, dargestellt durch Hinführungs- und Richtungsvektor,
	
	`p1,p2,p3`: Ebene E1,
	
	`q1,q2,q3`: Ebene E2.
	
	(Siehe Beispiel 3.18)

Transformationen	`function H=rotx(alpha)`
	
	`function H=roty(alpha)`
	
	`function H=rotz(alpha)`
	
	`function H=trans(v)`
	
	Berechnung von Drehung und Translation bezüglich der Koordinatenachsen als homogene Matrix H.
	
	(Siehe Beispiel 3.21)

Art der Funktion	Realisierung in MATLAB

Transformationen	`function H=kart_koor_3_punkte(a, b, c)`
	
	`H`: homogene Matrix zur Darstellung des kartesischen Koordinatensystems,
	
	`a`: Punkt A, definiert Ursprung,
	
	`b`: Punkt B, definiert mit A den z-Vektor,
	
	`c`: Punkt C, definiert mit A und B den x-Vektor.
	
	(Siehe Beispiel 3.23)
	
	`function H=differenz_trafo_3_punkte`
	`            (ak, bk, ck, al, bl, cl)`
	
	`H`: Homogene Matrix zur Darstellung der Differenztransformation des Koordinatensystems $\{L\}$ bezüglich des Koordinatensystems $\{K\}$ mit Hilfe dreier gemeinsamer Punkte A, B, C,
	
	`ak, bk, ck`: 3 Punkte, dargestellt in $\{K\}$,
	
	`al, bl, cl`: 3 Punkte, dargestellt in $\{L\}$.
	
	(Siehe Beispiel 3.23)
	
	`function p_gedreht=drehung_punkt_gerade(p,a,u,phi)`
	
	`p_gedreht`: Punkt P, gedreht um den Winkel φ bezüglich einer Geraden.
	
	`p`: zu drehender Punkt P,
	
	`a,u`: Gerade, dargestellt durch `x=a+k*u`,
	
	`phi`: Winkel im Bogenmaß.
	
	(Siehe Beispiel 3.22)

Winkel	`function alpha=winkel_dreieck_3_punkte(a,b,c)`
	
	`alpha`: Winkel beim Eckpunkt A, Gegenseite a, Berechnung mit Hilfe des Kosinussatzes,
	
	`a,b,c,`: Länge der Seiten in einem Dreieck ABC.
	
	(Siehe Beispiel 3.19)
	
	`function alpha=winkel_2_vektoren(v1,v2)`
	
	`alpha`: Winkel zwischen zwei Vektoren, positive Drehrichtung ist Rechtsdrehung um den Drehvektor, bestimmt durch das Kreuzprodukt `vd=cross(v1,v2)`, mit `-pi le alpha le pi`,
	
	`v1, v2`: Vektoren.
	
	(Siehe Beispiel 3.20)
	
	`function [alpha beta gamma ]=inv_zyz_euler(OM,kf)`
	`alpha,beta,gamma`: *ZYZ*-Eulerwinkel
	`OM`: homogene 3,3-Matrix, zur Darstellung der Orientierung,
	`kf`: Konfigurationswert zur Auswahl einer von zwei möglichen Lösungen.
	
	(Siehe Beispiel 3.24)

Art der Funktion	Realisierung in MATLAB
Polynom	`function poly_para=uebergangspolynom_2_strecken` `(a, b, c, d)` `poly_para`: vier Parameter zur Darstellung eines Übergangspolynoms 3. Grad zwischen zwei Strecken, `a,b,c,d`: Ortsvektoren für die beiden Strecken *AB* und *CD*. (Siehe Beispiel 3.25)

Jacobimatrix	`function XP=jacobi_kar_polar(alpha_0, r_0)`
	
	 `XP`: Jacobimatrix für den differentielle Zusammenhang zwischen kartesischen Koordinaten und Polarkoordinaten,
	
	 `alpha_0, r_0`: Arbeitspunkt.
	
	 `function PX=jacobi_polar_kart(x1_0, x2_0)`
	
	 `PX`: Jacobimatrix für den differentielle Zusammenhang zwischen Polarkoordinaten und kartesischen Koordinaten,
	
	 `x1_0, x2_0`: Arbeitspunkt.
	
	 (Siehe Beispiel 3.26)

3.3 MATLAB als technische Programmiersprache

Die bisherigen Erfahrungen zeigen, dass die Programmierung von technischer Software mit einer darauf ausgerichteten technischen Programmiersprache wesentlich einfacher und effizienter verläuft. Im Folgenden wird aufgezeigt, welche besonderen Merkmale die MATLAB-Programmiersprache aufweist. Jedoch ist eine geeignete Programmiersprache noch keine Garantie für eine gute Software. Ganz wesentlich ist der Softwareentwurf, der in einen für Umfang und Komplexität der Software angemessenen Entwicklungsprozess eingebettet sein muss.

3.3.1 Besondere Eigenschaften

Das Roboterwissen wird durch formale Modelle dargestellt. Diese müssen dann mit Hilfe einer geeigneten Sprache programmiert und in ausführbaren Code umgewandelt werden. Eine Programmiersprache ist dafür umso besser geeignet, je optimaler die besonderen Merkmale des Problemfeldes (*Domäne*[1]) unterstützt werden. Tabelle 3.12 zeigt einen Vergleich von Anforderungen an eine domänenspezifische Programmiersprache und den Erfüllungsgrad von MATLAB.

---

[1] Unter Anwendungsdomäne, häufig abgekürzt Domäne, versteht man in der Softwaretechnik ein bestimmtes Problemfeld, einen Anwendungsbereich.

Tabelle 3.12 Domänenspezifische Programmiersprache und Erfüllungsgrad von MATLAB

Anforderungen	Merkmale der MATLAB-Sprache
Die Sprachmittel ermöglichen eine möglichst direkte Darstellung des Problemwissens und der dafür erstellten formalen Modelle.	Mathematische Algorithmen und komplexe Datenmodelle können sehr direkt in Anweisungen der Programmiersprache umgesetzt werden.
Umfangreiche Bibliotheken unterstützen zusätzlich die Programmierung des zu lösenden Anwendungsproblems.	Funktionsbibliotheken und spezifische Hilfsfunktionen für viele Anwendungsgebiete werden bereitgestellt.
Die Benutzung von Sprache und Programmierumgebung ist schnell, sicher und für den vorgesehenen Personenkreis leicht erlernbar.	Die Programmiersprache hat eine einfache Struktur und wenig fehleranfällig in der Anwendung. Die Bedienoberfläche ist übersichtlich, integriert und mit vielen nützlichen Hilfsfunktionen ausgestattet.
Programmieren im Großen wird unterstützt: • generische Konzepte, • wiederverwendbarer Code, • gute Kapselung der einzelnen • Programmteile, • Schnittstellen zur Integration von • Programmteilen, die in anderen Programmiersprachen implementiert sind	Ein Teil der Merkmale für *Programmieren im Großen* ist ebenfalls gegeben. Die Komponentenschnittstelle COM[2] ermöglicht die Einbindung von Softwareteilen, die schon in binärer Form vorliegen und so auch in anderen Programmiersprachen implementiert sein können (Kap. 6). MATLAB-Programme können durch Compiler in eigenständige Anwendung umgewandelt werden. Wiederverwendbarer Code wird durch die Anwendung der *objektorientierten Programmierung* ermöglicht.

Jedoch auch Einschränkungen des Sprachenkonzepts bei MATLAB sollen nicht übergangen werden:

• **Implizite Typdeklaration von Variablen**
Die implizite Typdeklaration bewirkt, dass bei jeder Zuweisung der Datentyp neu deklariert und somit die Variable unzulässig benutzt werden kann.

• **Laufzeit**
Die Programme sind in der Regel weniger laufzeiteffizient als bei allgemeinen Programmiersprachen wie C++ oder Java. Dies liegt daran, dass Programme nicht kompiliert werden. Häufig werden Variable dynamisch während der Laufzeit erweitert.

• **Einschränkungen bei der objektorientierten Programmierung**
Die objektorientierte Programmierung wird im Vergleich zu allgemeinen, objektorientierten Programmiersprachen weniger umfassend unterstützt, beispielsweise beim Konzept der Vererbung zwischen Klassen.

Ein Programmierstil, der versucht das darzustellende Wissen zunächst möglichst problemnah, zusammenhängend und unabhängig von einer bestimmten Rechnerplattform darzu-

---

[2]   Component Object Model, siehe Abschnitt 6.2

stellen, wird als *modellbasierte Programmierung* bezeichnet. Die entscheidende Grundlage dafür sind abstrakte formale Modelle. Als Modell wird eine hinreichend genaue, zusammenhängende Darstellung eines bestimmten Aspekts der realen Welt bezeichnet (Abschnitt 2.1). Dies kann die äußere Gestalt eines Körpers, das Bewegungsverhalten einer Maschine, das Dialogverhalten des Bedieners sein. Die in MATLAB eingebettete Programmiersprache ist auf die Implementierung von mathematischen Modellen ausgerichtet. Sie ist weitgehend plattformunabhängig. Mit Hilfe geeigneter Interpreter, Compiler und Generatoren können Programme, die mit MATLAB erstellt worden sind, auf vielen Rechnerplattformen zum Ablauf gebracht werden.

3.3.2　Softwareentwurf

Für die Qualität der Software, für den erforderlichen Aufwand an Personal und Ressourcen, für die benötigte Entwicklungszeit haben die eingesetzten Hilfsmittel und die angewandten Verfahren eine entscheidende Bedeutung. Mit den Begriffen *Softwaretechnik* oder *Software Engineering* wird die Gesamtheit aller Verfahren für die Entwicklung und das Betreiben von Software während des gesamten Lebenszyklus beschrieben [BAL01]. Im Rahmen des vorliegenden Buches können sie jedoch nur ansatzweise behandelt werden.

Entwicklungsprozess

Der Kernprozess[3] der Softwareentwicklung beginnt mit der Planungsphase, in der die Anforderungsspezifikation erstellt wird, und führt über mehrere Zwischenschritte zum einsatzbereiten Softwareprodukt. Einzelne Schritte können mehrmals ausgeführt werden, um so durch Verfeinerung ein verbessertes Ergebnis zu erreichen. Typischerweise werden die folgenden Phasen und Schritte durchlaufen:

Planung

1. Erstellen der Anforderungsspezifikation, basierend auf den informellen Anforderungen des Auftraggebers
2. Definition des Verfahrens zur Verifikation der Software gegenüber dem Auftraggeber

Analyse

3. Beschaffung des für die Realisierung benötigten System- und Anwenderwissens
4. Formalisierung des Wissens, Darstellung als mathematische Formeln und Modelle

---

[3] Neben dem Kernprozess sind noch Unterstützungsprozesse definiert, wie z.B. Projektmanagement, Qualitätsmanagement, Dokumentation.

Entwurf

5. Festlegung der globalen Softwarestruktur (*Architektur*)

6. Entwurf der einzelnen Teilstrukturen (Dateien, Funktionen)

7. Festlegung der Tests für die Teilstrukturen

Programmierung

8. Implementierung und Test der Teilstrukturen

9. Integration zum Gesamtsystem

Verifikation

10. Durchführung der Abnahmetests und Übergabe

Die Verifikation zeigt gegenüber dem Auftraggeber, dass seine Anforderungen mit der realisierten Software erfüllt worden sind. Dies bedeutet im Umkehrschluss, dass nur Anforderungen akzeptiert werden sollen, die auch durch Tests nachgewiesen werden können.

Analyse und Entwurf

Die zentralen Phasen innerhalb der Softwareentwicklung sind *Analyse* und *Entwurf*. Sie beschreiben, wie aus einer Produktidee und der daraus folgenden Anforderungsspezifikation über viele Schritte der Informationsverarbeitung das endgültige Produkt mit allen Details definiert wird. Anschließend erfolgt die *Programmierung*.

Zwei Arten der Informationsverarbeitung herrschen vor:

1. **Formalisierung**
   Die anfangs als Prosatext vorliegende Information wird schrittweise in eine formale Darstellung überführt.

2. **Konkretisierung**
   Die zunächst abstrakte, formale und realisierungsunabhängige Darstellung der Formalisierung wird nun schrittweise immer mehr konkretisiert, mit Details angereichert und auf die vorgesehene Einsatzumgebung hin ausgerichtet.

In Bild 3.6 sind die verschiedenen Darstellungsmittel von Information bezüglich der beiden Aspekte *Abstraktionsgrad* und *Formalisierungsgrad* angeordnet. Als Ausgangspunkt für die Analyse wird zunächst die Anforderungsspezifikation erstellt. In der sich anschließenden Analysephase wird die vorliegende Information in ein formales, mathematisches Modell überführt. Nicht immer gelingt dies vollständig, so dass auch nichtformale Elemente verbleiben. Erst dann erfolgt die Konkretisierung in der Entwurfsphase. Hier entscheidet sich, wie geschickt, übersichtlich und erweiterungsfreundlich ein Programm aufgebaut ist. Aber es wird auch festgelegt, wie laufzeiteffizient, reaktionsschnell, speicherintensiv und sicher ein Programm arbeitet. Die wesentlichen Teilschritte des Entwurfs sind die Festlegung der globalen Struktur (*Architektur*) und daran anschließend der Entwurf der Teilstrukturen. Die Verwendung von grafischen Elementen veranschaulicht und erleichtert den Entwurfsprozess.

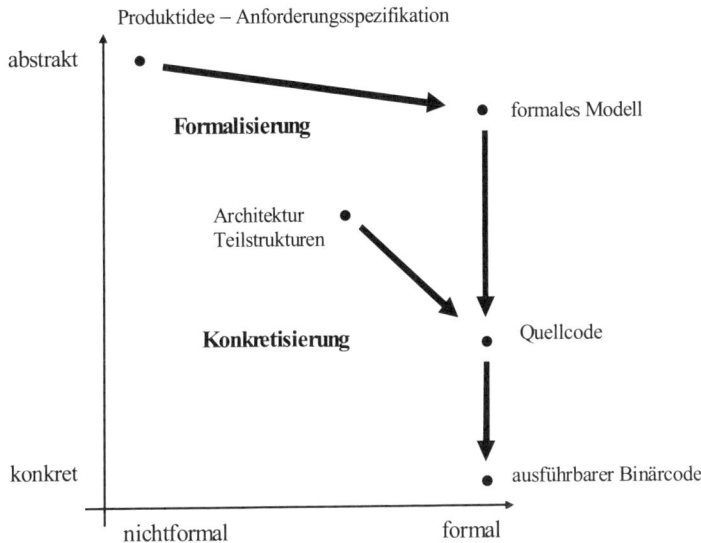

Bild 3.6 Darstellung von Informationen nach dem Abstraktions- und Formalisierungsgrad

Die übergreifende, oberste Entwurfsebene ist die Architektur. Sie beschreibt, aus welchen wesentlichen Teilen die Gesamtsoftware zusammengesetzt ist, welche Beziehungen zwischen ihnen bestehen und welche wesentlichen Eigenschaften realisiert werden sollen. Ein *Architekturdiagramm* kann durch beschriftete Rechtecke und Kanten dargestellt werden und beschreibt so die Beziehungen zwischen den einzelnen Teilstrukturen der Software. Zur Darstellung der Softwarearchitektur kann auch die standardisierte Entwurfssprache UML[4] eingesetzt werden, die inzwischen eine große Verbreitung gefunden hat.

Bei der Softwareentwicklung mit MATLAB bestehen die einzelnen Teile der Gesamtsoftware aus Funktionen. Für deren Entwurf müssen die Datenstrukturen der Variablen und die Struktur des Programmcodes festgelegt werden. Dazu werden *Strukturdiagramme* verwendet. Sie stellen die Strukturen von Variablen und Code mit Hilfe von Grafikelementen dar. Beim Verfasser hat sich eine grafische Darstellung bewährt, die nun beschrieben wird. Bezüglich der Variablen werden die folgenden Datenstrukturen unterschieden:

- unstrukturierte Variable *(Skalar, Zeichenkette)*
- Liste (Array)
- Verbundvariable (Structure)

Für diese Elemente sind grafische Darstellungen definiert, dargestellt in Bild 3.7. Durch deren Benutzung bekommt man einen optischen Gesamteindruck der Datenstrukturen, der ihre Zuordnungen und ihre Komplexität besser erkennen lässt. Ein Beispiel für die Anwendung der Grafikelemente zur Darstellung von Datenstrukturen zeigt Bild 5.9 in Abschnitt 5.4.

---

[4] Die *Unified Modelling Language* ist eine standardisierte, grafikbasierte Sprache für die Modellierung von Software.

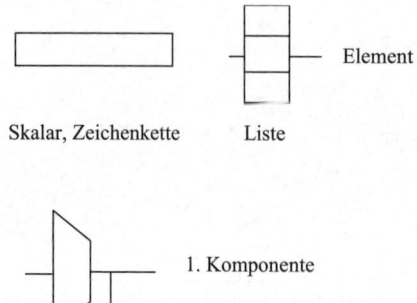

Skalar, Zeichenkette   Liste

1. Komponente

... weitere Komponenten

Verbundvariable

Bild 3.7 Grafikelemente zur Darstellung der Datenstrukturen von Variablen

Bezüglich des Programmcodes ist die Ablaufstruktur der wichtigste Aspekt. Unterschieden werden

- Sequenz,
- unstrukturierte Anweisung,
- Funktionsaufruf,
- Verzweigung,
- Schleife.

Auch dafür sind Grafikelemente[5] definiert, dargestellt in Bild 3.8. Weitere Ablaufstrukturen wie *Rekursion* und *Nebenläufigkeit* sind für die in den folgenden Kapiteln entworfene Software nicht erforderlich und werden deshalb nicht behandelt. Beispiele für die Anwendung der Grafikelemente für Ablaufstrukturen zeigen die Bilder 4.10, 5.10 und 7.2.

Während des Entwurfs müssen noch viele weitere Anforderungen und Aspekte berücksichtigt werden. Diese beziehen sich auf die Gestaltung der Bedienoberfläche, die Realisierung von externen Schnittstellen und die Kompatibilität zu Hardwarestandards, Betriebssystemen und weiteren Programmen. Die Anwendung der Strukturdiagramme wird im Laufe der folgenden Kapitel bei der Umsetzung der formalen Modelle in Programme gezeigt. Für weitergehende Information zum Thema Softwareentwicklung wird auf die Fachliteratur verwiesen [BAL01].

---

[5] Diese Grafikelemente beschreiben weitgehend die gleichen Ablaufstrukturen wie die Elemente des Nassi-Shneiderman-Diagramms

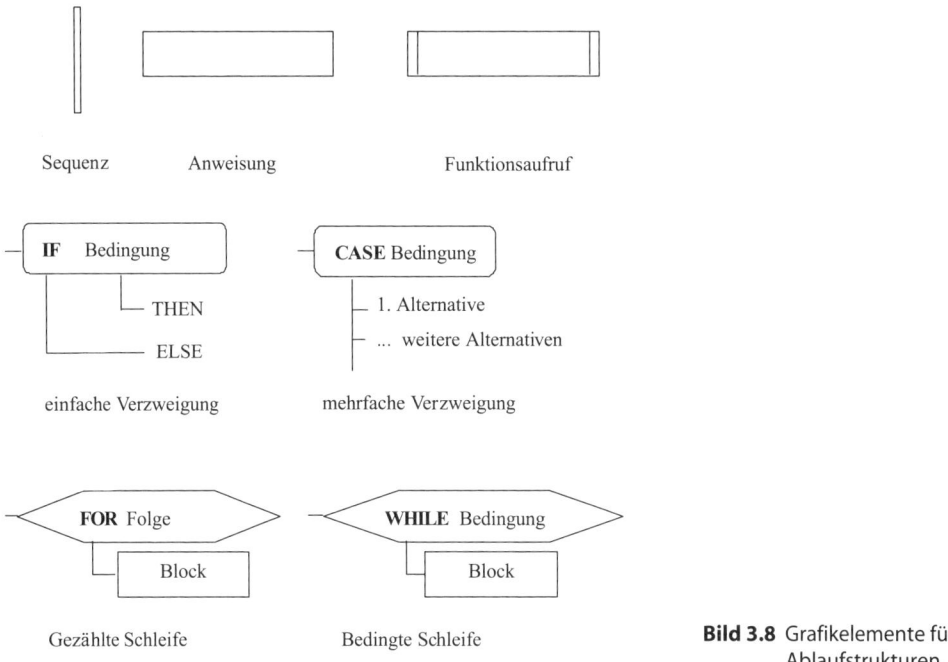

Bild 3.8 Grafikelemente für
Ablaufstrukturen

3.4   Zusammenfassung

Im ersten Teil dieses Kapitels wurden die Eigenschaften der in MATLAB eingebetteten Sprache und Programmierumgebung behandelt. Die zentrale Datenstruktur ist die Matrix, die durch die beiden Datentypen *Array* und *Cell Array* realisiert wird. Damit werden umfassend die Methoden der Vektor-/Matrixalgebra unterstützt. Daneben stellt die Sprache die üblichen Datentypen, Ablaufstrukturen und Dateioperationen zur Verfügung. Das wichtigste Mittel zur Strukturierung von Programmen sind Funktionen. Unterschieden werden die global sichtbaren Hauptfunktionen sowie private und eingebettete Funktionen. Zur Visualisierung von Datensätzen und geometrischen Strukturen stehen mächtige Grafikfunktionen zur Verfügung.

Im zweiten Teil wurde gezeigt, wie die in Kapitel 2 vorgestellten Verfahren der Robotermathematik programmtechnisch umgesetzt werden. Das Resultat ist die Funktionsbibliothek ROBOMATS. Schließlich wurden im dritten Teil die besonderen Eigenschaften von MATLAB als technische Programmiersprache zusammengefasst und eine einfache Durchführung der Softwareentwicklung beschrieben.

Wichtige Begriffe und Methoden

- Sichtbarkeit von Variablen
- Array und Cell Array
- Verbundvariable – struct
- Lösung von linearen Gleichungssystemen und Matrix-Linksdivision
- Inverse trigonometrische Funktionen
- Lesen und Schreiben von Zeichenketten und Formatanweisung
- Hauptfunktion, Private Funktion, Eingebettete Funktion
- Ausnahmebehandlung
- Textdatei und Save-Datei
- Grafische Datenausgabe
- Berechnung von Schnitten und Abständen
- Winkel zwischen Vektoren und Dreiecksseiten
- Drehung
- Differenztransformation über drei Punkte
- Inverse ZYZ-Eulertransformation
- Linearisierung mit Hilfe der Jacobimatrix
- MATLAB als technische Programmiersprache
- Entwicklungsprozess und Softwareentwurf

3.5   Aufgaben

Aufgabe 3.1

Das Ziel dieser Aufgabe besteht darin, den Zugriff auf die drei verschiedenen Adressräume Hauptbereich, Globalbereich und Funktionsbereich zu verstehen.

a) Definieren Sie im Hauptbereich eine Variable va. Versuchen Sie aus einer Funktion heraus va zu lesen. Weisen Sie va mit `assignin` einen Wert zu.

b) Weisen Sie über eine Funktion einer Variablen vg im Globalbereich einen Wert zu. Greifen Sie aus einer Funktion heraus auf diese Variable vg im Globalbereich zu und überschreiben Sie deren Inhalt.

c) Lesen Sie diese Variable vg über das Kommandofenster wieder aus.

Aufgabe 3.2

Es sollen Vektoren und Matrizen definiert werden.

a) Definieren Sie einen Zeitvektor `tv` mit der Abtastperiode `dt=0.1s` und dem Intervall `0...10s`.

b) Gegeben ist eine 2,2-Matrix `M1` mit beliebigem Inhalt. Definieren Sie eine 2,3-Matrix `M2`, die zusätzlich zu `M1` den Spaltenvektor `[1 1]'` enthält.

c) Definieren Sie eine 3,3-Matrix `M3`, die zusätzlich zu `M2` den Zeilenvektor `[0 0 1]` aufweist.

Aufgabe 3.3

Gegeben ist die Matrix `A=[1 2 3; 4 5 6; 7 8 9]`.

a) Lesen Sie das Element mit dem Wert `6` aus.

b) Lesen Sie mit einem einzigen Zugriff die Elemente mit den Werten `1, 2, 7, 9` aus.

c) Erzeugen Sie die Matrix `B` aus der linken, oberen 2,2-Teilmatrix.

d) Lesen Sie alle Elemente der 2. Zeile aus.

Aufgabe 3.4

Vektoren und Matrizen sollen berechnet werden.

a) Gegeben sind zwei Vektoren `v1=[2 1]` und `v2=[1 2]`. Berechnen Sie das Skalarprodukt sowohl mit der `dot`-Funktion als auch mit dem Multiplikationsoperator `*`. Welche Werte muss `v2` aufweisen, damit das Skalarprodukt den Wert null hat?

b) Gegeben ist der Vektor `v=[1 -1]`. Wenden Sie die Funktionen `norm`, `length` und `abs` auf `v` an. Erklären Sie die Unterschiede.

c) Gegeben ist die Matrix `[2 1; 1 1]`. Berechnen Sie die Determinante direkt aus den Elementen und mit Hilfe der `det`-Funktion.

d) Berechnen Sie die Determinante einer singulären 2,2-Matrix. Welche Beziehung gilt dann für deren Spalten- und Zeilenvektoren?

e) Gegeben ist der Vektor `v1=[2 3 4]`. Quadrieren Sie alle Elemente von `v1` mit Hilfe eines Vektors `v2`. Welchen Wert hat dieser Vektor?

f) Zwei Vektoren sind definiert mit `a=[1 1 0]`, `b=[ 2 0 0]`. Berechnen Sie einen Vector `c`, der senkrecht auf `a` und `b` steht und einen Vektor `d`, der senkrecht auf `b` und `c` steht. Geben Sie alle möglichen Lösungen an.

Aufgabe 3.5

Gegeben sind zwei Geraden in der Ebene durch ihren Hinführungs- und Richtungsvektor: g_1: `a=[0 1];u=[1 1];` g_2: `b=[3 0];v=[-2 2].`

a) Stellen Sie die beiden Geradengleichungen in expliziter Form und in Vektorform auf.

b) Berechnen Sie den Schnittpunkt durch Lösen eines linearen Gleichungssystems mit Hilfe der Matrixdivision.

Aufgabe 3.6

Gegeben sind zwei Geraden im Raum in Vektordarstellung,

g_1: a=[0 1 1]; u=[1 1 0]; g_2: b=[3 0 -1]; v=[-2 2 0].

a) Berechnen Sie die Lotfußpunkte des Abstandsvektors mit Hilfe eines linearen, überbestimmten Gleichungssystems.
b) Berechnen Sie die Lotfußpunkte mit Hilfe einer Lotgeraden und dem daraus folgenden bestimmten Gleichungssystem.
c) Welchen Abstand haben die beiden Lotfußpunkte?

Aufgabe 3.7

Gegeben ist ein beliebiges rechtwinkliges Dreieck *ABC*, rechter Winkel bei *B*.

a) Berechnen Sie die beiden anderen Winkel α, γ mit Hilfe der inversen trigonometrischen Funktionen asin, acos und atan.
b) Welche Wertebereiche sind für die Winkel α, γ gegeben?
c) Berechnen Sie die Winkel α, γ für die Seitenlängen a=3, b=5.

Aufgabe 3.8

In einem allgemeinen Dreieck *ABC* soll der Winkel β bei *B* berechnet werden.

a) Berechnen Sie β für a=b=4, c=3.
b) Welche Werte haben die beiden anderen Winkel α, γ?

Aufgabe 3.9

Gegeben sind vier Punkte P_i mit den Ortsvektoren.

$$\vec{p}_i = \begin{bmatrix} x_i \\ y_i \\ 0 \end{bmatrix}; \ |\vec{p}_i| = 2.$$

a) Bestimmen Sie die x_i und y_i so, dass die resultierenden Vektoren $\vec{p}_1 \cdots \vec{p}_4$ mit der *x*-
   Achse die Winkel 30°, 150°, 210°, 330° einschließen.
b) Berechnen Sie zur Kontrolle die unter a) definierten Winkel mit Hilfe der atan2-
   Funktion.
c) Welche Winkel ergeben sich, wenn die Punkte P_i um 2 LE parallel zur *x*-Achse verschoben werden?

Aufgabe 3.10

Zeichenketten sollen eingelesen und verarbeitet werden.

a) Schreiben Sie eine Funktion, die den heutigen Wochentag abfragt und anschließend den Satz `Heute ist <Wochentag>` ausgibt.
b) Erweitern Sie die Funktion so, dass bei Eingabe einer Zeichenkette, die keinen Wochentag darstellt, eine Fehlermeldung erfolgt.

Aufgabe 3.11

Gegeben ist ein Array `ZA` mit beliebig vielen, gleichlangen Zeichenketten. Jede beginnt mit einem Schlüsselwort, darauf folgen zwei ganze Zahlen, getrennt durch Leerzeichen.

a) Schreiben Sie eine Funktion, welche die beiden Zahlen in einer Zeichenkette jeweils in die Zeile einer Matrix schreibt.
b) Geben Sie anschließend alle Zeilen der Matrix mit Hilfe einer `sprintf`-Anweisung aus.
c) Erweitern Sie die Funktion so, dass der Inhalt von `ZA` in eine Cell-Array-Matrix `ZCA` kopiert wird. Dabei wird jede Zeichenkette von `ZA` in alle Teilzeichenketten aufgelöst und als Elemente einer Zeile von `ZCA` abgespeichert.

Aufgabe 3.12

Unterschiedliche Arten von Funktionen sollen programmiert werden.

a) Programmieren Sie eine Hauptfunktion `hfun` mit folgenden Eigenschaften. Beim Aufruf wird eine beliebige Zahl übergeben und in die lokale Variable `hf_var` geschrieben. Anschließend wird dieser Wert mit Hilfe der privaten Funktion `pfun` quadriert, in einer globalen Variablen `g_var` zur Verfügung gestellt und dann als Funktionswert von `hfun` übergeben.
b) Programmieren Sie die private Funktion `pfun`. Ihr wird als Parameter eine Zahl übergeben, deren Quadrat als Funktionswert geliefert wird.
c) Programmieren Sie in `hfun` zusätzlich eine eingebettete Funktion `efun`. Diese greift vor dem Aufruf von `pfun` direkt auf `hf_var` zu, multipliziert deren Inhalt mit `2` und schreibt das Ergebnis nach `hf_var` zurück.
d) Führen Sie `hfun` über das Kommandofenster aus und verfolgen Sie den Ablauf im Debugger.

Aufgabe 3.13

Schreiben Sie eine Funktion zum Vergleich zweier Textdateien, deren Pfade beim Aufruf als Parameter übergeben werden. Das Ergebnis wird in einer dritten Datei mit dem Namen `VGL_Datei1_Datei2.txt` abgespeichert.

Der Vergleich wird zeilenweise durchgeführt. Falls zwei entsprechende Zeilen ungleich sind, werden diese zusammen mit ihren Zeilennummern in die Ergebnisdatei geschrieben. Die Anzahl der ungleichen Zeilen wird als Funktionswert übergeben.

Alle Dateifunktionen werden mit einem `try`-Block überwacht. Über den `catch`-Block wird eine Fehlermeldung ausgegeben.

Aufgabe 3.14

a) Schreiben Sie eine Grafikfunktion mit den folgenden Eigenschaften. Als Parameter werden Mittelpunkt und Radius eines Kreises übergeben. Der Kreis wird als Linie grafisch dargestellt. Zusätzlich werden die Koordinatenachsen angezeigt, beschriftet und geeignet skaliert. Der Mittelpunkt wird durch ein kleines Kreuz dargestellt und beschriftet.

b) Erweitern Sie die Grafikfunktion um die zusätzliche Darstellung eines dem Kreis eingeschriebenen gleichseitigen Dreiecks. Eine Kante verläuft parallel zur x-Achse.

Aufgabe 3.15

Programmieren Sie eine Funktion, welche die Kanten eines Prismas dreidimensional darstellt. Die parallelen Grund- und Deckflächen bilden ein reguläres Fünfeck, dessen eine Seite parallel zur x-Achse verläuft. Die Mittelachse des Prismas liegt auf der z-Achse. Beim Aufruf der Funktion werden als Parameter der Radius des Umkreises des Fünfecks und die Höhe übergeben.

4 Modellierung der kinematischen Struktur

Zielsetzung

In den vorherigen Kapiteln wurden die Methoden der Robotermathematik und deren Programmierung mit MATLAB behandelt. Diese Methoden sollen jetzt eingesetzt werden, um Roboter durch mathematische Modelle zu beschreiben. Anschließend werden diese Modelle als Programme realisiert.

Dieses Kapitel befasst sich hauptsächlich mit der Modellierung der mechanischen Struktur eines Roboters. Die Darstellung dieses Wissens ist notwendig, um den Effektor auf der programmierten Bahn zu bewegen und die dazu erforderlichen Achsbewegungen zu berechnen. Zunächst werden die theoretischen Grundlagen erklärt. Im Mittelpunkt stehen das Kinematikmodell und das Verfahren nach *Denavit-Hartenberg*. Dann folgt die Anwendung in einem ersten Programm, das bereits ein kinematisches Modell enthält. Schließlich wird schrittweise die Software zur Berechnung von zwei wichtigen modellbasierten Funktionen entworfen und implementiert.

4.1 Einführung

4.1.1 Freiheitsgrad und kinematische Kette

Bei einer abstrakten Betrachtung besteht ein Roboter aus einer Anzahl starrer Körper, die durch Gelenke mit einander verbunden sind. Gelenke sind durch ihren *Freiheitsgrad* charakterisiert (Abschnitt 2.2.3). Dieser beschreibt die Art der möglichen Relativbewegung der durch das Gelenk verbundenen Körper. Von praktischer Bedeutung sind nur *Drehgelenk* und *Schubgelenk*. Beide haben den Freiheitsgrad $f_i=1$. Bild 4.1 zeigt eine symbolische Darstellung dieser Gelenke, die zur schematischen Darstellung von Roboterstrukturen (beispielsweise in Bild 4.5 rechts unten) verwendet wird. Die Gelenkachsen sind dabei entweder senkrecht (a, c) oder parallel (b, d) zur Zeichenebene ausgerichtet.

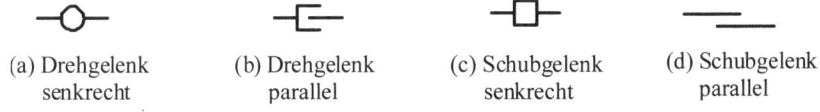

(a) Drehgelenk senkrecht   (b) Drehgelenk parallel   (c) Schubgelenk senkrecht   (d) Schubgelenk parallel

Bild 4.1 Symbolische Darstellung der Gelenktypen

Die Freiheitsgrade der Gelenke ermöglichen die Bewegung des Roboters. Entscheidend ist der Gesamtfreiheitsgrad einer mechanischen Struktur. Dieser wird sowohl durch die Gelenke als und ihre Anordnung bestimmt. Bild 4.2 (a) zeigt eine *offene kinematische Kette*, bei der sich die Freiheitsgrade der Gelenke addieren. Die Roboter auf den Bildern 1.3 bis 1.7 stellen offene Ketten dar.

Falls *geschlossene kinematische Ketten* vorhanden sind, werden die nun zumindest teilweise auch parallel angeordneten Gelenke in ihren Bewegungsmöglichkeiten wieder eingeschränkt. Ein Beispiel dafür ist der Hexapod-Roboter (Bild 1.8). Eine geschlossene kinematische Kette zeigt auch Bild 4.2 (b). Obwohl fünf Gelenke mit dem Freiheitsgrad $f_i=1$ vorhanden sind, beträgt der Gesamtfreiheitsgrad nur $F_{ges}=2$. Dies liegt daran, dass die vier unteren Körper, einschließlich Basis, durch ebenfalls vier Gelenke ringförmig verbunden sind. Dieser Teil der Struktur kann somit nur auf einer durch die Geometrie bestimmten Linie, einer sogenannten *Koppelkurve*, bewegt werden. Der Gesamtfreiheitsgrad der geschlossenen kinematischen Teilkette beträgt somit nur $F_{Teil}=1$. Dies zeigt sich auch daran, dass die untere Teilstruktur unbeweglich wird, falls nur ein weiteres Gelenk fixiert ist.

Der Gesamtfreiheitsgrad eines Mechanismus kann mit Hilfe der *Grübler Formel* berechnet werden. Für den einfachen Fall der Anordnung aller Gelenke in einer Ebene gilt für den Freiheitsgrad F_{ges} der kinematischen Struktur

$$F_{ges} = 3(n-1-g) + \sum_{i=1}^{g} f_i \; ;$$

n: Anzahl der Körper; g: Anzahl der Gelenke; f_i: Freiheitsgrad des i-ten Gelenks.

Die Anwendung der Grübler Formel auf die kinematische Kette in Bild 4.1 (b) ergibt:

$$F_{ges} = 3(5-1-5)+5 = 2 \; .$$

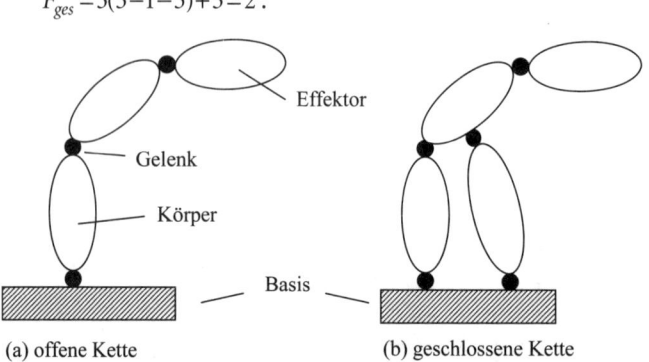

(a) offene Kette   (b) geschlossene Kette

Bild 4.2 Offene und geschlossene kinematische Kette

Gelenke können aktiv oder passiv sein. Die aktiven Gelenke sind mit einem Antrieb ausgestattet, der die Stellung des Gelenks bestimmt. Damit ein Mechanismus eindeutig gesteuert werden kann, muss die Anzahl der aktiven Gelenke gleich dem Gesamtfreiheitsgrad sein. Die Stellung der passiven Gelenke wird durch die mechanische Struktur und die aktiven Gelenke bestimmt.

4.1.2 Geeignetes Robotermodell

Der Freiheitsgrad einer mechanischen Struktur beschreibt nur die vorhandenen Möglichkeiten zur Bewegung. Das Ziel aber ist, die konkrete Bewegung eines Roboters zu ermitteln. Bewegungen in mechanischen Systemen kommen durch das Einwirken von Kräften und Momenten zustande. Diese werden hervorgerufen durch

- die Antriebssysteme,
- Schwerkraft und Beschleunigung, die sich auf Grund der vorhandenen Massen ergeben,
- Reibung und Luftwiderstand, die proportional zur Geschwindigkeit sind.

Die Kräfte, Drehmomente und die sich daraus ergebenden Bewegungen werden durch ein *Dynamikmodell* dargestellt. Die besondere Situation bei Robotern besteht darin, dass auf Grund der starken Antriebe und starren Konstruktion die Bewegung nur wenig von den durch Masse und Geschwindigkeit hervorgerufenen Kräften und Drehmomenten beeinflusst wird. Entscheidend sind die Bewegungszustände der aktiven Gelenke und deren Wirkung auf den Effektor. Ein solches Modell, das nur den geometrischen Zusammenhang zwischen den Komponenten der mechanischen Struktur und den sich daraus ergebenden Bewegungen beschreibt, wird als *Kinematikmodell* bezeichnet. Das Kinematikmodell stellt die physikalischen Zustände des Roboters hinreichend genau dar und ist wesentlich einfacher zu realisieren als ein Dynamikmodell. Deshalb ist es für den Einsatz in einer Robotersteuerung am besten geeignet.

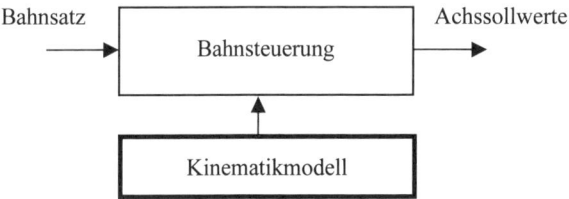

Bild 4.3 Einfluss des Kinematikmodells auf den Datenfluss in der Robotersteuerung

Bild 4.3 zeigt den Einfluss des Kinematikmodells auf den Datenfluss in der Robotersteuerung. Die übergeordnete Bahnsteuerung (Kap. 5) erhält bei der Ausführung des Anwendungsprogramms Bahnsätze, welche die auszuführende Bewegung unabhängig von der konkreten mechanischen Struktur des Roboters beschreiben. Daraus berechnet die Bahnsteuerung den räumlich-zeitlichen Bahnverlauf und übergibt die Achssollwerte an die Regelung der Antriebe. Das Kinematikmodell stellt nun das Wissen bereit, um die für die Echtzeitsteuerung erforderlichen Achssollwerte entsprechend der konkreten mechanischen Struktur des Roboters zu berechnen.

4.2 Kinematikmodell nach Denavit-Hartenberg

4.2.1 Konzept

Für die mathematische Darstellung des Kinematikmodells hat sich die Anwendung der *De-navit-Hartenberg-Transformation*[1] (*DH-Transformation*) als sehr hilfreich erwiesen. Dieses Verfahren beschreibt auf der Basis von homogenen Matrizen die relativen Transformationen zwischen den lokalen Koordinatensystemen der Bewegungsachsen innerhalb einer kinematischen Kette. Dadurch kann ein geometrisch-kinematisches Gesamtmodell für das mechanische System des Roboters, bestehend aus Gelenken und starren Körpern, erstellt werden:

Gelenk

- Die Gelenkachse wird durch eine Gerade dargestellt, sowohl bei Dreh- als auch bei Schubgelenken. Diese wird durch die Koordinatenachse eines kartesischen Koordinatensystems definiert, vorzugsweise die z-Achse.

- Die durch das Gelenk hervorgerufene Bewegung, entweder Drehung oder Verschiebung, wird durch eine veränderliche Koordinatentransformation realisiert, die vom Wert einer Gelenkvariablen abhängt.

- Die zulässigen Grenzwerte für die Gelenkstellung, für Geschwindigkeit und Beschleunigung werden bei der Berechnung der Gelenkvariablen berücksichtigt.

Körper

- Die äußere Form und die Masse werden nicht berücksichtigt.

- Die relative Lage der beiden mit einem Körper verbundenen Gelenke wird durch die relative Lage zweier kartesischer Koordinatensysteme definiert.

Bild 4.4 zeigt einen Ausschnitt aus dem geometrischen Modell einer kinematischen Kette. Es zeigt drei aufeinander folgende Gelenkachsen, dargestellt durch die Geraden l_{i-1}, l_i, l_{i+1}, mit den zugeordneten Ortskoordinatensystemen K_{i-1} und K_i. Die Transformationen zwischen den Koordinatensystemen sind nur dann eindeutig, wenn auch die Platzierung der Koordinatensysteme auf den Geraden eindeutig ist.

Hinweis – Indizierung

Die Gelenkachsen, die zugeordneten Geraden und die Transformationsparameter werden beginnend mit Index 1 bezeichnet, die Koordinatensysteme und zugeordneten Koordinatenachsen beginnend mit Index 0.

---

[1] Die US-amerikanischen Professoren Denavit und Hartenberg veröffentlichten 1955 eine Methode zur Beschreibung der Beziehungen zwischen zwei Gelenken unter Verwendung von nur vier Parametern (DH-Parameter).

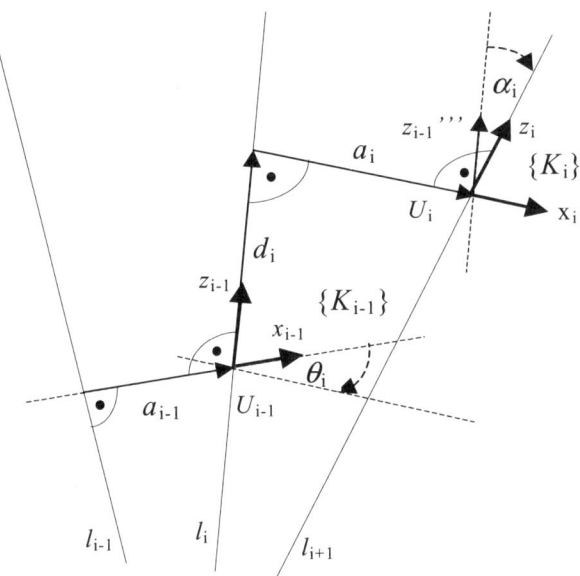

Bild 4.4 Geometrisches Modell nach Denavit-Hartenberg

Bezüglich der relativen Lage von Gerade und Folgegerade können drei Fälle unterschieden werden. Für diese wird beschrieben, wie das der Folgegeraden l_{i+1} zugeordnete *Ortskoordinatensystem* K_i definiert wird:

1. **Windschiefe Geraden**
   - Es gibt einen orthogonalen Abstandsvektor $\vec{a}_i$ zwischen der Geraden l_i und der Folgegeraden l_{i+1}.
   - Sein Fußpunkt auf der Folgegeraden l_{i+1} definiert U_i, seine Richtung $\vec{x}_i$.
   - Der Koordinatenvektor $\vec{z}_i$ liegt auf l_{i+1}. Dafür gibt es zwei gleichwertige Richtungen.
   - Der dritte Koordinatenvektor $\vec{y}_i$ ergibt sich im Sinne eines kartesischen Koordinatensystems.

2. **Parallele Geraden**
   - Es gibt keinen eindeutigen Fußpunkt für den Abstandsvektor.
   - Um dennoch eine eindeutige Definition zu erreichen, wird U_i durch einen Abstandsvektor $\vec{a}_i$ definiert, der im Ursprung U_{i-1} von K_{i-1} aufsetzt.
   - Ansonsten gelten die gleichen Regeln wie für windschiefe Geraden.

3. **Sich schneidende Geraden**
   - Ein Abstandsvektor kann nicht definiert werden.
   - U_i wird durch den Schnittpunkt von l_i und l_{i+1} festgelegt.
   - Der Vektor $\vec{z}_i$ wird wie bei den beiden vorhergehenden Fällen definiert.
   - Der Vektor $\vec{x}_i$ wird durch das Kreuzprodukt von $\vec{z}_{i-1}$ und $\vec{z}_i$ bestimmt. Auch dafür gibt es zwei gleichwertige Möglichkeiten.

Auf Grund dieser besonderen Definitionsweise des Folgekoordinatensystems wird die Transformation zwischen K_{i-1} und K_i durch vier Teiltransformationen mit jeweils nur einem Parameter beschrieben:

1. Rotation des Koordinatensystems K_{i-1} bezüglich der eigenen z-Achse $\vec{z}_{i-1}$ um den Winkel θ_i, bis $\vec{x}_{i-1}{}'$ parallel zu $\vec{x}_i$ ist. Es ergibt sich das gedrehte Koordinatensystem $K_{i-1}{}'$. Bei den folgenden Teiltransformationen erhält man dann $K_{i-1}{}''$, $K_{i-1}{}'''$ und $K_{i-1}{}''''=K_i$.
2. Translation entlang $\vec{z}_{i-1}{}' = \vec{z}_{i-1}$ um den Betrag d_i.
3. Translation entlang $\vec{x}_{i-1}{}''$ um den Betrag a_i.
4. Rotation bezüglich $\vec{x}_{i-1}{}'''$ um den Winkel α_i, bis $\vec{z}_{i-1}{}''''$ mit $\vec{z}_i$ übereinstimmt.

Als Gesamttransformation zwischen den Koordinatensystemen K_{i-1} und K_i ergibt sich

$$DH_{i-1,i}(\theta_i,d_i,a_i,\alpha_i)=Rot(\vec{z},\theta_i)\cdot Trans(\vec{z},d_i)\cdot Trans(\vec{x},a_i)\cdot Rot(\vec{x},\alpha_i) \tag{4.1}$$

und damit als resultierende Transformationsmatrix:

$$DH_{i-1,i}(\theta_i,d_i,a_i,\alpha_i)=\begin{bmatrix} \cos\theta_i & -\cos\alpha_i\sin\theta_i & \sin\alpha_i\sin\theta_i & a_i\cos\theta_i \\ \sin\theta_i & \cos\alpha_i\cos\theta_i & -\sin\alpha_i\cos\theta_i & a_i\sin\theta_i \\ 0 & \sin\alpha_i & \cos\alpha_i & d_i \\ 0 & 0 & 0 & 1 \end{bmatrix}. \tag{4.2}$$

Eine Drehung um eine Gelenkachse wird durch den veränderlichen Parameter θ_i, eine Verschiebung entlang einer Gelenkachse durch den veränderlichen Parameter d_i beschrieben.

Hinweis – Freiheitsgrade einer Geraden im Raum

Die relative Lage einer Geraden im Raum wird bereits durch vier skalare Größen definiert, die somit vier Freiheitsgrade besetzen. Dies wird plausibel, wenn man erkennt, dass ein Koordinatensystem, das nur basierend auf einer Geraden definiert ist, noch zwei Freiheitsgrade enthält. Dies sind die Position des Ursprungs auf der Geraden und der Drehwinkel des Koordinatensystems bezüglich der Geraden.

4.2.2 Kinematische Strukturen in der Praxis

Die Methode nach Denavit-Hartenberg zur Beschreibung der Transformation zwischen benachbarten Achsen soll nun auf drei in der Praxis häufig vorkommende kinematische Strukturen angewendet werden. In der Regel werden sechs Roboterachsen benötigt, da nur so der Effektor in allen sechs Freiheitsgraden des dreidimensionalen Raums positioniert und orientiert werden kann. Dabei wird zwischen zwei Gruppen von Achsen unterschieden:

*   **Grundachsen**
    Die drei Grundachsen dienen hauptsächlich der Positionierung des Effektors und bestimmen so die äußere Form und Ausdehnung des Arbeitsraums.

- Handachsen

  Die drei Handachsen bewirken die räumliche Orientierung des Effektors. Falls sich alle drei Achsen in einem Punkt schneiden, dem *Handwurzelpunkt*[2] *H,* liegt eine *Zentralhand* vor. Ansonsten spricht man von einer *Winkelhand* (Bild 1.9).

Die verschiedenen Strukturen der Grundachsen können mit den Strukturen der Handachsen kombiniert werden. Aus Kostengründen werden weniger als sechs Bewegungsachsen realisiert, wenn auch weniger Freiheitsgrade der Bewegung benötigt werden. So ist z.B. bei einem rotationssymmetrischen Werkzeug nur die Ausrichtung dessen Symmetrieachse von Bedeutung, nicht jedoch die Drehung des Werkzeugs um diese Symmetrieachse. Dadurch wird eine Bewegungsachse eingespart. Mehr als sechs Bewegungsachsen werden eingesetzt, um den Arbeitsraum des Roboters zu vergrößern, z.B. bei einem Roboter, der auf einer Schiene montiert ist. Weiter gibt es Anwendungen, bei denen der Roboterarm zusätzlich abgeknickt werden muss, z.B. um bei einem sehr verwinkelten Werkstück nicht zu kollidieren.

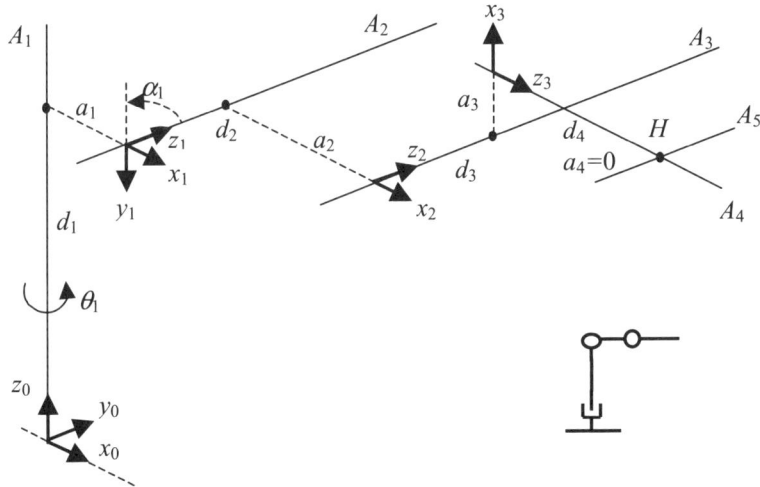

Bild 4.5 Anordnung der Grundachsen bei einem Gelenkarmroboter

Grundachsen – Gelenkarmroboter

Die wichtigste kinematische Struktur ist der *Gelenkarmroboter.* Alle drei Grundachsen sind Drehachsen, die zueinander entweder orthogonal oder parallel ausgerichtet sind. Der Arbeitsraum ist im Wesentlichen kugelförmig. Bild 4.5 zeigt die Anordnung der Drehachsen mit den daraus resultierenden Koordinatensystemen und DH-Parametern. Da A_2 und A_3 parallel ausgerichtet sind, ist d_2 nicht eindeutig definiert. Die Achsen A_4 und A_5 gehören bereits zur Roboterhand. Sie werden ebenfalls dargestellt, um das Koordinatensystem K_3 und

---

[2] Mit dem Symbol *H* wird sowohl das Ortskoordinatensystem im Handwurzelpunkt als auch der Handwurzelpunkt selbst bezeichnet.

damit die Transformation $DH_{2,3}$ definieren zu können. Rechtsunten in Bild 4.5 ist die kinematische Struktur als Schema gemäß Bild 4.1 dargestellt.

Tabelle 4.1 zeigt die resultierenden DH-Parameter. Die drei θ-Parameter sind variabel (dargestellt durch ↑) und repräsentieren die Drehlage der Achsen. Die dafür in der Tabelle angegebenen Werte beziehen sich auf die in Bild 4.5 dargestellte Roboterpose[3].

Tabelle 4.1 DH-Parameter der Grundachsen eines Gelenkarmroboters in Bild 4.5

Achse	θ	d	a	α
1	0° ↑	d_1	a_1	–90°
2	0° ↑	d_2	a_2	0°
3	–90° ↑	d_3	a_3	–90°

Erläuterungen

    Achse 1:
    $\theta_1 = 0°$, da $\vec{x}_0$ bereits parallel zu $\vec{x}_1$,
    d_1, a_1 ungleich null,
    $\alpha_1 = -90°$, da nur so $\vec{z}_0'''$ nach $\vec{z}_1$ überführt werden kann.

    Achse 2:
    $\theta_2 = 0°$, da $\vec{x}_1$ bereits parallel zu $\vec{x}_2$,
    a_2 beschreibt die Länge des „Oberarms" des Roboters,
    d_2 ist durch die Achsgeometrie nicht eindeutig definiert,
    $\alpha_2 = 0°$, da $\vec{z}_1'''$ bereits parallel zu $\vec{z}_2$ ist.

    Achse 3:
    $\theta_3 = -90°$, da dann $\vec{x}_2'$ parallel zu $\vec{x}_3$ ist,
    d_3, a_3 ungleich null,
    $\alpha_3 = -90°$, da nur so $\vec{z}_2'''$ nach $\vec{z}_3$ überführt werden kann.

Hinweis – Einheitliche Ausrichtung der Achskoordinatensysteme

Es gibt immer zwei zulässige Möglichkeiten, die Ausrichtung sowohl des x- als auch des z-Vektors festzulegen. Dementsprechend ergeben sich unterschiedliche Werte für die DH-Parameter. Trotzdem ist anzuraten, die Achskoordinatensysteme möglichst einheitlich auszurichten. Dies kann z.B. beim gestreckten Arm nach oben überprüft werden, wo parallele Achsen dann auch gleiche Ausrichtung der Koordinatensysteme aufweisen sollen.

---

[3]   Mit Pose wird die Stellung aller Roboterachsen zueinander als Momentaufnahme bezeichnet.

Grundachsen – Portalroboter

Die Grundachsen bestehen aus drei rechtwinklig angeordneten Schubachsen, die so den Koordinatenachsen eines kartesischen Koordinatensystems entsprechen. Bild 4.6 zeigt diese Anordnung. Rechtsunten in Bild 4.6 ist die kinematische Struktur als Schema dargestellt.

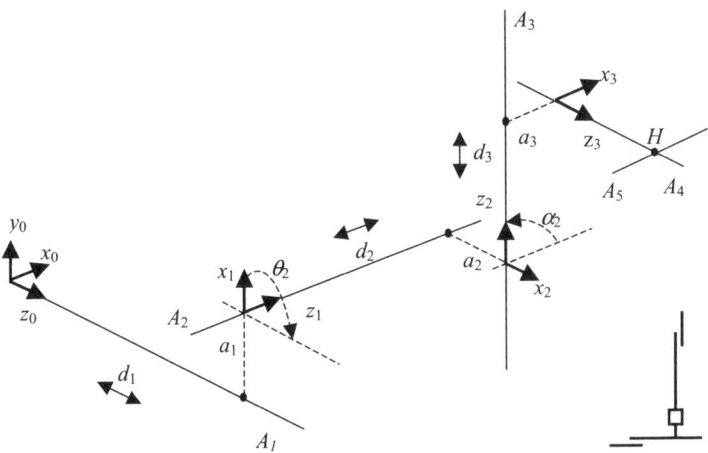

Bild 4.6 Anordnung der Grundachsen bei einem Portalroboter

In Tabelle 4.2 sind die sich ergebenden DH-Parameter dargestellt. Die drei d-Parameter sind variabel und repräsentieren die aktuelle Lage der Schubachsen. Die in der Tabelle angegebenen Werte beziehen sich auf die in Bild 4.6 dargestellten Pose.

Tabelle 4.2 DH-Parameter der Grundachsenstruktur in Bild 4.6

Achse	θ	d	a	α
1	90°	d_1 ↑	a_1	90°
2	90°	d_2 ↑	a_2	90°
3	90°	d_3 ↑	a_3	90°

Grundachsen – SCARA-Roboter

Die Grundachsen bestehen aus zwei parallelen Drehachsen und einer dazu parallelen Schubachse. Diese Achsstruktur ist in Bild 4.7 dargestellt. Die Achse A_4 ist bereits Teil der Roboterhand.

In Tabelle 4.3 sind die sich ergebenden DH-Parameter dargestellt. Variabel sind θ_1 und θ_2 für die Drehachsen, sowie d_3 für die Schubachse.

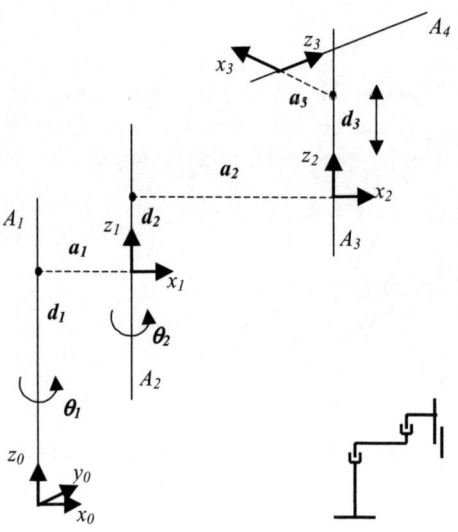

Bild 4.7 Anordnung der Grundachsen bei einem SCARA-Roboter

Tabelle 4.3 DH-Parameter der Grundachsenstruktur in Bild 4.7

Achse	θ	d	a	α
1	$0°$ ↑	d_1	a_1	$0°$
2	$0°$ ↑	d_2	a_2	$0°$
3	$120°$	d_3 ↑	a_3	$90°$

Handachsen – Zentralhand, Winkelhand

Am häufigsten wird die Zentralhand eingesetzt. Bild 4.8 zeigt die Anordnung der Achsen für den allgemeineren Fall der Winkelhand. Die Zentralhand ist ein Spezialfall, wobei sich alle Handachsen in einem einzigen Punkt, dem *Handwurzelpunkt H,* schneiden. Die Ursprünge von K_4 und K_5 fallen dann zusammen. Das Koordinatensystem K_6 ist gleichzeitig das *Flanschkoordinatensystem* K_F. Tabelle 4.4 stellt die sich ergebenden DH-Parameter für die Zentralhand dar.

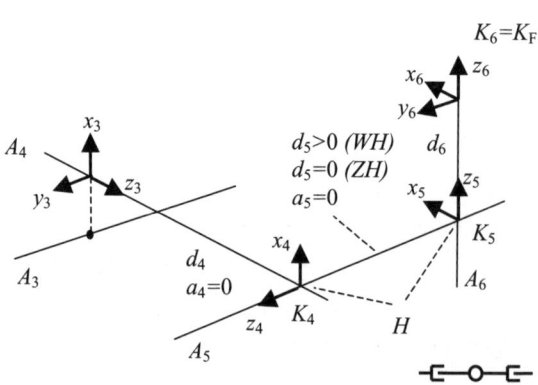

Bild 4.8 Anordnung der Handachsen bei Zentralhand (ZH) und Winkelhand (WH)

Tabelle 4.4 DH-Parameter für die Zentralhand, bezogen auf Bild 4.8

Achse	θ	d	a	α
4	0° ↑	d_4	0	–90°
5	90° ↑	0	0	90°
6	0° ↑	d_6	0	0°

4.3 Programm zur Berechnung der DH-Parameter

4.3.1 Softwareentwicklung

Die mathematischen Verfahren für das Kinematikmodell sollen nun in einem Programm zur Berechnung der DH-Parameter angewendet werden. In Abschnitt 3.3.2 wurden die Phasen zur Durchführung der Softwareentwicklung aufgezeigt. Diese sollen nun für dieses erste Programm in vereinfachter Form angewendet werden.

- Planung – Erstellen der Anforderungsspezifikation:
  Es soll ein Programm entwickelt werden, das als Eingabedaten die Beschreibung einer offenen kinematischen Kette als eine Folge von Geraden zur Darstellung der Bewegungsachsen erhält. Berechnet werden sollen die DH-Parameter und die resultierenden DH-Transformationen. Zusätzlich wird eine grafische Ausgabe der definierten kinematischen Kette erzeugt.

- Analyse – Formalisierung des System- und Anwenderwissen:
  Das System- und Anwenderwissen ist in Abschnitt 4.2 dargestellt.

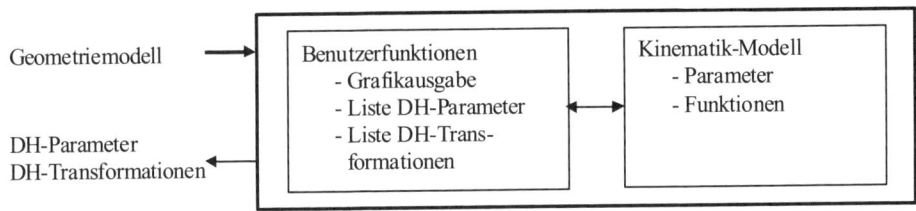

Bild 4.9 Architektur des Programms zur Berechnung von DH-Parametern

- Entwurf – Architektur:
  Die Softwarearchitektur besteht aus zwei Teilen. Den Kern bilden die Datenstrukturen und Funktionen zur Berechnung des Kinematikmodells. Die Benutzerfunktionen stellen die Schnittstelle nach außen dar. Dies zeigt Bild 4.9.

- Entwurf – Teilstrukturen:
  Der Entwurf der Teilstrukturen bezieht sich auf die Ablaufstruktur, dargestellt in Bild 4.10. Dafür werden die Strukturdiagramme verwendet, die in Abschnitt 3.3.2, Bild 3.8 vorgestellt wurden. Da die Berechnungen nur von den aktuellen Eingabedaten abhängt,

sind keine Zustandsvariable und damit keine globalen Datenstrukturen erforderlich. Der Ablauf besteht aus einer Initialisierung, der Grafikausgabe der ersten Geraden und einer FOR-Schleife über alle weiteren n-1 Geraden. Zunächst werden die DH-Parameter des kinematischen Modells berechnet (fett gerahmt). Anschließend werden die Benutzerfunktionen ausgeführt, welche die Ausgabedaten und die Grafik erzeugen.

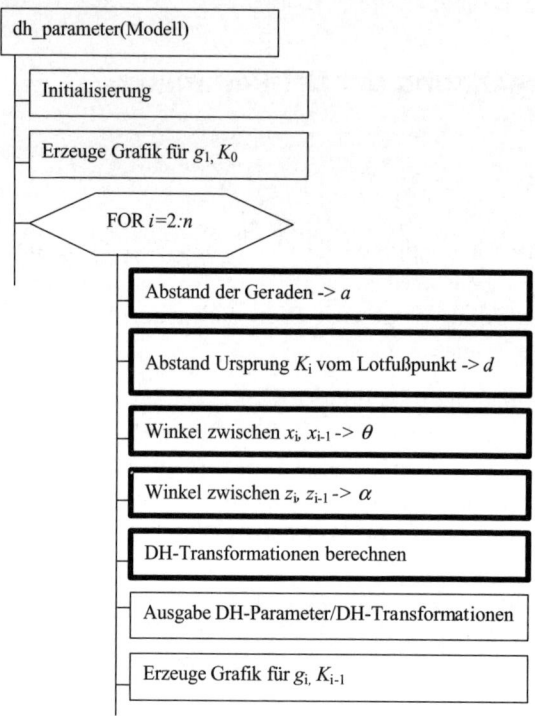

Bild 4.10 Ablaufstruktur des Programms `dh_parameter`

- **Programmierung – Implementierung mit MATLAB-Skript:**

  Implementiert wird die Funktion

  ```
  function [trafo_liste,para_liste]=dh_parameter(geraden_liste,
                                                 anfangs_koor_ku)
  ```

  Der Parameter `geraden_liste` enthält die Kinematik als eine Folge von n Geraden g_i. Jede wird beschrieben durch Hinführungsvektor `hv`, Richtungsvektor `rv`, Anfangswert `kanf` und Endwert `kend` des Geradenparameters `k` zur Erzeugung der grafischen Darstellung.

  Da es zu g_1 keine Vorgängergerade gibt, müssen für das Anfangskoordinatensystem K_0 zwei zusätzliche Bedingungen vorgegeben werden. Die Lage des Ursprungs von K_0 auf g_1 wird durch den Parameterwert `anfangs_koor_ku` definiert. Für die Ausrichtung der x-Achse von K_0 wird bestimmt, dass sie nicht nur senkrecht zu $\vec{z}_0$, sondern auch senkrecht zum z-Vektor $\vec{z}_B$ des Basiskoordinatensystems K_B verlaufen soll. Falls der durch rv beschriebene Vektor $\vec{z}_0$ bereits parallel zu $\vec{z}_B$ verläuft, wird zusätzlich festgelegt, dass $\vec{x}_0$ dann parallel zu $\vec{x}_B$ verläuft.

Die Rückgabewerte para_liste und trafo_liste enthalten die berechneten DH-Parameter und die sich ergebenden DH-Transformation.

- **Programmierung – Test:**

  Es wird kein vollständiger, alle denkbaren Fehlerfälle abdeckender Test durchgeführt, sondern nur ein einfacher Plausibilitätstest anhand eines Anwendungsbeispiels.

> **Wichtig – Systematische Entwicklung auch bei kleinen Programmen**
>
> Man sollte sich angewöhnen, auch bei kleinen Programmen eine systematische Entwicklung durchzuführen. Dies bedeutet, dass mindestens eine Anforderungsspezifikation mit Definition der Schnittstellen und ein formaler Entwurf mit Architektur- und Strukturdiagramm erstellt wird.

4.3.2 Implementierung und Test

In Listing 4.1 ist eine beispielhafte Implementierung dargestellt. Zentraler Bestandteil ist die Berechnung der DH-Parameter. Die Funktion abstand_geraden_3d ergibt die beiden Fußpunkte s1 und s2 der Abstandsstrecke. Damit werden die Parameter a und d berechnet. Mit winkel_2_vektoren werden die Winkel theta und alpha berechnet. Die Funktion dh_trafo berechnet die resultierende DH-Transformation aus den DH-Parametern.

Listing 4.1 Funktion zur Berechnung der DH-Parameter

```
function    [trafo_liste,para_liste]=dh_parameter(geraden_liste,
                                        anfangs_koor_ku)

% Initialisiere Grafik
axis([-1 8 -1 5 -1 10]);
%grid on;
xlabel('X');
ylabel('Y');
zlabel('Z');

% Berechne Anfangskoordinatensystem
[n_geraden s]=size(geraden_liste);
ii=1;
hv1=[geraden_liste(ii,1:3)]';
rv1=[geraden_liste(ii,4:6)]';
ku=anfangs_koor_ku;
usp=hv1+ku*rv1;
```

```
zz=rv1/norm(rv1);
xx=cross(zz,[0 0 1]);  % x0 orthogonal zu z0 und zB
betrag_xx=norm(xx);
if betrag_xx<eps      % Überprüfung, ob zz parallel zu [0 0 1]
    xx=[1 0 0]';
else
    xx=xx'/betrag_xx;
end
yy=cross(zz,xx);
akt_koor=[xx yy zz usp];


zeichne_ks(akt_koor,ks_linie);  % zeichne Anfangskoor K0
hold on
bereich=geraden_liste(ii,7:8);
zeichne_gerade(hv1,rv1,bereich);  % zeichne g1 mit Beschriftung
text_pos=hv1+bereich(1)*rv1;
str= strcat('A',num2str(ii),' - K0');
text(text_pos(1),text_pos(2),text_pos(3),str);


%Berechne alle Folge-Koordinatensysteme und DH-Parameter

for ii=2:n_geraden
    hv2=[geraden_liste(ii,1:3)]';
    rv2=[geraden_liste(ii,4:6)]';              % DH-Parameter a
    [a s1 s2]=abstand_geraden_3d(hv1, rv1, hv2, rv2);
    d=norm(s1-usp);                            % DH-Parameter d

    avek=s2-s1;
    if norm(avek)>eps
        xx_n=avek;
            % Zeichne Abstandsvektor der Geraden
        plot3([s1(1) s2(1)],[s1(2) s2(2)],[s1(3) s2(3)],'R');
    else
        xx_n=cross(rv1,rv2);
    end
                                % DH-Parameter theta und alpha
    theta=winkel_2_vektoren(xx,xx_n, rv1);
    alpha=winkel_2_vektoren(rv1,rv2,xx_n);

    dh=dh_trafo(theta, d, a, alpha); % DH-Transformation
    trafo_liste{ii-1}=dh;                 % Ausgabeliste der Trafos
    para_liste{ii-1}=[theta,d,a,alpha]; % und der Parameter

    akt_koor=akt_koor*dh;     % Koordinatensystem Ki in
                              % Basiskoordinaten
```

```
        bereich=geraden_liste(ii,7:8);
        zeichne_gerade(hv2,rv2,bereich);       % Zeichne gi
        zeichne_ks(akt_koor,ks_linie);
        text_pos=hv2+bereich(1)*rv2;
        if ii<n_geraden
            str= strcat('A',num2str(ii));
        else
            str= strcat('A',num2str(ii),' - KF');
        end
        text(text_pos(1),text_pos(2),text_pos(3),str);

        hv1=hv2;   % Abspeichern der Vektoren der Vorgängergeraden
        rv1=rv2;
        xx=xx_n;
        usp=s2;

    end % Ende for-Schleife


function dh = dh_trafo(theta,d,a,alpha)
  dh = rotz(theta) * transl(a,0,d) * rotx(alpha);
```

Wichtig – Definitionsbereich mathematischer Ausdrücke

Durch Überprüfung im Programm muss sichergestellt werden, dass mathematische Ausdrücke für die aktuellen Variablenwerte definiert sind, z.B. bei einem Bruch der Nenner ungleich null, bei einem Kreuzprodukt der Betrag des Vektors ungleich null ist. Für die Überprüfung auf den Wert null wird die MATLAB-Funktion eps verwendet.

Für die grafische Darstellung der Geraden und der Koordinatensysteme werden die beiden Funktionen zeichne_gerade und zeichne_ks verwendet (Listing 4.2).

Listing 4.2 Grafikfunktionen für Gerade und Koordinatensystem

```
function zeichne_gerade(hvek, rvek, bereich)
  anfpos=hvek+bereich(1)*rvek;
  endpos=hvek+bereich(2)*rvek;
  plot3([anfpos(1),endpos(1)],[anfpos(2),endpos(2)],
        [anfpos(3),endpos(3)],'K');

function zeichne_ks(P,L)
  B = P(1:3,1:3) .* L;
  O = [P(1:3,4)'; P(1:3,4)'; P(1:3,4)']';
```

```
B = B + O;
hold on
plot3([P(1,4),B(1,1)],[P(2,4),B(2,1)],[P(3,4),B(3,1)],
       'Color','r','LineWidth',3);
plot3([P(1,4),B(1,2)],[P(2,4),B(2,2)],[P(3,4).B(3,2)],
       'Color','g','LineWidth',3);
plot3([P(1,4),B(1,3)],[P(2,4),B(2,3)],[P(3,4),B(3,3)],
       'Color','b','LineWidth',3);
```

Listing 4.3 zeigt als Test die Durchführung der Berechnung von DH-Parametern anhand eines Beispiels. Mit g_liste und anfkoor_ku werden die Geraden und das Anfangskoordinatensystem K_0 für einen 6-achsigen Gelenkarmroboter definiert und dann als Parameter übergeben. Insgesamt werden sieben Geraden dargestellt, um auch das Flanschkoordinatensystem $K_F=K_6$ definieren zu können. Bild 4.11 zeigt die Darstellung der Geraden und der Koordinatensysteme. Man beachte die Übereinstimmung mit Bild 4.5.

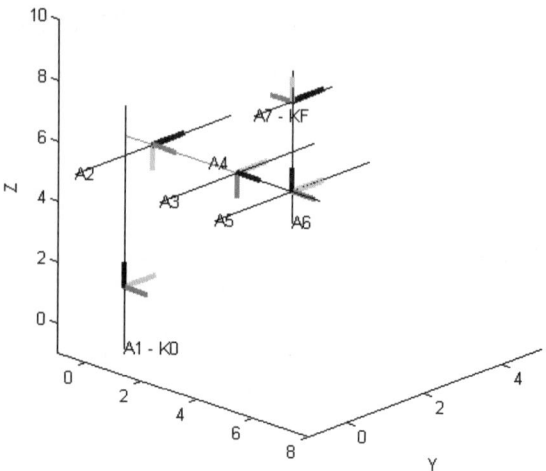

Bild 4.11 Grafische Darstellung der Roboterachsen für deren Definition in Listing 4.3

Listing 4.3 Anwendungsbeispiel für die Berechnung der DH-Parameter
```
g_liste=[         0 0 0 0 0 1 -1 7;
                  1 0 6 0 1 0 -2 2;
                  4 0 6 0 1 0 -2 2;
                  4 0 6 1 0 0 -1 3;
                  6 0 6 0 1 0 -2 2;
                  6 0 6 0 0 1 -1 4;
                  6 0 9 0 1 0 -1 1];
anfkoor_ku=1;
[trafo_liste para_liste]=dh_parameter(g_liste, anfkoor_ku);
```

4.4 Transformationen zwischen Roboter- und Weltkoordinaten

In Bild 4.3 wird dargestellt, wie das Kinematikmodell in den Datenfluss der Robotersteuerung eingebunden ist. Es ermöglicht, auf Grund der vorgegebenen Zielposition des Effektors, die Achswerte zu berechnen und umgekehrt. Für diesen Zweck werden die beiden Funktionen *Vorwärtstransformation* und *Rücktransformation* realisiert. Dazu muss festgelegt werden, in welchen Koordinatensystemen die Daten dargestellt sind, wie der Lösungsraum beschaffen ist und wie die Parameter des Kinematikmodells verfügbar gemacht werden.

4.4.1 Vorüberlegungen

Roboter- und Weltkoordinaten

Bei abstrakter Betrachtung ist ein Roboter eine Maschine, die den Effektor gemäß der vorgegebenen Achssollwerte positioniert. Der Zusammenhang zwischen diesen Größen wird durch das Kinematikmodell beschrieben.

Der Drehwinkel θ_i oder die Verschiebung d_i für eine Bewegungsachse werden als allgemeine Roboterkoordinate q_i bezeichnet. Alle Koordinatenwerte zusammen bilden den Robotervektor $\vec{q}$, dargestellt im *Roboterkoordinatensystem*. Dieses ist ein nichtkartesisches Koordinatensystem, das den Raum aller Vektoren $\vec{q}$ beschreibt.

Position und Orientierung des Effektors werden durch die homogene Matrix E beschrieben. Die Spaltenvektoren $^W\vec{x}_E$, $^W\vec{y}_E$, $^W\vec{z}_E$, $^W\vec{u}_E$ sind auf das globale Weltkoordinatensystem W bezogen. Die kartesischen Koordinaten des Effektors werden deshalb als *Weltkoordinaten* bezeichnet. Falls das lokale Basiskoordinatensystem des Roboters $BAS=K_0$ von W abweicht, muss dies zusätzlich berücksichtigt werden.

Damit ist es möglich, die beiden benötigten Abbildungsfunktionen zu definieren:

- Vorwärtstransformation
  Die Vorwärtstransformation berechnet aus den Achswerten, dargestellt durch den Robotervektor $\vec{q}$, die Position und Orientierung des Endeffektors, dargestellt als Frame E.

- Rücktransformation
  Die Rücktransformation[4] berechnet aus der Vorgabe von Position und Orientierung des Effektors E die resultierenden Achswinkel q.

---

[4] Abkürzung für den Begriff Rückwärtstransformation

Lösungsraum für die Rücktransformation

Die Vorwärtstransformation ist eine eindeutige Abbildung. Sie berechnet die kartesische Lage des Effektors E aus dem Robotervektor $\vec{q}$. Hingegen ist die Berechnung der *Rücktransformation* mehrdeutig. Vier Lösungsfälle können unterschieden werden.

1. **Keine Lösung**
   E beschriebt eine Position außerhalb der Reichweite des Roboters. Es gibt keinen gültigen Vektor $\vec{q}$.

2. **Eine Lösung**
   Die durch E definierte Position kann nur im völlig gestreckten Zustand erreicht werden. Voraussetzung ist, dass diese Pose nicht mit einer Singularität (siehe 4. unendlich viele Lösungen) zusammenfällt.

3. **Endlich viele Lösungen**
   Es gibt mehrere Robotervektoren $\vec{q}$, welche die gleiche Effektorposition E zur Folge haben. Diese unterschiedlichen Posen des Roboters für die gleiche Effektorposition werden als *Roboterkonfigurationen* bezeichnet. Der Wert *kf* definiert die gewählte Konfiguration.

4. **Unendlich viele Lösungen – Singularität**
   Es gibt unendlich viele Robotervektoren, die zur vorgegebenen Effektorposition passen. Dieser Fall tritt auf, wenn zwei oder mehrere Drehachsen fluchten oder Schubachsen parallel sind.

Global verfügbare Datenstruktur zur Darstellung der Kinematik-Parameter

Sowohl die Vorwärts- als auch die Rücktransformation benötigen die Kinematikparameter als Eingabedaten. Eine elegante Möglichkeit, diese Daten als strukturierte Variable (Datentyp ist *Struktur*) verfügbar zu machen, besteht darin, sie als Rückgabewert einer Funktion einzulesen. Die M-Datei dieser Funktion stellt somit die *Parameterdatei* dar. Durch die Definition des Dateipfads über das *Set-Path*-Kommando (Abschnitt 4.1.2) kann so die gewünschte Kinematikdaten-Funktion auf einfache Weise ausgewählt werden.

Im folgenden Beispiel liefert die Kinematikdaten-Funktion `ROB1_DAT()` die Kinematikparameter für einen vorgegebenen Robotertyp *ROB1*. Die Komponente `dhp` enthält alle DH-Parameter. Sie ist als Matrix realisiert. Die Spalte `atyp` definiert den Achstyp, *1* steht für Drehachse, *2* für Schubachse. Die Spalte `vorz` bestimmt, ob für den übergebenen Achswert q_i das Vorzeichen gewechselt werden soll. Der in der globalen Datenstruktur definierte Wert für einen Parameter, der auch gleichzeitig als Achsvariable dient, wird bei der Ausführung der Vorwärtstransformation zum übergebenen Achswert q_i addiert. Bei der Berechnung der Rücktransformation wird dieser Parameter vom berechneten Achswert q_i wieder subtrahiert.

Die Komponente `ef` enthält eine homogene Matrix, welche die Transformation zwischen dem Flanschkoordinatensystem *KF* und dem Effektorkoordinatensystem *E* darstellt. Schließlich definiert `bas` die Transformation zwischen dem Weltkoordinatensystem *W* und der Roboterbasis K_0. Es sei darauf hingewiesen, dass die dargestellte Parameterdatenstruktur in Kap. 5 noch um die Parameter für die *Bahnsteuerung* erweitert wird (Tabelle 5.1).

Listing 4.4 Definition der Kinematikparameter für den Robotertyp *ROB1*

```
function [robot] = ROB1_DAT()


%Kinematik Parameter
% Angabe aller Werte in m oder rad
%             atyp vorz  theta  d      a       alpha
%             (1/2)(1/-1)
robot.dhp = [ 0   1      0      0.4    0       -pi/2;
              0   1      0      0      0.2      0;
              0   1     -pi/2   0      0       -pi/2;
              0   1      0      0.3    0        pi/2;
              0   1      0      0      0       -pi/2;
              0   1      0      0.1    0        0  ];


%Effektor-Transformation
robot.ef  = [ 1   0    0    0;
              0   1    0    0;
              0   0    1    0.2;
              0   0    0    1  ];
%Basiskoordinatensystem für den Roboter
robot.bas = [ 1   0    0    0;
              0   1    0    0;
              0   0    1    0;
              0   0    0    1  ];
```

4.4.2   Vorwärtstransformation

Die Vorwärtstransformation ist eine eindeutige Abbildung des Robotervektors $\vec{q}$ auf die Weltkoordinaten für den Effektor $^W E$. Es gilt

$$^W E\,(\vec{q})=\,^W BAS \cdot {}^0 DH_{0,1}(q_1) \cdot {}^1 DH_{1,2}(q_2) \cdot \ldots \cdot {}^{n-1} DH_{n-1,n}(q_n) \cdot {}^n EF \tag{4.3}$$

Die gesamte Transformation wird so definiert durch alle relativen Transformationen $DH_{i-1,i}$ zwischen den Ortskoordinatensystemen der Roboterachsen, zuzüglich der Transformation *BAS* zwischen dem Weltkoordinatensystem *W* und der Roboterbasis K_0 sowie der Transformation *EF* zwischen dem Flanschkoordinatensystem *KF* und dem Effektorkoordinatensystem *E*.

Listing 4.5 zeigt eine Implementierung der Vorwärtstransformation. Im Gegensatz zur später behandelten Rücktransformation gibt es keine Einschränkung bezüglich der kinematischen Struktur, auf die sie angewendet werden kann. Es wird nur gefordert, dass eine offene Kette vorliegt. Eingangsparameter sind der Robotervektor q und die kinematischen Parameter in der Variablen `robot`. Deren Inhalt wird als Funktionswert einer globalen Parameterfunktion beschafft, z.B. durch die Funktion `ROB1_DAT`. Die Vorwärtstransformation liefert die Position und Orientierung des Effektors in Weltkoordinaten als Frame *E*.

Listing 4.5 Implementierung der Vorwärtstransformation

```
function [ef_w] = vtraf(q,robot)
dhp = robot.dhp;
bas = robot.bas;
ef  = robot.ef;          % Effektor-Transformation
ef_w= bas;               % Roboter-Basiskoordinatensystem

[na s]=size(dhp);        % Anzahl der Achsen
[z nq]=size(q);
if na<nq
    error('Anzahl der als Zeilenvektor übergebenen Achswerte
          ist groesser als die Anzahl der definierten Achsen.')
    return
end

for ii=1:nq
    vorz=dhp(ii,2);
    if dhp(ii,1)==1      % Drehachse
        traf=dh_trafo(dhp(ii,3)+vorz*q(ii),dhp(ii,4),
                      dhp(ii,5),dhp(ii,6));
    elseif dhp(ii,1)==2 % Schubachse
        traf=dh_trafo(dhp(ii,3),dhp(ii,4)+vorz*q(ii),
                      dhp(ii,5),dhp(ii,6));
    else
        error('nur Drehachse (1) und Schubachse (2) möglich')
    end
    ef_w=ef_w*traf;
end
ef_w=ef_w*ef;
```

Hinweis – Fehlerbearbeitung

Fehlermeldungen werden zunächst auf einfache Weise mit der Funktion `error` ausgegeben. Diese bewirkt auch den sofortigen Abbruch der betroffenen Funktion. In Abschnitt
8.2.3 wird die wesentlich mächtigere Möglichkeit behandelt, die Reaktion bei Fehlern mit
`try` und `catch` gezielt zu steuern.

4.4.3   Rücktransformation

Allgemeines Verfahren

Die naheliegendste Methode, um die Rücktransformation zu berechnen wäre, Formel (4.3)
nach den Roboterkoordinaten q_i aufzulösen. Da die Gleichungen nichtlinear sind, ist dies im

allgemeinen Fall nicht möglich. Ein solches Problem kann nur gelöst werden, wenn zusätzliche Einschränkungen gelten:

1. **Linearisierung – Einschränkung des Definitionsbereichs**
   Die nichtlinearen Gleichungen werden näherungsweise linearisiert. Dies ist nur möglich, wenn dazu der Definitionsbereich genügend begrenzt wird, die linearisierten Gleichungen also nur in der Umgebung eines Arbeitspunktes x_0 gelten. Für eine beliebige nichtlineare Funktion $y=f(x)$ gilt dann:

$$f(x) \approx f(x_0) + f'(x_0)\Delta x = f(x_0) + f'(x_0)(x - x_0) = f(x_0) - f'(x_0)x_0 + f'(x_0)x \tag{4.4}$$

Dies bedeutet, dass die nichtlineare Gleichung $y=f(x)$ in einem engen Definitionsbereich $x_0 - \varepsilon < x < x_0 + \varepsilon$ durch die lineare Gleichung (4.4) ersetzt werden kann. Für diese Gleichung kann dann die Umkehrfunktion berechnet werden. Die Bedingung dafür ist, dass $f'(x_0) \neq 0$ gilt.

$$x = g(y) = \frac{y - f(x_0) + f'(x_0)x_0}{f'(x_0)} = x_0 - \frac{f(x_0)}{f'(x_0)} + \frac{1}{f'(x_0)}y \tag{4.5}$$

Im allgemeinen Fall, in dem mehrere Komponentenfunktionen f_i von Variablen x_j abhängen, wird die Ableitung $f'(x)$ durch die partiellen Ableitungen aller Komponentenfunktionen f_i nach allen Variablen x_j ersetzt, dargestellt durch die *Jacobimatrix* (Abschnitt 2.6.2).

Um die Rücktransformation in einem beliebigen Zielpunkt des Arbeitsraums zu berechnen, müssen ausgehend von einem Startpunkt viele inkrementelle Linearisierungen auf einem Pfad vom Start- zum Zielpunkt berechnet werden. Dadurch wird die Berechnung der linearen Umkehrfunktion möglich, die eine Approximation der Rücktransformation in einem Zwischenpunkt darstellt. Durch die Iteration über die Rücktransformationen in den Zwischenpunkten wird die Rücktransformation in einem vorgegebenen Zielpunkt des Arbeitsraums auf *numerische* Weise gewonnen. Beispielsweise muss die numerische Form der Rücktransformation bei einem Roboterarm mit Winkelhand angewendet werden.

2. **Einschränkung der kinematischen Struktur**
   Der zweite Lösungsansatz für die Rücktransformation besteht darin, die kinematische Struktur einzuschränken. Dadurch ergibt sich ein einfacheres Gleichungssystem, dessen Umkehrabbildung gebildet werden kann. Man erhält so eine *analytische* Lösung, nicht nur eine numerische. Dieses Verfahren kann beim Gelenkarmroboter mit Zentralhand angewandt werden.

Prinzipiell kann die kinematische Struktur eingeschränkt werden bezüglich der relativen Lage der Achsen im Raum, z.B. ob Schnittpunkte auftreten, und bezüglich deren relativer Orientierung. Beim weitverbreiteten Gelenkarmroboter mit Zentralhand gelten die folgenden Besonderheiten:

- Die Richtungsvektoren aller Achsen sind zueinander entweder orthogonal oder parallel (Bild 4.11).
- Die drei Handachsen schneiden sich in einem Punkt, dem Handwurzelpunkt H.

Mit diesen Einschränkungen ergeben sich die folgenden geometrischen Eigenschaften:

1. Der Ortsvektor $\vec{h}$ des Handwurzelpunkts kann aus $\vec{z}_F$, $\vec{u}_F$ und dem DH-Parameter d_6, ohne Kenntnis der Handwinkel q_4, q_5, q_6, berechnet werden. Es gilt

$$\vec{h} = \vec{u}_F - \vec{z}_F d_6 \tag{4.6}$$

2. In den Handwurzelpunkt kann ein Koordinatensystem H so gelegt werden, dass gilt:
    -   Die Drehung um A_4 entspricht der Drehung um die z-Achse $\vec{z}_H$ von H,
    -   Die Drehung um A_5 entspricht der Drehung um die dann bereits gedrehte Achse $\vec{y}_H{}'$.
    -   Die Drehung um A_6 entspricht der Drehung um die zweimal veränderte Achse $\vec{z}_H{}''$.

    Dies bedeutet, dass q_4, q_5, q_6 mit den ZYZ-Eulerwinkeln α, β, γ übereinstimmen. Sie führen die Orientierung von H, die der Orientierung von K_3 entspricht, in die vorgegebene Orientierung des Flanschkoordinatensystems K_F über. Im Umkehrschluss folgt, dass die Winkel der Handachsen durch die *inverse Eulertransformation* berechnet werden können.

3. Die Grundachsenwinkel q_2 und q_3 verändern den Handwurzelpunkt nur in einer Ebene E_1, senkrecht zur $x_0 y_0$-Ebene.

4. Deshalb werden Lage und Ausrichtung von E_1 nur durch q_1 beeinflusst.

Beim Zusammenwirken mehrerer Drehachsen tritt immer die Besonderheit auf, dass es mehrere Winkelkombinationen gibt, die einen gleichen Orts- oder Richtungsvektor zur Folge haben. Um diese *Mehrdeutigkeiten* aufzulösen, gibt es zwei Ansätze.

-   Bei einer Folge von Rücktransformationen, z.B. beim Abfahren einer Bewegungsbahn, kann die Lösung gewählt werden, die von der vorherigen am wenigsten abweicht.

-   Die gewünschte Lösung der Rücktransformation wird explizit ausgewählt, z.B. durch einen zusätzlichen Parameter *kf*. Im weiteren Verlauf wird nur diese zweite Möglichkeit verwendet.

Beim *Portalroboter mit Zentralhand* (Bild 4.6) entsprechen die Roboterkoordinaten q_1, q_2, q_3 bereits den kartesischen Koordinaten von H. Die Orientierung in H stimmt mit der Orientierung der Roboterbasis überein. Falls eine Zentralhand montiert ist, gelten die bereits dargelegten besonderen geometrischen Eigenschaften (1.) und (2.) in gleicher Weise.

Beim *SCARA-Roboter mit Zentralhand* gibt es vergleichbare geometrische Einschränkungen wie beim Gelenkarmroboter.

1. Der Handwurzelpunkt kann ebenso aus $\vec{z}_F$, $\vec{u}_F$, d_6, ohne Kenntnis der Handwinkel q_4, q_5, q_6 berechnet werden.

2. Die Grundachsenwinkel q_1 und q_2 verändern H nur in einer Ebene E_1, die jedoch parallel zur $x_0 y_0$-Ebene liegt.

3. Die Ebene E_1 wird nur durch q_3 parallel verschoben.

4. Die Winkel der Handachsen können ebenfalls durch die inverse ZYZ-Eulertransformation berechnet werden.

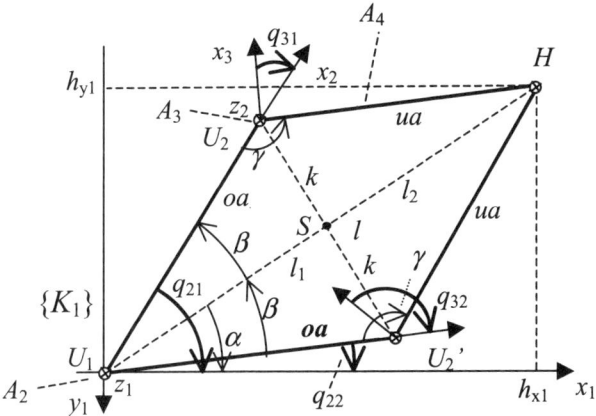

Bild 4.12 Geometrische Zusammenhänge für die Rücktransformation, vereinfachte
Darstellung für den Fall , dass sich A_3 und A_4 schneiden

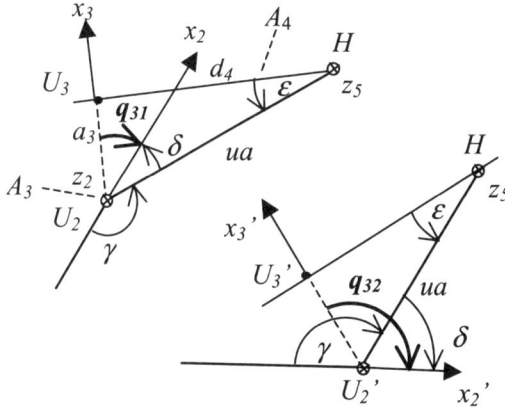

Bild 4.13 Geometrische Definition der Achswinkel q_{31} und q_{32}, A_3 und A_4 schneiden sich nicht

Rücktransformation für zwei parallele Drehachsen

Die konkrete mathematische Formulierung und Programmierung der Rücktransformation
wird nun am Beispiel eines 6-achsigen Gelenkarmroboters aufgezeigt. Im ersten Schritt wird
die Rücktransformation für zwei parallele Achsen behandelt. Dies entspricht den Achsen A_2
und A_3. Die Anordnung der Achsen und die Definition der DH-Parameter ist in Bild 4.5
dargestellt.

Das Ziel ist die Berechnung der Achsvariablen $q_2 = \theta_2$ und $q_3 = \theta_3$. Die dazu verfügbare Information ist,

die Position $^{K1}\vec{h}$ des Handwurzelpunkts H im Ortskoordinatensystem K_1, die mit Hilfe der Kinematikparameter aus der Position $^{K0}\vec{h}$ des Handwurzelpunkts H im Ortskoordinatensystem K_0 berechnet werden kann,

* die Länge des Ober- und Unterarms in Abhängigkeit der DH-Parameter,

$$oa = a_2; \quad ua = \sqrt{a_3^2 + d_4^2} \ . \tag{4.7}$$

Das Bild 4.12 zeigt die für die Rücktransformation wichtigen geometrischen Zusammenhänge, projiziert auf die Ebene E_1, die der $x_1 y_1$-Ebene von $\{K_1\}$ entspricht. Der dargestellte Punkt H stellt somit die Projektion des Handwurzelpunktes auf die Ebene E_1 dar. Falls der Unterarm nicht gestreckt ist, gibt es zwei Möglichkeiten, U_1 mit H zu verbinden, und damit je zwei Lösungen für q_2 und q_3. Diese können über die vier zusätzlich in Bild 4.12 definierten Hilfswinkel[5] α, β, γ und ε berechnet werden. Für die beiden Lösungen für q_2 erhält man damit

$$q_{21} = \alpha - \beta; \quad q_{22} = \alpha + \beta; \tag{4.8}$$

Man beachte, dass das Vorzeichen der Winkel von der Drehrichtung abhängt, definiert durch die Pfeilspitze des Winkelbogens. Der Drehsinn wird bestimmt durch die Richtung des Drehvektors. Bild 4.12 stellt die Geometrie für den Spezialfall dar, dass sich A_3 und A_4 schneiden, ein Abstandsvektor zwischen ihnen also nicht definiert ist. Im allgemeinen Fall schneiden sich A_3 und A_4 nicht. Dies zeigt Bild 4.13. Der Winkel q_3 wird durch die x_2- und x_3-Achse der zugeordneten Ortskoordinatensysteme aufgespannt. Da das Dreieck $U_2 U_3 H$ rechtwinklig ist, erhält man über dessen Winkelsumme

$$\delta = \pi - \gamma; \quad \pi/2 - \varepsilon = \delta - q_{31}$$
$$q_{31} = -\gamma + \pi/2 + \varepsilon \ . \tag{4.9}$$

Auf gleiche Weise ergibt sich im Dreieck $U_2' U_3' H$

$$q_{32} = \gamma - 3\pi/2 - \varepsilon \ . \tag{4.10}$$

Das in Bild 4.12 dargestellte Viereck $U_1 U_2' H U_2$ ist ein Drachenviereck[6] mit der Strecke $U_1 H$ als Symmetrieachse. Der Winkel α wird aus den Koordinaten h_{x1}, h_{y1} von H, bezogen auf die $x_1 y_1$-Ebene, berechnet. Es gilt:

$$\alpha = a\tan2(h_{y1}, h_{x1}); \quad -\pi \leq \alpha \leq \pi \tag{4.11}$$

Für die Berechnung von γ wird das Dreieck $U_1 H U_2$ betrachtet. Da die Strecken oa und ua vorgegeben sind, muss H so definiert sein, dass die resultierende Seitenlänge l die *Dreiecksungleichung* erfüllt. Außerdem darf l nicht null sein.

$$|oa - ua| \leq l \leq |oa + ua|$$

---

[5]   Diese Winkel haben mit den ZYZ-Eulerwinkeln gleichen Namens nichts zu tun.

[6]   Beim Drachenviereck ist eine Diagonale Symmetrieachse und die zweite Diagonale schneidet diese rechtwinklig.

Mit Hilfe des Kosinussatzes aus Formel (2.1) erhält man:

$$l^2 = oa^2 + ua^2 - 2\, oa\ ua \cos\gamma; \quad \gamma = a\cos\left(\frac{oa^2 + ua^2 - l^2}{2\, oa\ ua}\right) \tag{4.12}$$

Bei der Anwendung der inversen trigonometrischen Funktionen muss der eingeschränkte verfügbare Wertebereich beachtet werden. Für die *acos*-Funktion beträgt er $0 \leq \gamma \leq \pi$. Dies stimmt mit dem zu lösenden geometrischen Problem überein, denn das Dreieck $U_1 H U_2$ kann maximal gestreckt sein, so dass γ nicht größer als π werden kann.

Die Seitenlänge l des Dreiecks $U_1 H\, U_2$ wird durch die Koordinaten h_{x1}, h_{y1} des Handwurzelpunktes H, bezogen auf das Ortskoordinatensystem K_1 der Achse A_2, bestimmt.

$$l = \sqrt{h_{x1}^2 + h_{y1}^2}\ . \tag{4.13}$$

Die x-Koordinate h_{x1} von H bezüglich des Koordinatensystems K_1 entspricht dem Abstand der Projektion von H auf die $x_0 y_0$-Ebene von K_0, abzüglich des senkrechten Abstands a_1 der A_2-Achse von der A_1-Achse (Siehe auch Bild 4.5). Die y-Koordinate h_{y1} entspricht der z-Koordinate von H bezüglich K_0, abzüglich des Abstands d_1 des Ursprungs von K_1 von der $x_0 y_0$-Ebene. Dabei muss beachtet werden, dass die y_1-Achse genau entgegengesetzt zur z_0-Achse gerichtet ist. Somit ergibt sich:

$$h_{x1} = \sqrt{h_{x0}^2 + h_{y0}^2} - a_1\,; \quad h_{y1} = -(h_{z0} - d_1) \tag{4.14}$$

Sollte das Basiskoordinatensystem des Roboters *BAS* nicht mit dem Weltkoordinatensystem übereinstimmen, muss H erst noch in dieses Koordinatensystem transformiert werden. Das Basiskoordinatensystem wird durch das Ortskoordinatensystem K_0 dargestellt.

Für die Berechnung von β wird die Länge l_1 benötigt. Diese berechnet sich über die Dreiecke $U_1 S U_2$ und $U_2 S H$, die beide bei S rechtwinklig sind und die gemeinsame Seite k besitzen. Durch Gleich- und Einsetzen bekommt man:

$$l_1 = \frac{oa^2 - ua^2 + l^2}{2l}$$

$$oa \cos\beta = l_1; \quad \beta = a\cos\left(\frac{oa^2 - ua^2 + l^2}{2\, l\, oa}\right); \quad 0 \leq \beta \leq \pi \tag{4.15}$$

Der Winkel ε wird berechnet mit:

$$\varepsilon = a\tan\left(\frac{a_3}{d_4}\right) \tag{4.16}$$

Wichtig – Winkelberechnung

Für die Winkelberechnung werden die drei Funktionen acos, atan, atan2 benutzt. Dabei müssen die Wertebereiche dieser Funktionen besonders beachtet werden. Die acos-Funktion wird im Rahmen des Kosinussatzes benutzt und liefert positive Winkel im Bereich $0 <= \varphi <= \pi$. Die tan-Funktion liefert Winkel im ersten und vierten Quadranten eines Koordinatensystems mit $-\pi/2 <= \varphi <= \pi/2$. Schließlich liefert atan2 Winkel in allen vier Quadranten eines Koordinatensystems mit $-\pi <= \varphi <= \pi$.

Zusammenfassend ergibt sich als Rechenweg für die Rücktransformation einer Kinematik, bestehend aus zwei parallelen Drehachsen:

1. Transformation von ^{BAS}H in das A_2-Koordinatensystem K_1, dies ergibt h_{x1}, h_{y1}.

2. Berechnung der Strecken

$$oa = a_2; \quad ua = \sqrt{a_3^2 + d_4^2} \; ; \; l = \sqrt{h_{x1}^2 + h_{y1}^2}$$

3. Berechnung der Hilfswinkel

$$\alpha = a\tan2(h_{y1}, h_{x1}) \qquad \beta = a\cos\left(\frac{oa^2 - ua^2 + l^2}{2\,l\,oa}\right)$$

$$\gamma = a\cos\left(\frac{oa^2 + ua^2 - l^2}{2\,oa\,ua}\right) \quad \varepsilon = a\tan(a_3 / d_4)$$

4. Berechnung der Achswinkel
   1. Lösung: $q_{21} = \alpha - \beta; \quad q_{31} = -\gamma + \pi/2 + \varepsilon$
   2. Lösung $q_{22} = \alpha + \beta; \quad q_{32} = \gamma - 3\pi/2 - \varepsilon$

Listing 4.6 zeigt eine Implementierung der Rücktransformation. Eingangsparameter sind die kartesische Position und Orientierung des Handwurzelpunkts in Weltkoordinaten, dargestellt als homogene Matrix H, und die Auswahlparameter für die gewünschte Roboterkonfiguration kf. Geliefert wird der zweidimensionale Robotervektor q.

Listing 4.6 Implementierung der Rücktransformation für zwei parallele Drehachsen

```
function [q] = rtraf_2_dreh_p(H,kf,robot)
dhp = robot.dhp;
bas = robot.bas;              % Roboter-Basiskoordinatensystem
ef = robot.ef;               % Effektor-Transformation
hx0=H(1,4); hy0=H(2,4); hz0=H(3,4);

% Transformation von H nach K1

hy1=-(hz0-dhp(1,4));                    % d1
hx1=sqrt(hx0^2+hy0^2)-dhp(1,5);        % a1
% Berechnung der Strecken
```

```
oa=dhp(2,5); % a2
ua=sqrt(dhp(3,5)^2+dhp(4,4)^2); % a3, d4

l=sqrt(hx1^2+hy1^2);
if (oa+ua<l | norm(oa-ua)>l | l<eps )
    error('H ausserhalb der Reichweite');
    q=[0 0];
    return
end


% Hilfswinkel
alpha=atan2(hy1,hx1);
epsilon=atan(dhp(3,5)/dhp(4,4)); % atan(a3/d4)
beta=acos( (oa^2-ua^2+l^2)/(2*l*oa) );
gamma=acos( (oa^2+ua^2-l^2)/(2*oa*ua) );


% Achswinkel für A2, A3
if   kf==1           % 1. Lösung
    q2=alpha-beta;
    q3=-gamma+pi/2+epsilon;
elseif kf==2         % 2. Lösung
    q2=alpha+beta;
    q3=gamma-3*pi/2+epsilon;
end
q(1)=q2; q(2)=q3;
```

Die implementierte Funktion `rtraf_2_dreh_p` soll nun getestet werden. Die dazu verwendete Testprozedur zeigt Listing 4.7. Die Variable `robot` repräsentiert die Kinematikparameter. Es werden vier Bewegungsachsen definiert, da zur Festlegung des Handwurzelpunktes H der Schnittpunkt von A_4 und A_5 benötigt wird. Eine Drehung findet jedoch nur um die Achsen A_2, A_3 statt. Darauf bezieht sich auch die getestete Rücktransformation.

Die erzeugt Grafik ist in Bild 4.14 dargestellt. Durch Vorgabe der Winkel und Vorwärtstransformation mit `koortraf` wird der Roboter mit horizontal gestrecktem Arm dargestellt (Pose 1). In Pose 2 sind *oa, ua* und *l* so gewählt, dass ein gleichseitiges Dreieck entsteht. Es wird die zweite Lösung `kf=2` mit Ellbogen nach unten gewählt. Da in einem gleichseitigen Dreieck alle Innenwinkel 60° betragen, muss q_2 diesen Wert ebenfalls aufweisen. In den Posen 3 bis 5 wird H auf einer vertikalen Geraden verfahren, mit `kf=1`, Ellbogen nach oben.

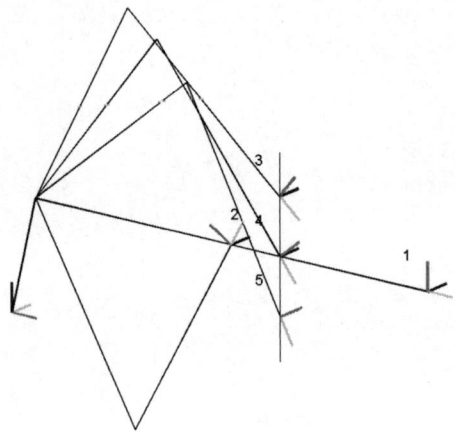

Bild 4.14 Grafikausgabe für den Test der
Rücktransformation für zwei
parallele Achsen

Listing 4.7 Testprozedur der Rücktransformation für zwei parallele Achsen

```
%              atyp   vorz   theta    d      a       alpha
%             (1/2)  (1/-1)
robot.dhp = [ 1      1      0        0.2    0       -pi/2;
              1      1      0        0      0.4     0;
              1      1      -pi/2    0      0       -pi/2;
              1      1      0        0.4    0       pi/2;    ];

ks_linie=0.05;
dhp=robot.dhp;
hold on

% Pose 1, Vorwärtstransformation, Arm gestreckt
ww=[0 0 -pi/2 0 ];
koor=koortraf(ww,robot);
[zz nk]=size(koor);
zeichne_kin_kette(koor, ks_linie);
num=1; % Nummer der Pose
text(koor{6}(1,4),koor{6}(2,4),koor{6}(3,4)+0.05,num2str(num))

% Pose 2, Rücktransformation
% oa, ua und l bilden ein gleichseitiges Dreieck
H=eye(4); H(1:3,4)=[0.4 0 0.2];
q2d= rtraf_2_dreh_p(H,2,robot);   % 2. Lösung
ww=[0 q2d(1) q2d(2) 0 ];
koor=koortraf(ww,robot);
zeichne_kin_kette(koor, ks_linie);
num=2;
text(koor{6}(1,4),koor{6}(2,4),koor{6}(3,4)+0.05,num2str(num));
```

```
% Pose 3-5, Rücktransformation, H liegt auf einer Geraden,
for dd=0.3:-0.1:0.1
    H(1:3,4)=[0.55 0 dd];
    q2d= rtraf_2_dreh_p(H,1,robot); % 1. Lösung
    ww=[0 q2d(1) q2d(2) 0 ];
    koor=koortraf(ww,robot);
    num=num+1;
    text(koor{6}(1,4),koor{6}(2,4),koor{6}(3,4)+
        0.05,num2str(num));
    zeichne_kin_kette(koor, ks_linie);
end
```

Hinweis – Funktion `koortraf`

Im Unterschied zur Funktion `vtraf` liefert `koortraf` zusätzlich alle Ortskoordinatensysteme der Bewegungsachsen und das Basiskoordinatensystem für einen Roboter mit n Achsen. Der Funktionswert ist vom Typ *Cell Array*. Der Indexwert 1 liefert das Basiskoordinatensystem, die Indizes 2 *bis (n-1)* die sechs Ortskoordinatensysteme und Index n das Effektorkoordinatensystem. Alle Koordinatensysteme sind bezogen auf das jeweilige Vorgängersystem, das Basiskoordinatensystem ist bezogen auf *Welt*. Die Funktion `koortraf` wird verwendet, um eine kinematische Kette grafisch darzustellen.

Rücktransformation für eine weitere orthogonale Drehachse

Im nächsten Erweiterungsschritt wird eine weitere Achse A_1 mit der Achsvariablen q_1 hinzugefügt, die orthogonal zu A_2 und A_3 ausgerichtet ist. Die Ebene E_1, die der $x_1 y_1$-Ebene des Ortskoordinatensystems $\{K_1\}$ der Achse A_2 entspricht, enthält somit die Achse A_1 und steht orthogonal auf der $x_0 y_0$-Ebene von $\{K_0\}$ (Bild 4.5). Die räumliche Ausrichtung von E_1 wird nur durch den Handwurzelpunkt H bestimmt. Für die Achsvariable von A_1 ergeben sich die beiden Lösungen q_{11} und $q_{12} = q_{11} + \pi$. Bild 4.15 zeigt im linken Teil die $x_0 y_0$-Ebene mit der durch die orthogonale Ebene E_1 hervorgerufenen Schnittgeraden g_1. H entspricht wieder dem Handwurzelpunkt, projiziert auf E_1.

Das rechte Teilbild zeigt die $x_0' z_0$-Ebene. Der um q_{11} oder q_{12} gedrehte Vektor $\vec{x}_0'$ liegt auf g_1. Der Winkel α entspricht dem gleichnamigen Winkel in Bild 4.12. Er dient der Berechnung von q_2 und q_3.

Für die beiden Lösungen für q_1 erhält man

$$q_{11} = a\tan 2(h_{y0}, h_{x0}); \quad q_{12} = q_{11} + \pi \qquad (4.17)$$

Eine Lösung für q_1 erhält man jedoch nur, wenn die Projektion von H auf die $x_0 y_0$-Ebene von K_0 einen Vektor ungleich null ergibt. Ansonsten wird festgesetzt $q_{11} = q_{12} = 0$.

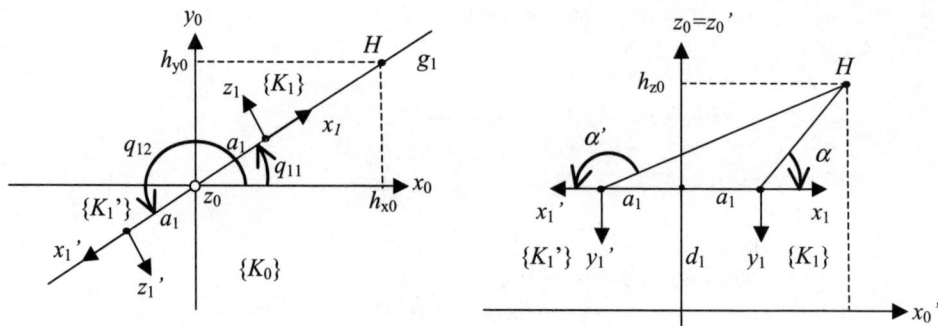

Bild 4.15 Darstellung der Mehrdeutigkeit für A_1 - A_2/A_3

Die beiden möglichen Achswerte q_{11} und q_{12} haben zwei verschiedene Ortskoordinaten-systeme K_1 und K_1' für die Achse A_2 zur Folge. Für die Koordinaten des Punktes H bezüglich dieser beiden Koordinatensysteme K_1 und K_1' ergeben sich:

$$h_{x11} = \sqrt{h_{x0}^2 + h_{y0}^2} - a_1; \quad h_{x12} = -\sqrt{h_{x0}^2 + h_{y0}^2} - a_1;$$

$$h_{y11} = h_{y12} = -(h_{z0} - d_1) \tag{4.18}$$

Mit diesen Daten werden nun die Lösungen der Rücktransformation für q_2 und q_3 berechnet. Damit ergeben sich insgesamt vier Lösungen für die Rücktransformation der Grundachsen des Gelenkarmroboters, die in Tabelle 4.5 dargestellt sind.

Tabelle 4.5 Lösungen $L1$ bis $L4$ für die Rücktransformation der Grundachsen eines Gelenkarmroboters

Lösungen	A_1	h_{x1}	A_2	A_3
L1	q_{11} (vorne)	h_{x11}	q_{21} (Ellbogen oben)	q_{31}
L2	q_{11} (vorne)	h_{x11}	q_{22} (Ellbogen unten)	q_{32}
L3	q_{12} (hinten)	h_{x12}	q_{23} (Ellbogen unten)	q_{33}
L4	q_{12} (hinten)	h_{x12}	q_{24} (Ellbogen oben)	q_{24}

Listing 4.8 zeigt die Implementierung der Rücktransformation für die drei Grundachsen des Gelenkarmroboters. Zusätzlich zum Code, dargestellt in Listing 4.6, wird eine der beiden Lösungen für q_1 berechnet und in Abhängigkeit davon die Lage von H im Koordinatensystem K_1 der Achse A_2 bestimmt. Darauf aufbauend werden die beiden Lösungen für q_2 und q_3 bestimmt.

Bild 4.16 zeigt die grafische Darstellung der vier Lösungsmöglichkeiten für die Grundachsen. Die Zielpunkte H sind dabei wegen besserer Übersichtlichkeit jeweils in Richtung der y_0-Achse verschoben. Die Zahlen entsprechen den Lösungen $L1$ bis $L4$ in Tabelle 4.5

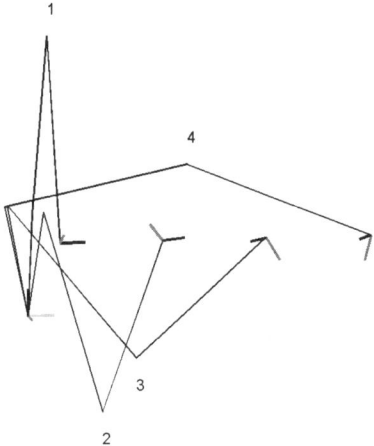

Bild 4.16 Darstellung der vier möglichen Lösungen für die Rücktransformation eines Gelenkarmroboters mit drei orthogonalen Grundachsen

Listing 4.8 Implementierung der Rücktransformation für die drei Grundachsen eines Gelenkarmroboters

```
function [q] = rtraf_3_dreh_orth(H,kf,robot)
            -- wie Listing 4.6 --


% Transformation von H nach K1
hy1=-(hz0-dhp(1,4));                    % d1


% Berechnung von hx1, hx2, q1 in Abhängigkeit
% der gewählten Konfiguration
if  kf==1 | kf==2           % Lösung 1 und Lösung 2
    q1=atan2(hy0,hx0);
    hx1=sqrt(hx0^2+hy0^2)-dhp(1,5);     % a1
elseif kf==3 | kf==4        % Lösung 3 und Lösung 4
    q1=atan2(hy0,hx0)+pi;
    hx1=-sqrt(hx0^2+hy0^2)-dhp(1,5);    % a1
end
q(1)=q1;

            -- wie Listing 4.6 --
```

Rücktransformation für Zentralhand und gesamte Kinematik

Wie bereits dargelegt, kann die Rücktransformation für die Handachsen mit Hilfe der inversen *ZYZ*-Eulertransformation durchgeführt werden. Damit ergibt sich für die gesamte Rücktransformation eines 6-achsigen Gelenkarmroboters mit Zentralhand der folgende Algorithmus:

1. Da das Basiskoordinatensystem *BAS* des Roboters vom Weltkoordinatensystem abweichen kann, müssen zunächst die Zielposition und Orientierung, dargestellt durch $^W\!ZF$, nach *BAS* transformiert werden.

2. Ein Roboter ist in der Regel mit einem Effektor ausgestattet. Über die Effektortransformation *EF* wird aus $^{BAS}\!ZF$ das Flanschkoordinatensystem $^{BAS}\!FL$ berechnet.

3. Der Ortsvektor $\vec{h}$ des Handwurzelpunkts *H* wird mit Formel (4.6) aus dem Flanschkoordinatensystem $^{BAS}\!FL$ errechnet:

   $$\vec{h}=\vec{u}_F-\vec{z}_F d_6 \ .$$

4. Damit können die Grundachsenwinkel q_1, q_2, q_3 ermittelt werden. In der Regel gibt es vier verschiedene Lösungen.

5. Die Kenntnis der Grundachsenwinkel ermöglicht die Orientierung *OH* im Handwurzelpunkt zu berechnen. Sie entspricht der Orientierung von K_3.

   $$K_3 = DH_{0,1}(q_1)\cdot DH_{1,2}(q_2)\cdot DH_{2,3}(q_3) \tag{4.19}$$

6. Anschließend müssen die Handachsenwinkel so bestimmt werden, dass damit die Orientierung *OH* im Handwurzelpunkt in die Orientierung *OF* des Flanschkoordinatensystems $FL=K_6$ überführt wird. Für diese Differenzorientierung *DO* gilt

   $$DO=OH^{-1}\cdot OF \ . \tag{4.20}$$

7. Die Handachsenwinkel werden mit der inversen Eulertransformation berechnet. Über `kf` wird eine von zwei Lösungen ausgewählt.

   ```
   [q4 q5 q6 ]=inv_zyz_euler(DO,kf)
   ```

Tabelle 4.6 definiert die Zuordnung der Konfigurationsnummern `kf` zu den dadurch bewirkten Roboterkonfigurationen. Die folgenden Alternativen sind gegeben:

- Die Vorderseite des Roboters kann nach *vorne* oder *hinten* gerichtet sein.
- Der Ellbogen kann nach *oben* oder *unten* zeigen.
- Die Hand kann *gerade* oder *gedreht* sein.

Das Listing 4.9 zeigt die vollständige Implementierung der gesamten Rücktransformation.

Tabelle 4.6 Zuordnung von Konfigurationsnummer und resultierender Roboterkonfiguration

Konfiguration `kf`	A1-A2/3 Vorderseite	A2/A3 Ellbogen	A/4/5/6 Hand
1	vorne	oben	direkt
2	vorne	oben	gedreht
3	vorne	unten	direkt
4	vorne	unten	gedreht
5	hinten	unten	direkt
6	hinten	unten	gedreht
7	hinten	oben	direkt
8	hinten	oben	gedreht

Listing 4.9 Vollständige Implementierung der Rücktransformation

```
function [q] = rtraf_6_gelenk(ZF,kf,robot)


% Eingangsparameter:
% ZF: Ziel-Frame in Weltkoordinaten, [4 4] Array;
% kf: gewählte Roboterkonfiguration 1-8
%            1: q11, q21, q31, q41, q51, q61,
%            2: q11, q21, q31, q42, q52, q62,
%            3: q11, q22, q32, q41, q51, q61,
%            4: q11, q22, q32, q42, q52, q62,
%            5: q12, q23, q33, q41, q51, q61,
%            6: q12, q23, q33, q42, q52, q62,
%            7: q12, q24, q34, q41, q51, q61,
%            8: q12, q24, q34, q42, q52, q62,
% robot:    Roboterparameter
%           robot.dhp   DH-Parameter, [n 6] Array
%           Spalten:    atyp  vorz  theta  d   a    alpha
%                       (0/1) (1/-1)
%           robot.ef:   Effektortransformation
%           [4 4] Array
%           robot.bas   Roboterbasis in Weltkoordinaten
%           [4 4] Array
%
% Rückgabeparameter:
% q:        Liste der Achswerte,[6] Array, Zeilenvektor
%           Angabe im Bogenmass oder in m.

if kf<1 | kf>8
    error('Wert für kf nicht 1<=kf<=8')
end


dhp = robot.dhp;
BAS = robot.bas;        % Roboter-Basiskoordinatensystem
EF = robot.ef;          % Effektor-Transformation


% Flanschtransformation
FL=inv(BAS)*ZF*inv(EF);


% Handwurzelpunkt
hwp= FL(1:3,4)-FL(1:3,3)*dhp(6,4); % hwp=uf-zf*d6
hx0=hwp(1); hy0=hwp(2); hz0=hwp(3);


% Achswinkel q1
% Transformation von H nach K1
hy1=-(hz0-dhp(1,4));          % d1-hz
```

```
    if   kf==1  |  kf==2  |  kf==3  |  kf==4
        q1=atan2(hy0,hx0);
        hx1=sqrt(hx0^2+hy0^2)-dhp(1,5);        % a1
    else
        q1=atan2(hy0,hx0)+pi;
        hx1=-sqrt(hx0^2+hy0^2)-dhp(1,5);
    end


    %  Berechnung der Strecken
    oa=dhp(2,5);  % a2
    ua=sqrt(dhp(3,5)^2+dhp(4,4)^2);  % a3, d4

    l=sqrt(hx1^2+hy1^2);
    if (oa+ua<l  |  norm(oa-ua)>l  |  l<eps )
        error('H ausserhalb der Reichweite');
        return
    end


    %  Hilfswinkel
    alpha=atan2(hy1,hx1);
    epsilon=atan(dhp(3,5)/dhp(4,4));  % atan(a3/d4)
    beta=acos(  (oa^2-ua^2+l^2)/(2*l*oa)  );
    gamma=acos(  (oa^2+ua^2-l^2)/(2*oa*ua)  );


    %  Achswinkel q2, q3
    if   kf==1  |  kf==2  |  kf==5  |  kf==6
        %q2=-alpha-beta; % z1-Achse zeigt in die Ebene
        q2=alpha-beta;  % z1-Achse zeigt in die Ebene
        q3=-gamma+pi/2+epsilon;
    else
        q2=alpha+beta;  % z1-Achse zeigt in die Ebene
        q3=gamma-3*pi/2-epsilon; % ?? -gamma, ?? -epsilon
    end
    q(1)=q1; q(2)=q2; q(3)=q3;


    %  Orientierung im HWP
    K3=eye(4);
    for ii=1:3
        vorz=dhp(ii,2);
        if dhp(ii,1)==1       % Drehachse
            traf=dh_trafo(dhp(ii,3)+vorz*q(ii),dhp(ii,4),
                          dhp(ii,5),dhp(ii,6));
        else
            error('es dürfen nur Drehachsen definiert sein')
        end
```

```
        K3=K3*traf;
    end
    OH=K3(1:3,1:3);
```

% **Differenzorientierung**
```
    OF=FL(1:3,1:3);
    DF=inv(OH)*OF;
```

% **Handwinkel q4, q5, q6**
```
    if kf==1|kf==3|kf==5|kf==7 % direkt
        [aw bw gw ]=inv_zyz_euler(DF,1);
        q(4)=aw; q(5)=bw; q(6)= gw;
    else                       % gedreht
        [aw bw gw ]=inv_zyz_euler(DF,2);
        q(4)=aw; q(5)=bw; q(6)= gw;
    end
```

Die Bilder 4.17 bis 4.20 zeigen die acht verschiedenen Roboterkonfigurationen für eine vorgegebene Zielposition *ZF*. Außerdem sind die aus der Rücktransformation resultierenden Achswinkel des Roboters angegeben.

$$ZF = \begin{array}{rrrr} -1 & 0 & 0 & 0.4 \\ 0 & 0 & -1 & -0.2 \\ 0 & -1 & 0 & 0.7 \\ 0 & 0 & 0 & 1 \end{array}$$

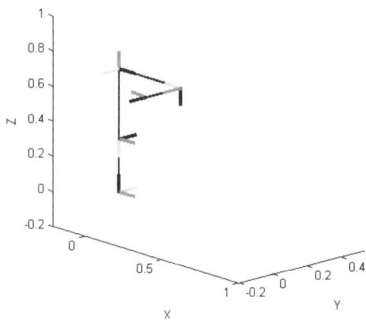
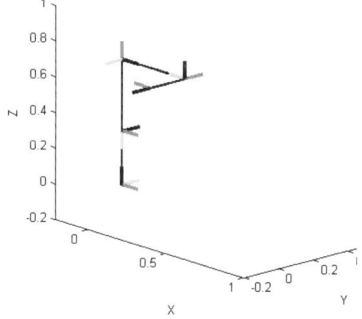

Bild 4.17 a) kf=1   b) kf=2
          rtrafw = 0 -90 0 90 90 0   rtrafw = 0 -90 0 -90 -90 -180

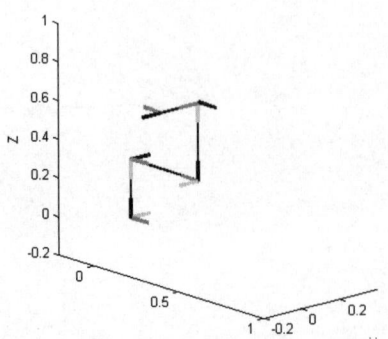

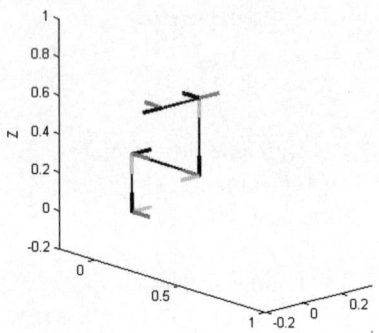

Bild 4.18 a) kf=3   b) kf=4
        rtrafw = 0 0 -180 90 90 -90   rtrafw = 0 0 -180 -90 -90 90

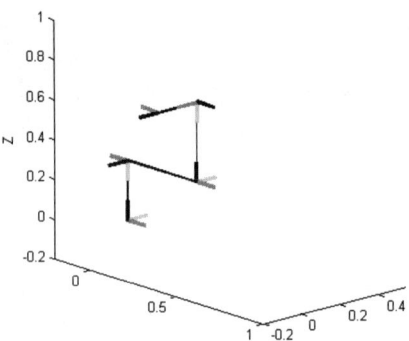

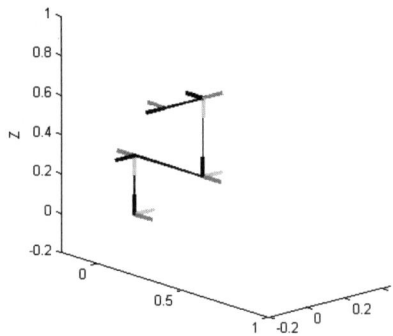

Bild 4.19 a) kf=5   b) kf=6
        rtrafw = 180 -180 0 -90 90 -90   rtrafw = 180 -180 0 90 -90 90

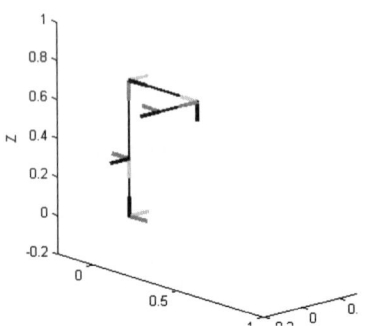

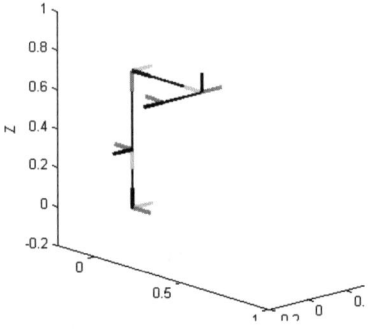

Bild 4.20 a) kf=7   b) kf=8
        rtrafw = 180 -90 -180 -90 90 0   rtrafw = 180 -90 -180 90 -90 180

4.5 Zusammenfassung

Bei einer abstrakten Betrachtung besteht ein Roboter aus einer Anzahl starrer Körper, die durch Gelenke miteinander verbunden sind. Die mathematische Darstellung dieses kinematischen Modells basiert auf den Transformationen nach *Denavit-Hartenberg*. Sie beschreiben die relativen Transformationen zwischen den Ortskoordinatensystemen der Gelenkachsen durch vier Parameter. Ausführlich behandelt wurden drei in der Praxis häufig vorkommende kinematische Strukturen – Gelenkarmroboter, Portalroboter und SCARA-Roboter.

Die Benutzung des Kinematikmodells erfolgt über zwei Funktionen, Vorwärts- und Rücktransformation. Die Vorwärtstransformation ist eine eindeutige Abbildung des Robotervektors auf die Weltkoordinaten des Effektors. Die Rücktransformation berechnet für die in Weltkoordinaten vorgegebene Position und Orientierung des Effektors den Robotervektor. In Abhängigkeit der besonderen kinematischen Struktur gibt es dafür mehrere, bei einer singulären Pose auch unendlich viele Lösungsvektoren. Besonders betrachtet wird die Rücktransformation für den sechsachsigen Gelenkarmroboter mit Zentralhand. Auf Grund seiner besonderen Struktur lässt sich dafür ein analytisches Lösungsverfahren anwenden. Wesentlich dabei ist, dass der Handwurzelpunkt ohne Kenntnis der Handwinkel bestimmt werden kann. Die Grundachsenwinkel werden durch die Auswertung spezieller geometrischer Relationen berechnet, die Handwinkel über die inverse Eulertransformation. Die Auswahl eines bestimmten Lösungsvektors der Rücktransformation erfolgt über einen Konfigurationsparameter.

Wichtige Begriffe und Methoden

- Geometrische Beschreibung einer Bewegungsachse als z-Achse eines Koordinatensystems
- Definition der relativen Lage eines Folgekoordinatensystems durch den Lotfußpunkt der Folgegerade, deren Abstands- und Richtungsvektor
- Zusatzregeln für den Spezialfall von parallelen oder sich schneidenden Folgegeraden
- Darstellung der Transformation zum Folgekoordinatensystem durch die vier DH-Parameter θ, d, a, α
- Grundachsen in der Praxis: Gelenkarmroboter, Portalroboter, SCARA-Roboter
- Handachsen in der Praxis: Zentralhand, Winkelhand
- Das Geometriemodell des Roboters wird durch eine Folge von Geraden in Punkt-Richtungsform dargestellt
- Die Implementierung erfolgt mit Hilfe von Funktionen der ROBOMATS-Bibliothek
- Für die grafische Darstellung werden die Funktionen `zeichne_gerade` und `zeichne_ks` zusätzlich implementiert
- Definition von Roboter- und Weltkoordinatensystem

- Vorwärtstransformation durch Berechnung des Mehrfachprodukts über alle Teiltransformationen, dargestellt durch homogene DH-Matrizen

- Analytische Verfahren für die Rücktransformation von speziellen kinematischen Strukturen, Berechnung des Handwurzelpunktes und dadurch entkoppelte Berechnung von Grund- und Handachsen

- Auswahl bei Mehrfachlösungen durch Vorgabe der Roboterkonfiguration *kf*

- Programmentwicklung der in der Praxis wichtigen Rücktransformationen für zwei parallele Drehachsen, eine zusätzliche orthogonale Drehachse, Zentralhand

- Analytische Rücktransformation der Achswinkel für die Zentralhand mit Hilfe der inversen ZYZ-Eulertransformation

- Winkelberechnung durch Kosinussatz (Winkelbereich 180°), atan-Funktion
  (Winkelbereich 180°), atan2-Funktion (Winkelbereich 360°)

4.6   Aufgaben

Aufgabe 4.1

Vorgegeben ist die Anordnung der Grundachsen eines Gelenkarmroboters.

a) Tragen Sie in eine Zeichnung die z-Achsen der Ortskoordinatensysteme im Vergleich zu Bild 4.5 in entgegengesetzter Richtung ein.
b) Ermitteln Sie die resultierenden DH-Parameter.
c) Erstellen Sie ein Testprogramm, das für ausgewählte Raumpunkte die Gleichheit der Ergebnisse für Vorwärts- und Rücktransformation für die beiden DH-Parametersätze aufzeigt.

Aufgabe 4.2

Betrachtet wird die Rücktransformation für zwei parallele Drehachsen.

a) Wählen Sie oa, ua, h_{x1}, h_{y1} so, dass gilt: $\alpha = \beta = \gamma = 60°; \varepsilon = 0°$.
b) Berechnen Sie die resultierenden Roboterkoordinaten $q_{21}, q_{22}, q_{31}, q_{32}$ und überprüfen Sie diese an Hand der Zeichnung.
c) Schreiben Sie ein Programm, das die Vorgabe des Handwurzelpunktes H in Polarkoordinaten erlaubt und das die daraus folgenden beiden Lösungen für den Zweigelenkroboter grafisch anzeigt.

Aufgabe 4.3

Es soll der Einfluss des Winkels ε untersucht werden.

a) Erweitern Sie das Programm von Aufgabe 4.2 um die zusätzliche Eingabe des DH-Parameters a_3, der den Winkel ε bestimmt.
b) Überprüfen Sie an Hand ausgewählter Vorgaben für H den Einfluss von a_3 auf die Roboterkoordinaten q_{31}, q_{32}.

Aufgabe 4.4

Ermitteln Sie die Ortskoordinatensysteme und DH-Parameter für die folgenden kinematischen Strukturen

a) zwei orthogonale Drehachsen (Bild 4.21 a),
b) zwei orthogonale Dreh-/Schubachsen (Bild 4.21 b),
c) drei parallele Drehachsen (Bild 4.21 c).

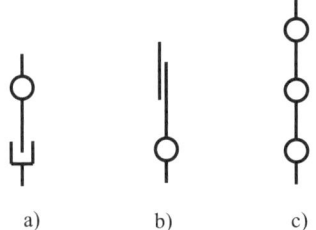

a)   b)   c)   **Bild 4.21** Kinematische Strukturen für Aufgabe 4.4

Aufgabe 4.5

Die Berechnung der Handachsenwinkel durch die inverse *ZYZ*-Eulertransformation soll untersucht werden. Dazu wird die Roboterpose in Bild 4.17 a) betrachtet.

a) Berechnen Sie die Orientierung im Handwurzelpunkt *HO* und die Differenzorientierung *DO*.
b) Ermitteln Sie die beiden Lösungen für die Handachsenwinkel q_4, q_5, q_6.
c) Zeichnen Sie die beiden Koordinatensysteme *HO'* und *HO''*, die sich nach Anwendung von q_4 und q_5 ergeben, für beide Lösungen der inversen Eulertransformation.

Aufgabe 4.6

Programmieren Sie die folgenden Rücktransformationen:

a) Grundachsen eines SCARA-Roboters (Achsfolge[7] *RRT*),
b) Grundachsen eines Roboters mit drei parallelen Drehachsen (Achsfolge *RRR*),
c) Grundachsen eines Portalroboters mit kartesischen Achsen (Achsfolge *TTT*).

---

[7] *R* steht für Rotation – Drehachse, *T* steht für Translation – Schubachse

Aufgabe 4.7

Gegeben ist ein Motorzylinder mit Pleuelstange und Kurbelwelle, dargestellt in Bild 4.22. Es soll die Stellung der Kurbelwelle q_1 in Abhängigkeit der Stellung des Zylinders q_4 berechnet werden.

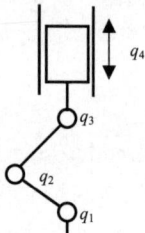

Bild 4.22 Kinematik eines Motorzylinders

a) Zeichnen Sie die Geraden für die Bewegungsachsen und tragen Sie die Ortskoordinatensysteme ein. Ermitteln Sie die DH-Parameter.
b) Erstellen Sie ein Programm, das die Drehwinkel q_1, q_2, q_3 in Abhängigkeit von q_4 ermittelt.
c) Erweitern Sie das unter b) realisierte Programm um eine Grafikausgabe.

Aufgabe 4.8

Es soll die Zwangsbewegung des Effektors auf einer Schiene für einen dreiachsigen Roboter berechnet werden. Die Kinematik ist in Bild 4.23 dargestellt.

a) Entwerfen Sie ein Verfahren, das die Schienenvariable q_4 in Abhängigkeit von q_1 berechnet.
b) Stellen Sie den zeitlichen Verlauf von $q_4(t)$ und $\dot{q}_4(t)$ grafisch dar. Es gilt:

$$q_1(0)=k_1 \,, \quad \dot{q}_1(t)=k_2 \,.$$

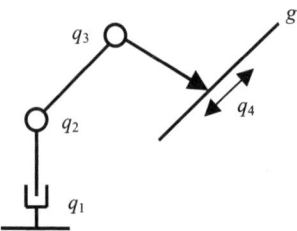

Bild 4.23 Zwangsbewegung des Effektors auf einer Schiene

5   Entwurf von Bahnsteuerungen

Zielsetzung

Die Bahnsteuerung ist der Kern der Steuerungssoftware. Durch sie wird ein Bahnsatz, der die Roboterbewegung aus Anwendersicht beschreibt, bezüglich eines konkreten Roboters berechnet und in Echtzeit ausgeführt. Zunächst werden in diesem Kapitel die benötigten mathematischen Verfahren behandelt. Dann erfolgen der Entwurf und die Implementierung einer kompletten Software für eine Bahnsteuerung.

Der erste Teil der behandelten Verfahren befasst sich mit der *Bahnplanung*. Die Aufgabe besteht in der vollständigen Vorausberechnung der Bewegungsbahn, einschließlich der Koordinierung aller Teilbewegungen. Der zweite Teil betrifft die sich daran anschließende zeitgesteuerte Ausführung der Bewegungsbahn, die *Interpolation*. Die Implementierung des Softwaremodells der Bahnsteuerung basiert auf dem Konzept der endlichen Automaten. Für den Test der Software soll die Bewegungsbahn als dreidimensionale Grafik dargestellt werden.

5.1   Prinzipien

5.1.1   Einbindung der Bahnsteuerung in den Datenfluss

Roboter führen Bewegungen aus, um mit einem Werkzeug Bearbeitungsprozesse auszuführen, um Werkstücke zu transportieren oder zu montieren. Der räumliche Verlauf und das Geschwindigkeitsprofil der Bewegungsbahn sind entweder durch das Anwendungsprogramm genau vorgegeben oder sie werden von der Steuerung automatisch im Sinne eines Optimierungskriteriums bestimmt, z.B. der minimalen Zeit. Sind Sensoren vorhanden, so kann die programmierte Bewegung während der Ausführung noch verändert werden, beispielsweise um den Abstand zu einer Oberfläche konstant zu halten oder um eine vorgegebene Kraft auszuüben. All diese Verfahren werden durch die Bewegungssteuerung realisiert. Für diese Komponente hat sich auch der Begriff *Bahnsteuerung* eingebürgert, der im Folgenden hauptsächlich verwendet wird.

Die Planung der Roboterbewegung ist eine komplexe Syntheseaufgabe, bei der zwei Vorgaben berücksichtigt werden müssen:

1. die Anforderungen aus der zu realisierenden Anwendung,
2. die Einschränkungen des eingesetzten Robotersystems.

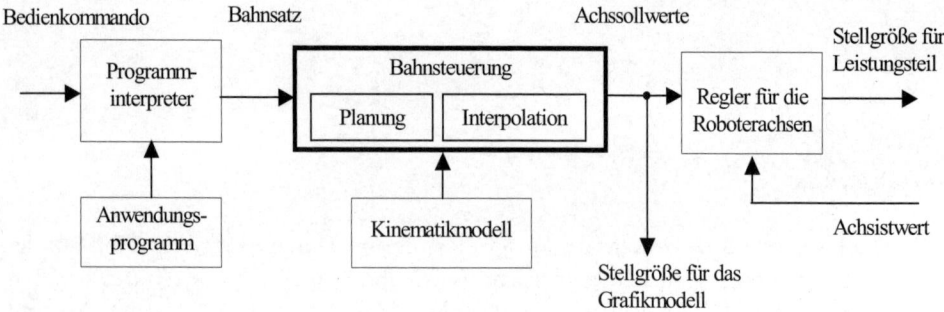

Bild 5.1 Einbindung der Bahnsteuerung in den Gesamtdatenfluss einer Robotersteuerung

Bild 5.1 zeigt die Einbindung der Bahnsteuerung in den gesamten Datenfluss. Durch ein Bedienkommando wird die Ausführung eines Anwendungsprogramms gestartet. Es enthält Bahnsätze, die in der programmierten Reihenfolge als Eingabedaten an die Bahnsteuerung übergeben werden. Die zeit- und raumbezogene Ausführung der Bewegungsbahn wird geplant, mit Hilfe des Kinematikmodells in Bewegungsprozesse der einzelnen Roboterachsen umgesetzt und dann ausgeführt.

Als Ausgabedaten liefert die Bahnsteuerung in einem festen zeitlichen Raster die *Sollwerte* an die Regelkreise (Abschnitt 1.3.1). Mit Hilfe der kontinuierlich gemessenen *Istwerte* erzeugen die *Regler* die *Stellgrößen* für die Regelstrecken. Diese bestehen aus dem Leistungsteil, den Antrieben und der Robotermechanik. Zwei Aufgaben hat die Regelung. Sie bewirkt einmal, dass die Istwerte den Sollwerten möglichst gut folgen. Weiter sollen Störeinflüsse durch den Roboter und wechselnde Traglasten möglichst gut kompensiert werden.

Der Bahnsatz beschreibt sowohl den räumlichen Verlauf der Bewegung, bezeichnet als *Trajektorie*, als auch deren zeitlichen Verlauf, das *Geschwindigkeitsprofil*. Die folgenden Teilinformationen werden in der Regel bereitgestellt:

• Trajektorie
    – Start- und Zielpunkt,
    – Zwischenpunkte (optional),
    – Verfahrart,
    – Information zur Abrundung der Trajektorie bei Zwischenpunkten (optional),
• Geschwindigkeitsprofil
    – Bahngeschwindigkeit,
    – Bahnbeschleunigung (optional),
    – Bahnschaltbedingungen (optional).

Die Bahnpunkte definieren Position, Orientierung und Armkonfiguration des Roboters. Sie werden entweder in *Roboterkoordinaten* oder in *Weltkoordinaten* mit Angabe der *Konfigura-*

tion dargestellt. Eine Bahn kann mit Hilfe von beliebig vielen Zwischenpunkten definiert werden. Die *Verfahrart* beschreibt, wie mit Hilfe der Bahnpunkte eine zusammenhängende Trajektorie definiert wird. Um Zwischenpunkte ohne Absenkung der Bahngeschwindigkeit passieren zu können, muss die Trajektorie abgerundet werden. Dies wird als *Überschleifen* bezeichnet.

Die programmierte Bahngeschwindigkeit ist eine Sollgeschwindigkeit. Ob sie erreicht wird, hängt von der Länge der Bahn, der Bahnbeschleunigung und den zulässigen Geschwindigkeiten und Beschleunigungen der Achsen ab. Die *Bahnschaltbedingungen* definieren, wann oder wo im Verlaufe einer Bewegung Signale erzeugt werden, die dann externe Prozesse steuern können, z.B. den Start einer Schweißoperation.

Für die Bahnsteuerung ergeben sich zwei Teilaufgaben, die entweder sequentiell oder zeitlich überlappend ausgeführt werden:

- *Bahnplanung*,
- Bahnausführung, auch bezeichnet als *Interpolation*.

5.1.2 Verfahrarten

Ein wesentlicher Unterschied besteht darin, ob eine Bahn bezogen auf Roboter- oder Weltkoordinaten geplant und ausgeführt wird. Dadurch ergeben sich die folgenden Merkmale:

Planung in Roboterkoordinaten – *PTP*

- Die Planung erfolgt bezüglich der nichtkartesischen Roboterkoordinaten.
- Die für die einzelnen Achsen vorgegebenen Grenzwerte für Ort/Winkel, Geschwindigkeit und Beschleunigung können leicht berücksichtigt werden.
- Das Ergebnis ist eine zeitoptimale Bewegungsbahn.
- Der sich ergebende Bahnverlauf ist während der Programmierung jedoch nur schwer abschätzbar, da er stark von der besonderen kinematischen Struktur des Roboters abhängt.
- Diese Verfahrart wird verwendet, wenn ein Zielpunkt möglichst schnell erreicht werden soll und der exakte räumliche Verlauf unkritisch ist. Dies ist vorwiegend bei Transport- und Anfahrbewegungen über größere Entfernungen der Fall.
- Da nur der Endpunkt der Bahn durch die Programmierung exakt definiert ist, wird die Bezeichnung *PTP* (Abkürzung für Point-To-Point) verwendet.

Planung in Weltkoordinaten – *CP*

- Die Planung erfolgt bezüglich der kartesischen Weltkoordinaten.
- Die Bewegung wird im gesamten Bahnverlauf exakt so ausgeführt, wie es das Anwendungsprogramm vorgibt. Roboterspezifische Besonderheiten haben im Unterschied zur PTP-Verfahrart keinen Einfluss.

- Die Bewegungsbahn kann deshalb genau an die Geometrie des Werkstücks angepasst werden.

- Die achsbezogenen Grenzwerte können bei der Planung nicht berücksichtigt, sondern nur bei der Ausführung überwacht werden.

- Folglich kann es auf Grund der Planung zu überhöhten Achsgeschwindigkeiten und Beschleunigungen kommen, die aber bei der Ausführung erkannt und unterbunden werden. Dies ist besonders ausgeprägt in der Umgebung von *Singularitäten* der Roboterkinematik (Abschnitt 4.4.1).

- Da der gesamte Bahnverlauf lückenlos definiert ist, wird die Bezeichnung *CP* (Abkürzung für Continuous Path) verwendet.

Basierend auf der grundlegenden Verfahrart *CP* gibt mehrere Varianten. Sie unterscheiden sich durch die Art der Raumkurve, auf der sich der TCP bewegt. Die wichtigsten Verfahrarten und die entsprechende Art der Raumkurve sind:

- *CPLIN*: Gerade
- *CPCIRC*: Kreis
- *CPSPL*: Spline[1]

Ausführlich werden im Folgenden die Verfahrarten *CPLIN* und *CPCIR* behandelt. Auf *CPSPL* wird im Rahmen dieses Buches nicht eingegangen.

5.2   Bahnplanung

5.2.1   Trajektorie

Die Geometrie einer Bewegungsbahn wird mathematisch als mehrdimensionale Funktionen der Zeit t dargestellt, entweder in Roboterkoordinaten mit $\vec{q}(t)$, oder in Weltkoordinaten mit $\vec{p}(t)$ oder $P(t)$. Der 6-dimensionale Vektor $\vec{p}(t)$ besteht im dreidimensionalen Raum aus drei Komponenten zur Darstellung des Orts und drei Komponenten zur Darstellung der Orientierung, beispielsweise mit Hilfe der *ZYZ*-Eulerwinkel α, β, γ. Ebenso können Ort und Orientierung durch eine homogene 4,4-Matrix $P(t)$ dargestellt werden.

---

[1]   Spline-Kurven sind eine Methode, um völlig frei geformte Raumkurven mathematisch darzustellen. Dazu werden beliebig viele Stützpunkte vorgegeben, die durch Polynome niederer Ordnung verbunden werden.

$$\vec{q}(t)=\begin{bmatrix} q_1(t) \\ \vdots \\ q_n(t) \end{bmatrix}; \quad \vec{p}(t)=\begin{bmatrix} x(t) \\ y(t) \\ z(t) \\ \alpha(t) \\ \beta(t) \\ \gamma(t) \end{bmatrix}; \quad P(t)=\begin{bmatrix} \vec{x}(t) & \vec{y}(t) & \vec{z}(t) & \vec{u}(t) \\ 0 & 0 & 0 & 1 \end{bmatrix}.$$

Interpolationsvektor

Der Interpolationsvektor $\vec{s}(t)$ beschreibt die Abhängigkeit des Weges oder der Winkelstellung von der Zeit. Je nach Verfahrart hat er eine spezifische Bedeutung:

- PTP
  Der Interpolationsvektor beschreibt die Achswinkel oder die Achsverschiebung, je nachdem ob es sich um eine Dreh- oder Schubachse handelt.

- CPLIN
  Der Interpolationsvektor beschreibt den zurückgelegten Weg des TCP auf einer Linearbahn und die Winkel für die Veränderung der Orientierung.

- CPCIR
  Der Interpolationsvektor beschreibt den zurückgelegten Weg des TCP auf einer Kreisbahn und die Winkel für die Veränderung der Orientierung.

Der funktionelle Zusammenhang zwischen dem Interpolationsvektor $\vec{s}(t)$ und der Zeit wird auf Grund des angewandten Geschwindigkeitsprofils bestimmt (Abschnitt 5.2.2). Somit gilt:

$$\vec{q}(t)=\vec{q}(\vec{s}(t)); \quad \vec{p}(t)=\vec{p}(\vec{s}(t)); \quad P(t)=P(\vec{s}(t))$$

Verfahrart PTP

Anfangs- und Endpunkt der Bahn sind durch die Robotervektoren $\vec{q}_1(t)$ und $\vec{q}_2(t)$ gegeben. Die Interpolation erfolgt mit Hilfe des Interpolationsvektors $\vec{s}(t)$ in der Gesamtzeit t_g. Es gilt:

$$\vec{q}(t)=\vec{q}_1+\vec{s}(t); \quad \vec{s}(0)=\vec{0}; \quad \vec{s}(t_g)=\vec{s}_g=\vec{q}_2-\vec{q}_1$$

Die resultierende Bahn des Effektors in Weltkoordinaten kann mit Hilfe der Vorwärtstransformation, die auf das Kinematikmodell zugreift, ermittelt werden.

$$P(t)=vtraf(\vec{q}(t))$$

Verfahrart CPLIN

Vorgegeben sind Anfangs- und Endpunkt der Bahn durch die beiden Bahnpunkte P_1, P_2, jeweils dargestellt als Frame. Damit definieren diese sowohl die Position als auch die Orientierung.

$$P_1 = \begin{bmatrix} O_1 & \vec{u}_1 \\ \vec{0} & 1 \end{bmatrix}; \quad P_2 = \begin{bmatrix} O_2 & \vec{u}_2 \\ \vec{0} & 1 \end{bmatrix}$$

Die Veränderung von Position und Orientierung während der Bewegungsausführung erfolgt jedoch nach unterschiedlichen Verfahren. Die Position des TCP wird linear auf einer Geraden verändert. Für die Überführung der Anfangs- in die Endorientierung gibt es mehrere Möglichkeiten. Falls die Orientierung mit Eulerwinkeln dargestellt ist, werden diese wie die Achswerte bei der *PTP*-Verfahrart geplant und interpoliert. Ein zweites Verfahren bezieht sich auf die Darstellung der Orientierung durch 3,3-Matrizen. Mit Hilfe von nur zwei Winkeln ρ und σ wird die Anfangsorientierung O_1 in die Endorientierung O_2 überführt. Diese Methode soll nun eingesetzt werden.

Der Interpolationsvektor $\vec{s}(t)$ beschreibt ebenso wie bei *PTP* den Zusammenhang zwischen der Zeit t und den veränderlichen geometrischen Bahngrößen Weg und Winkel. Bei den *CP*-Verfahrarten besitzt der Interpolationsvektor drei Komponenten:

$$\vec{s}(t) = \begin{bmatrix} s_1(t) \\ s_2(t) \\ s_3(t) \end{bmatrix}$$

- Die Komponente $s_1(t)$ definiert den zurückgelegten Weg des TCP auf der Bahnkurve.
- Die Komponenten $s_2(t)$ und $s_3(t)$ beschreiben die beiden Interpolationswinkel $\rho(t)$ und $\sigma(t)$ für die Orientierungsinterpolation.

Bei der Linearinterpolation des TCP auf einer Geraden gilt für den Ursprung $\vec{u}_{\text{int}}(t)$ des interpolierten Bahnframe $P_{\text{int}}(t)$ in Abhängigkeit von $s_1(t)$:

$$\vec{u}_{\text{int}}(t) = \vec{u}_{\text{int}}(s_1(t)) = \vec{u}_1 + (\vec{u}_2 - \vec{u}_1)\frac{s_1(t)}{s_{g1}}$$

$$s_1(0) = 0; \quad s_1(t_g) = s_{g1} = |\vec{u}_1 - \vec{u}_2|$$

In Bild 5.2 ist die Überführung des Bahnframe P_{int} auf der Trajektorie von P_1 nach P_2 dargestellt. Dabei wird auch die Orientierung von P_{int} kontinuierlich verändert.

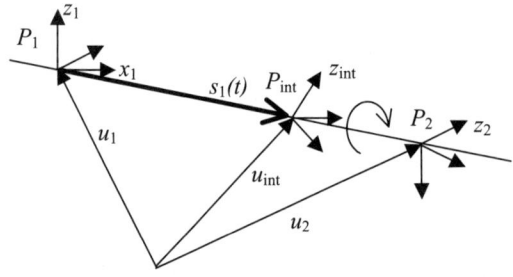

Bild 5.2 Überführung des Bahnframe P_{int} bei der Linearinterpolation *CPLIN*

Die Interpolation der Orientierung mit Hilfe der beiden Winkeln ρ und σ erfordert, dass zunächst die dazugehörigen Drehvektoren bestimmt werden. Das Konzept für die Orientierungsinterpolation zeigt Bild 5.3. Der Winkel ρ definiert die Drehung um den raumfesten Vektor $d\vec{v}_z$. Dadurch wird der Vektor $\vec{z}_1$ der Anfangsorientierung O_1 in den Vektor $\vec{z}_2$ der Endorientierung O_2 überführt.

Hinweis – Orientierungsmatrix

Eine Koordinatentransformation und ein Bahnpunkt für die Roboterbewegung werden durch eine homogene 4,4-Matrix M dargestellt. Die linke obere 3,3-Teilmatrix O_M beschreibt die Orientierung.

Für $d\vec{v}_z$ und den Gesamtdrehwinkel ρ_g gilt:

$$d\vec{v}_z = \vec{z}_1 \times \vec{z}_2; \quad \rho_g = a\cos(\vec{z}_1 \cdot \vec{z}_2); \quad 0 \le \rho_g \le \pi$$

Die Berechnung von ρ erfolgt über das Skalarprodukt von $\vec{z}_1$ und $\vec{z}_2$. Die Drehung um den Vektor $d\vec{v}_z$ mit ρ_g überführt zunächst O_1 nach O_1'.

$$\begin{bmatrix} O_1' & \vec{0} \\ \vec{0} & 1 \end{bmatrix} = Rot(d\vec{v}_z, \rho_g) \cdot \begin{bmatrix} O_1 & \vec{0} \\ \vec{0} & 1 \end{bmatrix}; \quad O_1' = \begin{bmatrix} \vec{x}_1' & \vec{y}_1' & \vec{z}_1' \end{bmatrix};$$

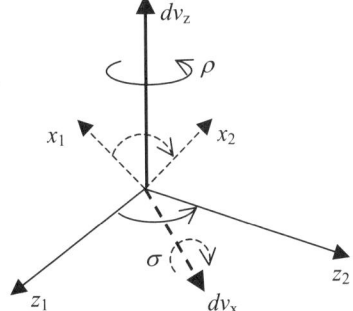

Bild 5.3 Orientierungsinterpolation mit Hilfe von zwei Drehwinkeln

Die anschließende Drehung um einen Vektor $d\vec{v}_x$ mit dem Drehwinkel σ_g führt schließlich $\vec{x}_1'$ von O_1' nach $\vec{x}_2$ von O_2 über. Da $\vec{z}_1'$ nun mit $\vec{z}_2$ übereinstimmt und sowohl $\vec{x}_1'$ als auch $\vec{x}_2$ orthogonal dazu ausgerichtet sind, stimmt der Drehvektor $d\vec{v}_x$ mit $\vec{z}_2$ überein. Für Drehvektor und Gesamtwinkel gelten

$$d\vec{v}_x = \vec{x}_1' \times \vec{x}_2 = \vec{z}_2; \quad \sigma_g = a\cos(\vec{x}_1' \cdot \vec{x}_2); \quad 0 \le \sigma_g \le \pi$$

mit

$$\begin{bmatrix} O_2 & \vec{0} \\ \vec{0} & 1 \end{bmatrix} = Rot(d\vec{v}_x, \sigma_g) \cdot \begin{bmatrix} O_1' & \vec{0} \\ \vec{0} & 1 \end{bmatrix}; \quad O_2 = \begin{bmatrix} \vec{x}_2 & \vec{y}_2 & \vec{z}_2 \end{bmatrix}.$$

Um die interpolierte Orientierungsmatrix O_{int} (ρ_{int}, σ_{int}) zu berechnen, wird zunächst die interpolierten Zwischenorientierung $O_{int}'(\rho_{int}(t))$ bezüglich des raumfesten Vektors $d\vec{v}_z$ ermittelt:

$$\begin{bmatrix} O_{int}'(\rho_{int}) & \vec{0} \\ \vec{0} & 1 \end{bmatrix} = Rot(d\vec{v}_z,\rho_{int}) \cdot \begin{bmatrix} O_1 & \vec{0} \\ \vec{0} & 1 \end{bmatrix}; \quad O_{int}' = \begin{bmatrix} \vec{x}_{int}' & \vec{y}_{int}' & \vec{z}_{int}' \end{bmatrix}$$

Daraus folgt der interpolierte Drehvektor $d\vec{v}_{x,int}$ mit

$$d\vec{v}_{x,int} = \vec{x}_{int}' \times \vec{x}_2.$$

Damit kann nun die interpolierte Gesamtorientierung O_{int} (ρ_{int}, σ_{int}) als homogene Matrix berechnet werden:

$$\begin{bmatrix} O_{int}(\rho_{int},\sigma_{int}) & \vec{0} \\ \vec{0} & 1 \end{bmatrix} = Rot(d\vec{v}_{x,int},\sigma_{int}) \cdot \begin{bmatrix} O_{int}'(\rho_{int}) & \vec{0} \\ \vec{0} & 1 \end{bmatrix}$$

Die Interpolationswinkel für die Orientierung sind ebenfalls Funktionen der Zeit, die mit Hilfe des Interpolationsvektors $\vec{s}(t)$ nach dem vorgegebenen Geschwindigkeitsprofil berechnet werden:

$$\rho_{int}(t) = s_2(t); \quad \sigma_{int}(t) = s_3(t)$$

$$s_2(0) = 0; \quad s_2(t_g) = s_{g2} = \rho_g; \quad s_3(0) = 0; \quad s_3(t_g) = s_{g3} = \sigma_g.$$

Schließlich werden der interpolierte TCP-Vektor $\vec{u}_{int}(t)$ (Bahnvektor) und die interpolierte Orientierungsmatrix $O_{int}(t)$ mit Hilfe der homogenen Matrix $P_{int}(t)$ dargestellt:

$$P_{int}(t) = \begin{bmatrix} O_{int}(s_2(t),s_3(t)) & \vec{u}_{int}(s_1(t)) \\ \vec{0} & 1 \end{bmatrix}$$

Die Zeitinterpolation von $\vec{s}(t)$ wird im anschließenden Abschnitt 5.2.2. behandelt.

Verfahrart CPCIR

Bei der Zirkularinterpolation verfährt der TCP auf einem Kreisbogen. Dieser wird definiert durch drei voneinander verschiedene Punkte, dargestellt als Frames:

- P_1: Anfangspunkt
- P_2: Endpunkt
- P_3: Zwischenpunkt

Diese drei Punkte definieren die Kreisebene, den Mittelpunkt M und den Radius r. Sie legen ein Koordinatensystem KR fest, in dessen xy-Ebene der Kreisbogen liegt, dessen Ursprung der Mittelpunkt M ist und dessen x-Vektor durch die Strecke MP_1 definiert ist. Dies ist in Bild 5.4 dargestellt.

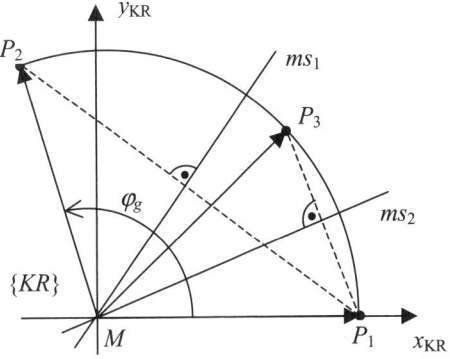

Bild 5.4 Definition von Kreisbogen und Kreiskoordinatensystem *KR*

Für den Normalenvektor der Kreisebene, der auch gleichzeitig *z*-Vektor von *KR* ist, gilt bezüglich der Ortsvektoren der Kreispunkte:

$$\vec{z}_{KR} = \frac{(\vec{p}_3 - \vec{p}_1) \times (\vec{p}_2 - \vec{p}_1)}{\left| (\vec{p}_3 - \vec{p}_1) \times (\vec{p}_2 - \vec{p}_1) \right|}$$

Der Mittelpunkt *M* kann durch Schnitt der beiden Mittelsenkrechten ms_1 und ms_2 der beiden Strecken P_1P_2 und P_1P_3 berechnet werden. Die beiden Geradengleichungen lauten:

$$ms_1: \quad \vec{x} = h\vec{v}_1 + l_1 r\vec{v}_1; \quad h\vec{v}_1 = \frac{\vec{p}_1 + \vec{p}_2}{2}; \quad r\vec{v}_1 = (\vec{p}_2 - \vec{p}_1) \times \vec{z}$$

$$ms_2: \quad \vec{x} = h\vec{v}_2 + l_2 r\vec{v}_2; \quad h\vec{v}_2 = \frac{\vec{p}_1 + \vec{p}_3}{2}; \quad r\vec{v}_2 = (\vec{p}_3 - \vec{p}_1) \times \vec{z}$$

Durch Gleichsetzen erhält man ein überbestimmtes lineares Gleichungssystem. In Abschnitt 2.2.4 und 3.2.1 wird gezeigt, wie der Abstand zweier Geraden im Raum berechnet wird. Auf jeder Geraden erhält man einen Punkt, der einen minimalen Abstand zur anderen Geraden aufweist. Da bei der Berechnung des Kreismittelpunkts die beiden Geraden in einer Ebene liegen, muss deren Abstand gleich null sein.

Die Parameterwerte l_1, l_2 der beiden Mittelsenkrechten erhält man durch die Lösung des Gleichungssystems

$$r\vec{v}_1 \cdot l_1 - r\vec{v}_2 \cdot l_2 = h\vec{v}_2 - h\vec{v}_1 \, ;$$

$$\begin{bmatrix} r\vec{v}_1 & -r\vec{v}_2 \end{bmatrix} \cdot \begin{bmatrix} l_1 \\ l_2 \end{bmatrix} = \begin{bmatrix} h\vec{v}_2 - h\vec{v}_1 \end{bmatrix}.$$

Durch Einsetzen der Lösungen l_1, l_2 in die Geradengleichungen der Mittelsenkrechten ergeben sich die Ortsvektoren $\vec{m}_1$ und $\vec{m}_2$. Obwohl diese beiden Vektoren bis auf die Rechenungenauigkeit gleich sein müssen, wird der Mittelpunktsvektor $\vec{m}$ des Kreisbogens noch durch Mittelung berechnet. Für Mittelpunkt und Radius des Kreisbogens erhält man so:

$$\vec{m} = (\vec{m}_1 + \vec{m}_2)/2; \quad r = |\vec{p}_1 - \vec{m}|$$

Für die beiden anderen Einheitsvektoren von KR ergeben sich:

$$\vec{x}_{KR} = \frac{\vec{p}_1 - \vec{m}}{|\vec{p}_1 - \vec{m}|}; \quad \vec{y}_{KR} = \vec{z}_{KR} \times \vec{x}_{KR}$$

Die Darstellung des Koordinatensystems KR als Frame ist somit:

$$KR = \begin{bmatrix} \vec{x}_{KR} & \vec{y}_{KR} & \vec{z}_{KR} & \vec{m} \\ 0 & 0 & 0 & 1 \end{bmatrix}$$

Der zum Kreisbogen gehörige Winkel φ_g hat einen Definitionsbereich von $0 \le \varphi_g \le 2\pi$. Deshalb kann er nur mit der Funktion *atan2* berechnet werden. Dazu wird P_2 zunächst nach KR transformiert:

$$^{KR}P_2 = KR^{-1} \cdot {}^{W}P_2$$

Der Winkel φ_g wird nun über die x- und y-Koordinate von $^{KR}P_2$ berechnet. Für den Kreisbogenwinkel φ_g und die Kreisbogenlänge skr_g erhält man:

$$\varphi_g = a\tan2(^{KR}p_{2,y}, {}^{KR}p_{2,x}); \quad skr_g = \varphi_g\, r \tag{5.1}$$

Der zurückgelegte Weg $skr(t)$ auf dem Kreisbogen wird ebenso wie bei *CPLIN* durch $s_1(t)$ dargestellt:

$$skr(t) = s_1(t); \quad skr(0) = 0; \quad skr(t_g) = skr_g = s_{g1}$$

Für die Durchführung der Zeitinterpolation wird der Bogenwinkel des Kreises mit dem Radius r aus der Bogenlänge $skr(t)$ berechnet:

$$\varphi(t) = skr(t)/r$$

Dieser wird verwendet, um den interpolierten Ortsvektor des Kreisbogens $uk\vec{r}_{int}(t)$ zu ermitteln. Die Drehung erfolgt um die z-Achse von KR im Abstand r. Dies wird dadurch erreicht, das ein Punkt auf der x-Achse von KR im Abstand r um $\vec{z}_{KR}$ gedreht wird. Dadurch wird die Spitze des Ortsvektors $uk\vec{r}_{int}(t)$ auf dem Kreisbogen von P_1 über P_3 nach P_2 bewegt wird:

$$[uk\vec{r}_{int}(t) \quad 1]^T = KR \cdot Rotz(\varphi(t)) \cdot [r \quad 0 \quad 0 \quad 1]^T \tag{5.2}$$

Die Orientierungsinterpolation erfolgt in der gleichen Weise wie bei *CPLIN*, indem O_1 nach O_2 durch die Interpolation der beiden Winkel ρ und σ überführt wird. Für das interpolierte Bahnframe ergibt sich bei der Kreisinterpolation somit:

$$P_{int}(t) = \begin{bmatrix} O_{int}(s_2(t), s_3(t)) & uk\vec{r}_{int}(s_1(t)) \\ \vec{0} & 1 \end{bmatrix}$$

5.2.2   Geschwindigkeitsprofil

Grundlegende Zusammenhänge

Nachdem die *Trajektorie* aus den Vorgaben des Bahnsatzes berechnet ist, gilt es den zeitlichen Verlauf der Bewegung zu ermitteln. Dieser wird durch das *Geschwindigkeitsprofil* $\vec{v}(t)$ beschrieben. Das Zeitintegral über die Geschwindigkeit ist die Weg- oder Winkelfunktion $\vec{s}(t)$, die als Interpolationsvektor zum Abfahren der Trajektorie verwendet wird. Die Komponenten des Vektors $\vec{s}(t)$ steuern die einzelnen Teilbewegungen. Bei der PTP-Interpolation sind dies die Bewegungen der Roboterachsen, bei der CP-Interpolation die räumlich-zeitlichen Veränderungen von TCP und Orientierung. Die folgenden Anforderungen sollen erfüllt werden:

- Der ruhende Roboter wird auf der berechneten Trajektorie beschleunigt, möglichst lange auf einer Richtgeschwindigkeit gehalten und rechtzeitig wieder abgebremst.
- Die durch Elektrik und Mechanik vorgegebenen Grenzwerte der Roboterachsen für Ort der Winkel, Geschwindigkeit und Beschleunigung/Verzögerung dürfen nicht überschritten werden.
- Daneben müssen oft auch Grenzwerte für den Arbeitsraum des Effektors, dargestellt in Weltkoordinaten, eingehalten werden.
- Schließlich sollen Optimierungskriterien berücksichtigt werden, z.B. minimale Zeit, Energie, mechanische Belastung.

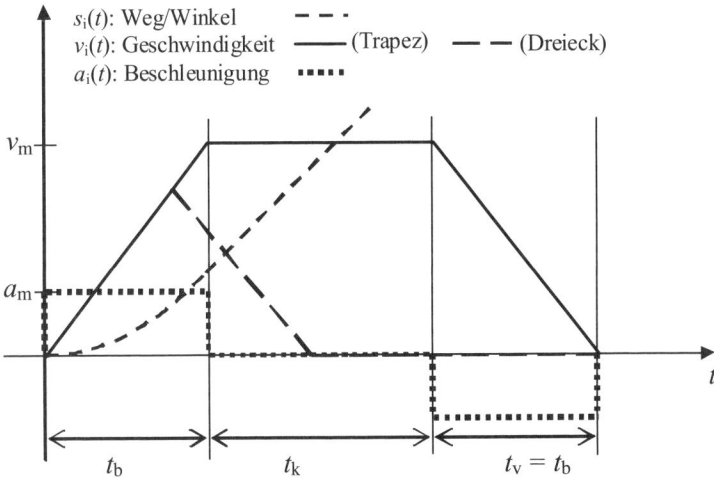

Bild 5.5 Trapez- und Dreiecksprofil für den Geschwindigkeitsverlauf

Das einfachste Geschwindigkeitsprofil hat nur lineare Verläufe und daher die Form eines *Trapezes*. Falls die Trajektorie sehr kurz ist und die Bremsphase begonnen werden muss, ehe die Richtgeschwindigkeit v_m erreicht ist, ergibt sich nur noch ein *Dreiecksprofil*. Als weitere Vereinfachung wird angenommen, dass die Beträge von Beschleunigung und Verzögerung gleich groß sind. Dadurch werden Trapez und Dreieck gleichschenklig. Den Verlauf für eine Komponente $v_i(t)$ von $\vec{v}(t)$ zeigt Bild 5.5. Nur für das Trapezprofil sind zusätzlich die Beschleunigung $a_i(t)$ und der Weg bzw. Winkel $s_i(t)$ eingezeichnet.

Lineare Geschwindigkeitsprofile sind am einfachsten zu berechnen. Die praktische Anwendung ist jedoch problematisch, da die resultierende Beschleunigung eine Rechteckfunktion darstellt. Da sich die Beschleunigungskraft proportional zur Beschleunigung verhält, ergeben sich Kraft-/Drehmomentsprünge, die in der Mechanik zu *Ermüdungsbrüchen* führen können. Besser als eine Rechteckfunktion als Beschleunigungsverlauf sind Polynome oder trigonometrische Funktionen. Die Beschleunigungen und die resultierenden Kräfte und Drehmomente sind dann nicht mehr sprungförmig. Auf diese Möglichkeit wird im Rahmen des Buches jedoch nicht eingegangen.

 **Hinweis – Formeln ohne Index**

Die nun folgenden Formeln beziehen sich auf alle Teilbewegungen und werden deshalb zur Vereinfachung ohne Index geschrieben.

Grundlegend ist der Zusammenhang zwischen Weg, Geschwindigkeit und Beschleunigung durch die Berechnung der Ableitung nach der Zeit:

$$\dot{s}(t)=v(t); \quad \ddot{s}(t)=\dot{v}(t)=a(t)$$

Da bei linearen Geschwindigkeitsprofilen eine konstante Beschleunigung a_m zu Grunde liegt, ergeben sich für $a(t)$, $v(t)$ und $s(t)$ die folgenden Zusammenhänge:

$$a(t)=a_m$$

$$v(t)=\int_{t_0}^{t}a_m d\tau=a_m(t-t_0); \quad v(t_0)=0; \quad t_0 \leq t \leq t_0+t_1$$

$$s(t)=\int_{t_0}^{t}v(\tau)d\tau=\int_{t_0}^{t}a_m(\tau-t_0)d\tau=a_m(\frac{1}{2}t^2-t_0 t-\frac{1}{2}t_0^2+t_0^2)=\frac{1}{2}a_m(t-t_0)^2; \quad s(t_0)=0$$

Die Zeitpunkte t_0 und t_1 beschreiben das betrachtete Zeitintervall. Die Grenze zwischen Dreiecks- und Trapezprofil wird durch die kritische Bahnlänge s_{krit} definiert. Sie entspricht dem Doppelten der Bahnlänge, die benötigt wird, um die Richtgeschwindigkeit v_m bei maximaler Beschleunigung zu erreichen. Dabei wird vorausgesetzt, dass der Betrag von Beschleunigung und Verzögerung gleich groß ist:

$$s_{krit}=s_b+s_v=2\frac{1}{2}a_m t^2; \quad v_m=a_m t$$

$$s_{krit}=\frac{v_m^2}{a_m} \tag{5.3}$$

Das erste wichtige Planungsziel besteht nun darin, für alle Teilbewegungen einen zeitoptimalen Verlauf zu erreichen. Dies erfolgt dadurch, dass

- im Intervall t_b maximal beschleunigt,
- während t_k mit maximaler Geschwindigkeit verfahren,
- im Intervall t_v maximal verzögert wird.

Um die Sollgeschwindigkeit des Roboters programmgesteuert beeinflussen zu können, wird ein *Geschwindigkeitsfaktor vp* mit $0 < vp \leq 1$ eingeführt. Er wird bei der Durchführung der Bewegungsplanung mit allen Geschwindigkeitsparametern v_{mi} multipliziert. Dieser Geschwindigkeitsfaktor *vp* ist als Geschwindigkeit auch im Bahnsatz enthalten und definiert so die *programmierte Bahngeschwindigkeit* des Anwendungsprogramms (Tabelle 5.2).

Ein zweites Planungsziel ist, alle Teilbewegungen synchron auszuführen. Dieses Verfahren wird ausführlich in Abschnitt 5.2.3 behandelt. Es soll bewirken, dass der räumliche Verlauf einer Bewegungsbahn weitgehend unabhängig von der Geschwindigkeit ist. Dies ist beispielsweise wichtig, um eine Bahn auch bei niedriger Geschwindigkeit testen zu können, ohne dass sich dabei der räumliche Verlauf der Bewegungsbahn wesentlich ändert.

Planung der Bewegungssegmente

Unter einem *Bewegungssegment* wird ein Intervall mit gleich bleibendem Geschwindigkeitsverhalten verstanden. Drei Segmentarten werden deshalb definiert:

- **Konstante Beschleunigung**
  - linear ansteigende Geschwindigkeit
  - Intervallzeit t_b
- **Konstante Geschwindigkeit**
  - keine Beschleunigung
  - Intervallzeit t_k
- **Konstante Verzögerung**
  - linear fallende Geschwindigkeit
  - Intervallzeit t_v

Der erste Planungsschritt ist die Berechnung der *optimalen Segmentzeiten* t_b, t_k, t_v, zunächst getrennt für jede Teilbewegung. Daraus ergeben sich die Segmentlängen s_b, s_k, s_v, die jede Komponente des Interpolationsvektors $\bar{s}(t)$ innerhalb eines Segments durchläuft. Dabei gilt immer, dass die Summe der Segmentlängen der Bahnlänge entsprechen muss, die durch den Bahnsatz vorgegeben ist. Die für die Berechnung dazu verfügbaren Planungsdaten sind:

- Bahnlänge (Weg- oder Winkeldifferenzen) $s_{g,i}$ für alle Teilbewegungen $i=1..n$
- Geschwindigkeits- und Beschleunigungsvorgaben $v_{m,i}$, $a_{m,i}$

Bei der Synchronisation werden aus den jeweils optimalen Segmentzeiten der einzelnen Teilbewegungen gemeinsame Segmentzeiten ermittelt. Deshalb muss mit einer weiteren Berechnungsvorschrift erreicht werden, dass auf Grund von vorgegebenen gemeinsamen Segmentzeiten die daraus folgenden Segmentlängen für jede Teilbewegung neu berechnet und angepasst werden. Dabei muss auch unterschieden werden, ob ein Trapezprofil zustande kommt oder nur ein Dreiecksprofil erreicht wird.

Dreiecksprofil

Für das Dreiecksprofil gilt:

$$s_g = s_b + s_v = 2s_b = 2\frac{1}{2}a_m t_b^2$$

Daraus folgt für die Segmentzeiten und Segmentlängen:

$$t_b = t_v = \sqrt{\frac{s_g}{a_m}}; \quad t_k = 0 \tag{5.4}$$

$$s_b = s_v = \frac{s_g}{2}; \quad s_k = 0 \tag{5.5}$$

Die Segmentlängen sind beim Dreiecksprofil unabhängig von den Segmentzeiten. Deshalb ändern sie sich bei einer Anpassung der Segmentzeiten auch nicht.

Trapezprofil

Im Falle eines Trapezprofils ergeben sich als optimale Segmentzeiten und Segmentlängen, ohne Synchronisation:

$$t_k = \frac{s_k}{v_m} = \frac{s_g - a_m t_b^2}{v_m} = \frac{s_g}{v_m} - \frac{v_m}{a_m}; \quad t_b = t_v = \frac{v_m}{a_m}$$

$$s_b = s_v = \frac{1}{2}a_m t_b^2 = \frac{v_m^2}{2a_m}$$

$$s_k = s_g - (s_b + s_v) = s_g - a_m t_b^2; \quad v_m = a_m t_b$$

$$s_k = s_g - \frac{v_m^2}{a_m} \tag{5.6}$$

Falls durch die Synchronisation neue Segmentzeiten vorgegeben werden, erhält man für die daraus folgenden Segmentlängen:

$$s_b = \frac{1}{2}a_{neu}t_b^2; \quad v_{neu} = a_{neu}t_b$$

Daraus folgt:

$$s_b = \frac{1}{2}v_{neu}t_b; \quad s_k = v_{neu}t_k; \quad s_k = s_g - 2s_b$$

$$s_b = \frac{1}{2}\frac{s_k}{t_k}t_b = \frac{1}{2}(s_g - 2s_b)\frac{t_b}{t_k}$$

$$s_b = s_v = s_g\frac{t_b}{2(t_b + t_k)}; \quad s_k = s_g\frac{t_k}{(t_b + t_k)} \tag{5.7}$$

Hinweis – Beschreibung der Segmente bei der Bewegungsinterpolation

Bei der Interpolation der geplanten Bewegungssegmente werden diese nicht mehr durch die Vorgabe von Geschwindigkeits- und Beschleunigungswerten beschrieben, sondern durch die Vorgabe von Segmentzeiten und Segmentlängen.

5.2.3   Synchronisation und Anpassung an den Interpolationstakt

Synchronisationsarten

Bei der Verfahrart PTP werden die Bewegungsachsen parallel interpoliert, bei den CP-Verfahrarten die Position und die Orientierung des Effektors. Ohne zusätzliche Synchronisation beginnen diese Teilbewegungen zwar gleichzeitig, enden aber zu verschiedenen Zeitpunkten. Diese *asynchrone Interpolation* zeigt Bild 5.6 a für zwei Teilbewegungen. Bei der *synchronen Interpolation* wird erreicht, dass alle Bewegungen auch zum selben Zeitpunkt enden (Bild 5.6 b). Noch einen Schritt weiter geht die *vollsynchrone Interpolation* (Bild 5.6 c).

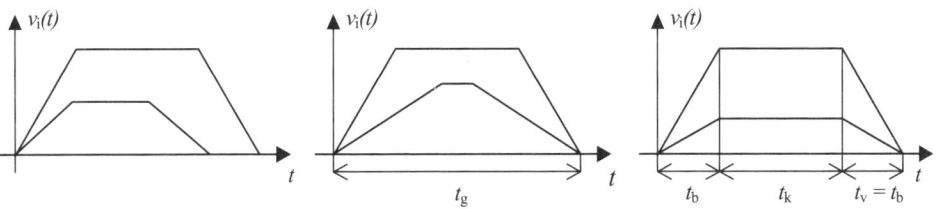

Bild 5.6 a) asynchrone Interpolation,   b) synchrone Interpolation,   c) vollsynchrone Interpolation

Auch die einzelnen Segmente für Beschleunigung, konstante Geschwindigkeit und Verzögerung sind dann synchron.

Anpassung der Segmentzeiten an den Interpolationstakt

In der Regel sind die bei der Planung ermittelten Zeiten keine ganzzahligen Vielfache des Interpolationstakts (Interpolationszeit[2]) t_{ipo}. Deshalb ist es sinnvoll, die ermittelten Zeiten auf ein ganzzahliges Vielfaches von t_{ipo} aufzurunden.

Vollsynchrone Interpolation

Im weiteren Verlauf wird nur die vollsynchrone Interpolation angewandt. Es ergibt sich der folgende Ablauf:

1. Berechnung der Segmentzeiten t_b, t_k, t_v für alle Teilbewegungen
2. Ermittlung der jeweils maximalen Segmentzeiten bezogen auf alle Teilbewegungen als Vorgabe für die Synchronisation
3. Aufrundung der maximalen Segmentzeiten bezüglich des Interpolationstakts t_{ipo}
4. Synchronisation durch Neuplanung aller Bewegungsprozesse mit den gemeinsamen Segmentzeiten $t_{b,max}$, $t_{k,max}$, $t_{v,max}$

Falls $t_{k,max} = 0$ gilt, ergibt sich ein Dreiecksprofil, ansonsten ein Trapezprofil.

Aufbau der Segmentliste

Das Ergebnis der Planung ist die Segmentliste. Sie enthält eine Beschreibung aller Bewegungssegmente. Diese Liste stellt die gesamte Information dar, die anschließend für die Bewegungsinterpolation zur Verfügung steht. Ein Bewegungssegment enthält je nach Segmentart alternativ (in der folgenden Liste dargestellt durch „/") die folgenden Daten zur Beschreibung des Geschwindigkeitsprofils:

1. Segmentart: Beschleunigung / konstante Geschwindigkeit / Verzögerung
2. Segmentzeit: t_b / t_k / t_v
3. Segmentlänge, dargestellt als Vektoren: $\vec{s}_b$ / $\vec{s}_k$ / $\vec{s}_v$

Zur Definition der Trajektorie im Raum werden noch weitere Daten übergeben:

4. Verfahrart: *PTP* / *CPLIN* / *CPCIR* (alternativ)
5. Bahnpunkte (alle Verfahrarten): P_1, P_2, kf_1, kf_2 zur Beschreibung von Start- und Zielpunkt

---

[2] Die Begriffe Interpolationstakt und Interpolationszeit werden synonym gebraucht.

6. Bahnpunkte (nur *CPCIR*): P_3 zur Beschreibung des Zwischenpunktes des Kreisbogens (Zur Vereinfachung der Berechnung können auch das Kreiskoordinatensystem *KR* und der Radius *r* übergeben werden)

Bei einfachen Bahnen, die durch zwei Punkte[3] definiert sind, werden drei Segmente für Beschleunigung, konstante Geschwindigkeit und Verzögerung benötigt. Bei *Mehrpunktbahnen ohne Überschleifen*[4] wird die Geschwindigkeit bei jedem Zwischenpunkt auf null abgesenkt. Deshalb müssen diese drei Segmente auch für alle Teilstücke eingeplant werden. Bei *Mehrpunktbahnen mit Überschleifen* soll die Bahngeschwindigkeit auch bei den Zwischenpunkten konstant bleiben. Deshalb wird anstelle von Verzögerungs- und anschließendem Beschleunigungssegment ein Übergangssegment eingefügt. Mehrpunktbahnen mit Überschleifen werden hier jedoch nicht weiter behandelt.

5.3   Interpolation

5.3.1   Echtzeitanforderungen

Die Aufgabe der Interpolation ist die Ausführung der Bewegungsbahn in Echtzeit. Der Datenfluss der interpolierten Achssollwerte muss groß genug sein, um die Bahn mit der erforderlichen Genauigkeit ausführen zu können. Die entscheidende Größe dabei ist der Interpolationstakt t_{ipo}. Er definiert, in welchen zeitlichen Abständen Sollwerte an die Regelkreise der Achsen ausgegeben werden. Je kleiner t_{ipo} ist, umso größer ist der Datenfluss und damit die Genauigkeit der Bahn. Eine hohe Bahngeschwindigkeit erfordert somit einen großen Datenfluss, um die angestrebte Genauigkeit zu erreichen.

Der Einfluss der Regelung und der Antriebsleistung für die Genauigkeit sei nur am Rande erwähnt. Je höher die Antriebsleistung und je mächtiger und intelligenter die Regelung ist, umso kleiner fällt die Abweichung zwischen Soll- und Istwert aus und umso gleichmäßiger und genauer ist die Roboterbewegung.

Bei den allermeisten Robotersystemen werden die von der Bahnsteuerung gelieferten Achssollwerte nochmals mit einem zweiten, um den Faktor 10 bis 100 kleineren Interpolationstakt *feininterpoliert*. Dies bewirkt eine bessere Synchronität zwischen den Achsen und den Teilbewegungen. Dadurch ist der räumliche Bahnverlauf bei kleinen Bahngeschwindigkeiten (z.B. während der Testphase) und bei großen weitgehend gleich.

---

[3]   Der Zwischenpunkt bei einem Kreisbogen wird nicht als Bahnpunkt betrachtet, da er nur der Definition der Geometrie dient.

[4]   Mit Überschleifen wird das Abrunden der Bahn bei Zwischenpunkten bezeichnet.

5.3.2   Interpolationsvektor und Geschwindigkeitsprofil

Zunächst wird der Interpolationsvektor $\vec{s}(t)$ gemäß dem geplanten synchronisierten Geschwindigkeitsprofil berechnet. Dies erfolgt in Abhängigkeit der diskreten Bahnzeit t, die ein ganzzahliges Vielfaches des Interpolationstaktes t_{ipo} ist. Deshalb müssen auch die geplanten Bahnzeiten so aufgerundet werden, dass sie ebenfalls Vielfache von t_{ipo} darstellen. Somit gelten die folgenden Zusammenhänge:

$$0 \leq t \leq t_g; \quad t_g = t_b + t_k + t_v; \quad t = i \cdot t_{ipo}; \quad i = 0 \ldots n; \quad n = \frac{t_g}{t_{ipo}}$$

Für die drei Segmentarten ergeben sich für den zeitlichen Verlauf des Interpolationsvektors:

Beschleunigung

$$\vec{s}(t) = \vec{s}_b \frac{t^2}{t_b^2} \qquad\qquad\qquad\qquad für \quad 0 \leq t < t_b$$

Konstante Geschwindigkeit

$$\vec{s}(t) = \vec{s}_k \frac{(t - t_b)}{t_k} + \vec{s}_b \qquad\qquad\qquad für \quad t_b \leq t < t_k$$

Verzögerung

$$\vec{s}(t) = \vec{s}_v \left[\frac{2(t - t_b - t_k)}{t_v} - \frac{(t - t_b - t_k)^2}{t_v^2} \right] + \vec{s}_b + \vec{s}_k \qquad für \quad t_k \leq t \leq t_g$$

5.3.3   Trajektorie

Der berechnete Interpolationsvektor $\vec{s}(t)$ wird nun benutzt, um die interpolierten Zwischenpunkte einer Trajektorie entsprechend dem Geschwindigkeitsprofil zu berechnen. Das Ergebnis sind die Achssollwerte zum interpolierten Zeitpunkt t, dargestellt durch den Robotervektor $\vec{q}(t)$. Die Berechnung erfolgt in Abhängigkeit der programmierten Verfahrart. Die benötigten Formeln können weitgehend aus Abschnitt 5.2.1 zur Bahnplanung übernommen werden.

PTP

Bei dieser Verfahrart stellt der Interpolationsvektor bereits die interpolierten Achswerte dar. Somit gilt für den interpolierten Robotervektor:

$$\vec{q}_{int}(t) = \vec{q}_1 + \vec{s}(t)$$

CPLIN

Vorgegeben sind Anfangs- und Endpunktframe:

$$P_1 = \begin{bmatrix} O_1 & \vec{u}_1 \\ \vec{0} & 1 \end{bmatrix}; \quad P_2 = \begin{bmatrix} O_2 & \vec{u}_2 \\ \vec{0} & 1 \end{bmatrix}$$

Für den Ursprung des interpolierten Bahnframe (Bahnvektor) erhält man:

$$\vec{ul}(t) = \vec{u}_1 + (\vec{u}_2 - \vec{u}_1) \frac{s_1(t)}{s_{g1}}$$

Aus O_1 und O_2 entnimmt man die z-Vektoren (3. Spalte der Matrix) und berechnet den raumfesten Drehvektor für die Überführung von $\vec{z}_1$ nach $\vec{z}_2$:

$$d\vec{v}_z = \vec{z}_1 \times \vec{z}_2$$

Mit dessen Hilfe wird O_1 um den Winkel $\rho(t)$, dargestellt durch $s_2(t)$, gedreht:

$$\begin{bmatrix} O_1'(t) & \vec{0} \\ \vec{0} & 1 \end{bmatrix} = Rot(d\vec{v}_z, s_2(t)) \cdot \begin{bmatrix} O_1 & \vec{0} \\ \vec{0} & 1 \end{bmatrix}; \quad O_1' = \begin{bmatrix} \vec{x}_1'(t) & \vec{y}_1'(t) & \vec{z}_1'(t) \end{bmatrix}$$

Nun wird der zweite Drehvektor zu Überführung von $\vec{x}_1'$ nach $\vec{x}_2$ berechnet:

$$d\vec{v}_x(t) = \vec{x}'_1(t) \times \vec{x}_2$$

Bezogen auf $d\vec{v}_x$ wird nun O_1' um den Winkel $\sigma(t)$, dargestellt durch $s_3(t)$, gedreht. Das Ergebnis ist die interpolierte Orientierung $OL(t)$, die im Laufe der Bewegungsbahn nach O_2 überführt wird:

$$\begin{bmatrix} OL(t) & \vec{0} \\ \vec{0} & 1 \end{bmatrix} = Rot(d\vec{v}_x(t), s_3(t)) \cdot \begin{bmatrix} O_1'(t) & \vec{0} \\ \vec{0} & 1 \end{bmatrix}$$

Mit diesen Informationen wird das interpolierte Bahnframe $P_{\text{int}}(t)$ dargestellt:

$$P_{\text{int}}(t) = \begin{bmatrix} OL(t) & \vec{ul}(t) \\ \vec{0} & 1 \end{bmatrix}$$

Durch dessen Rücktransformation mit der vorgegebenen Roboterkonfiguration *kf* wird dann der zugeordnete Robotervektor $\vec{q}_{\text{int}}(t)$ berechnet:

$$\vec{q}_{\text{int}}(t) = rtraf(P_{\text{int}}(t), kf, robot)$$

CPCIR

Vorgegeben sind der Startpunkt P_1 und der Zielpunkt P_2 des Kreisbogens, sowie das bereits berechnete Kreiskoordinatensystem *KR* und der Radius *r*:

$$P_1 = \begin{bmatrix} O_1 & \vec{u}_1 \\ \vec{0} & 1 \end{bmatrix}, \quad P_2 = \begin{bmatrix} O_2 & \vec{u}_2 \\ \vec{0} & 1 \end{bmatrix}$$

Der auf einer Kreislinie interpolierte homogene Bahnvektor $uk\vec{r}_h(t)$ wird durch Rotation im Kreiskoordinatensystem KR berechnet, gesteuert durch die Kreisbogenlänge $s_i(t)$.

$$\begin{bmatrix} uk\vec{r}(t) & 1 \end{bmatrix}^T = KR \cdot Rotz(\frac{s_1(t)}{r}) \cdot \begin{bmatrix} r & 0 & 0 & 1 \end{bmatrix}^T$$

Die Orientierungsinterpolation $OL(t)$, gesteuert durch $s_2(t)$ und $s_3(t)$, erfolgt in gleicher Weise wie bei der Linearinterpolation $CPLIN$. Für das interpolierte Bahnframe auf dem Kreisbogen ergibt sich somit

$$P_{\text{int}}(t) = \begin{bmatrix} OL(t) & uk\vec{r}(t) \\ \vec{0} & 1 \end{bmatrix}.$$

Wie bei $CPLIN$ wird mit Hilfe der Rücktransformation und der vorgegebenen Roboterkonfiguration kf der zugeordnete Robotervektor $\vec{q}_{\text{int}}(t)$ berechnet:

$$\vec{q}_{\text{int}}(t) = rtraf(P_{\text{int}}(t), kf, robot)$$

5.4 Programmierung

5.4.1 Umsetzung des Bewegungsmodells

Nachdem nun die mathematischen Verfahren dargelegt sind, gilt es eine geeignete Software-struktur zu entwerfen. Den Kern der Bahnsteuerung bildet das zeitveränderliche, kinematische Bewegungsmodell. Das Grundkonzept für solche zeitveränderliche Modelle stellt der *Endliche Automat* dar (Bild 5.7).

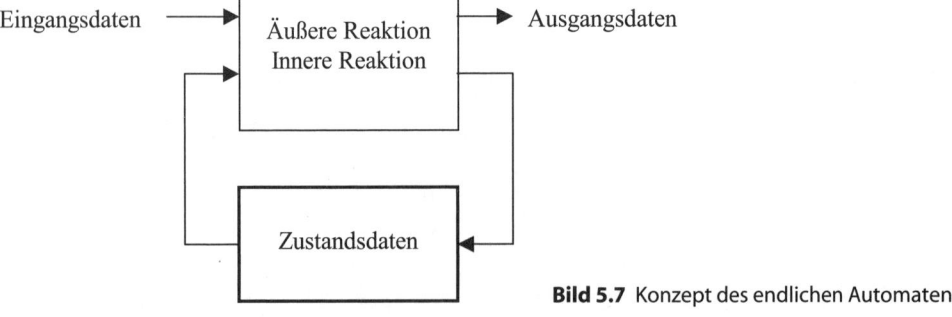

Bild 5.7 Konzept des endlichen Automaten

Die wesentlichen Merkmale eines endlichen Automaten sind:

- **Ausgangsdaten**
  Die Ausgangsdaten hängen neben den Eingangsdaten auch von den internen Zustands-daten ab. Sie stellen die *äußere Reaktion* des Automaten dar.

- **Eingangsdaten**
  Die Übergabe der Eingangsdaten bewirkt, dass neben den Ausgangsdaten als *innere Reaktion* auch neue Zustandsdaten erzeugt werden.

- **Zustandsdaten**
  Die aktuellen Zustandsdaten sind das Ergebnis der Folge von Eingangsdaten, die zuvor übergeben worden sind. Sie repräsentieren so die Vorgeschichte des Systems.

- **Initialisierung**
  Die Zustandsdaten müssen am Anfang initialisiert werden.

Eingangs- und Ausgangsdaten werden häufig mit dem Begriff *Nachricht* bezeichnet. Nachrichten können zu einem beliebigen Zeitpunkt, also *asynchron*, an den Automaten übermittelt werden. Endliche Automaten stellen somit ein geeignetes Modell dar, um die Kommunikation zwischen parallelen Systemen zu definieren und zu programmieren.

Dieses allgemeine Konzept des zeitveränderlichen Modells soll nun auf die Bahnsteuerung übertragen werden. Bild 5.8 zeigt die Grundstruktur für das Bewegungsmodell. Die Eingangsdaten des Bewegungsmodells werden durch einen Bahnsatz dargestellt, der alle notwendigen Informationen für die Ausführung der Bewegungsbahn liefert. Der aktuelle Modellzustand ist der Bewegungszustand des Roboters, dargestellt durch Position, Geschwindigkeit und Beschleunigung. Die Reaktion wird auf Grund der Eingangs- und Zustandsdaten ermittelt. Die Achssollwerte als Ausgangsdaten, werden an die Roboterachsen übergeben und der neue Bewegungszustand wird berechnet und gespeichert.

Die Berechnung von Ausgangs- und Zustandsdaten erfolgt mit Hilfe der Modellfunktionen. Die Modellparameter werden bei der Initialisierung aus Dateien eingelesen. Sie definieren die konkrete Ausprägung eines Modells, z.B. die Armlänge eines Roboters.

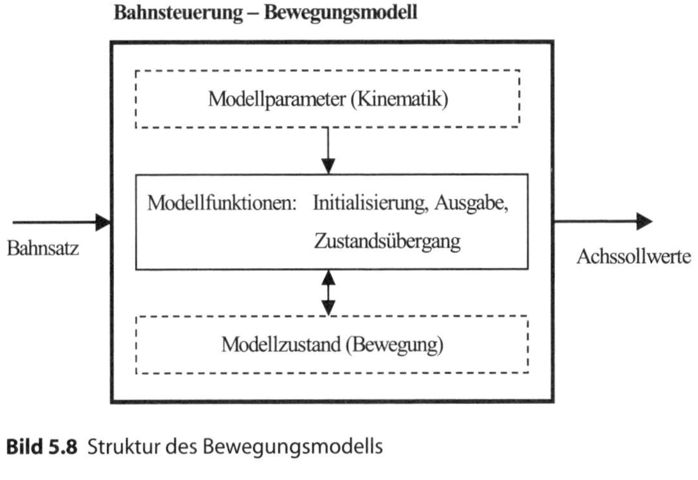

Bild 5.8 Struktur des Bewegungsmodells

Die Komponenten des Modells sollen nun mit geeigneten Sprachelementen realisiert werden. Die Modellfunktionen werden in MATLAB durch globale Programmfunktionen dargestellt. Dies sind Hauptfunktionen in einer M-Datei. Sie erhalten die Eingangsdaten, berechnen die neuen Zustandsdaten und liefern die Ausgangsdaten zurück.

Der Modellzustand muss durch Variable dargestellt werden, welche durch alle Modellfunktionen gelesen und verändert werden können (*Sichtbarkeit*) und deren *Lebensdauer* für die gesamte Programmzeit gilt. Deshalb müssen diese Zustandsvariable im Globalbereich (Abschnitt 3.1.3) liegen. Mit Hilfe einer Initialisierungsfunktion werden ihre Anfangswerte definiert.

Die Modellparameter werden als globale, strukturierte Variable für alle Modellfunktionen zur Verfügung gestellt. Eine Alternative dazu wäre, die Modellparameter bei jedem Aufruf als Funktionsparameter zu übergeben. Die Modellparameter werden aus einer Parameterdatei eingelesen. In Abschnitt 4.4.1 ist dargestellt, wie dies mit Hilfe einer globalen Funktion eingelesen realisiert wird. Die M-Datei dieser Funktion stellt so die Parameterdatei dar. Sie wird nun um die Modellparameter für die Bahnsteuerung erweitert.

Die Modellfunktionen müssen nun geeignet aufgerufen werden, um den in Bild 5.1 dargestellten Datenfluss zu realisieren. Im einfachsten Fall wird ein rein sequentieller Steuerfluss realisiert, bei dem jede Komponente des Datenflusses nach Beendigung die nächste aufruft. Bei der vorgestellten Implementierung werden nach diesem Verfahren die Modellfunktionen der Bahnsteuerung durch das Anwendungsprogramm und seinen Interpreter aufgerufen.

Eine Alternative dazu wäre eine globale Steuereinheit, die den Datenfluss entweder sequentiell oder auch parallel überlappend steuert. Diese Möglichkeit wird hier nicht weiter ausgeführt.

Wichtig – Problematik der globalen Variablen

Global sichtbare Variable sind eine Möglichkeit, um Informationen global zur Verfügung zu stellen. Das Problem dabei ist, dass globale Variable weitgehend ungeschützt sind und so unerlaubte und fehlerhafte Zugriffe leicht möglich sind. Bei objektorientierten Sprachen werden solche globalen Daten als Objekte realisiert. Der Zugriff auf Objekte kann nur gesichert über besondere Funktionen, bezeichnet als Methoden, erfolgen.

MATLAB bietet zwar auch die Möglichkeit der objektorientierten Programmierung, die aber im Rahmen dieses Buches nicht behandelt werden kann. Jedoch ist ein geringer Schutz auch bei der Verwendung von globalen Variablen gegeben. Eine solche Variable muss vor der Benutzung erst deklariert und damit explizit importiert werden. Ein unbeabsichtigter Zugriff durch zufällige Namensgleichheit ist deshalb nicht möglich.

5.4.2 Modellzustand und Modellparameter

Als Modellzustand werden nur die aktuellen Winkel oder Positionen der Achsen in Form des Robotervektors $\vec{q}_{akt}$ dargestellt, nicht jedoch deren Geschwindigkeit und Beschleunigung. Denn nach Beendigung der Bewegungsausführung eines Bahnsatzes haben diese immer den Wert null. Bild 5.9 zeigt die Darstellung der Datenstrukturen von Modellzustand und Modellparametern mit Hilfe der Strukturdiagramme für Daten (Abschnitt 3.3.2).

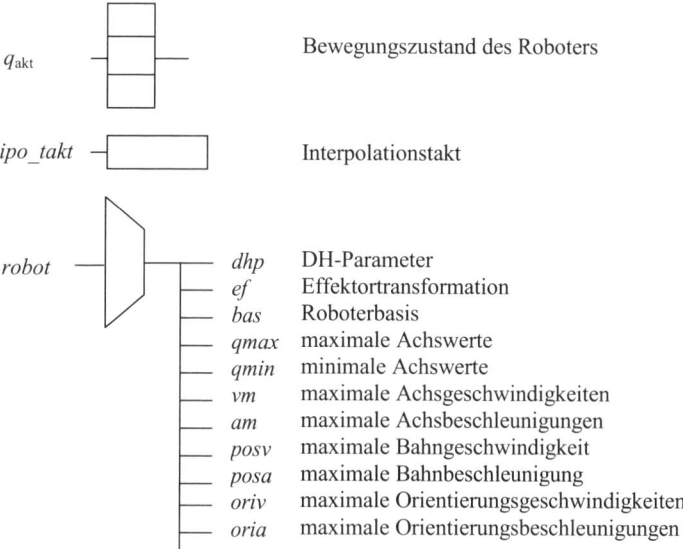

Bild 5.9 Datenstruktur des Modellzustands q_{akt} und der Modellparametern *ipo_takt* und *robot*.

Die Modellparameter für die Bahnsteuerung sind in Tabelle 5.1 zusammengefasst. Sie dienen einmal der Planung der Geschwindigkeitsprofile für die Verfahrarten PTP, CPLIN und CPCIR. Außerdem werden sie verwendet, um den zulässigen Achsraum, die Achsgeschwindigkeiten und Achsbeschleunigungen zu überwachen. Dies ist insbesondere bei den CP-Verfahrarten erforderlich. Bei ihnen erfolgt die Geschwindigkeitsplanung in Weltkoordinaten, unabhängig von den zulässigen Achsgeschwindigkeiten und Beschleunigungen. Besonders in der Nähe von singulären Armstellungen könnten unzulässig hohe Achsgeschwindigkeiten erreicht werden, die aber wegen der mechanischen und elektrischen Eigenschaften des Roboters unterbunden werden.

Die implementierte Software bezieht sich wieder auf einen Roboter mit sechs Achsen. Alle in Tabelle 5.1 dargestellten Parameter werden zusammen mit den Parametern für das Kinematikmodell (Listing 4.4) als Komponenten der strukturierten Variablen `robot` realisiert:

```
robot.vm1, robot.vm2, ... robot.qmin6.
```

Tabelle 5.1 Parameter für die Bewegungssteuerung

Parametergruppe	Parameter	
PTP-Geschwindigkeitsprofil	Geschwindigkeit Achsen:	`vm1, ... vm6`
Überwachung der zulässigen Achsgeschwindigkeiten und Achsbeschleunigungen bei *CP*	Beschleunigung Achsen:	`am1, ... am6`
CP-Geschwindigkeitsprofil	Geschwindigkeit Position (TCP):	`posv`
	Geschwindigkeit Orientierung:	`oriv`
	Beschleunigung Position:	`posa`
	Beschleunigung Orientierung:	`oria`
Überwachung Achsraum	Maximaler Achswert:	`qmax1, ... qmax6`
	Minimaler Achswert:	`qmin1, ... qmim6`

5.4.3 Globale Modellfunktionen

Überblick

Tabelle 5.2 zeigt die realisierten globalen Modellfunktionen. Mit `robot_init` wird das Bewegungsmodell in den Anfangszustand versetzt. Die Funktion `robot_bew` ist die zentrale Modellfunktion, die eine vollständige Roboterbewegung ausführt. Grundsätzlich beginnt und endet die Bewegung mit dem Ruhezustand (Geschwindigkeit ist null).

Hinweis – Interpolierte Achswerte und Bahnwerte

Bei der Berechnung der Bewegungsbahn mit `robot_bew` werden sowohl die interpolierten Achswerte `q_l` als auch die interpolierten Bahnwerte `s_l` als Rückgabeparameter geliefert. Die Bahnwerte sind als Liste aller Werte des Interpolationsvektors *s(t)* dargestellt. Bei der Verfahrart PTP stimmen sie mit den Achswerten überein. Bei CPLIN und CPCIR beschreiben die Bahnwerte den Weg des TCP auf der Linear- oder Kreisbahn und die beiden Winkel für die Orientierungsinterpolation. Die Bahnwerte können zur Analyse der Bewegungsbahn verwendet werden.

Weitere denkbare Modellfunktionen, die hier aber nicht realisiert werden, sind:

- Rückwärtsbewegung
  Für Testzwecke kann es vorteilhaft sein, an den Ausgangspunkt einer Bewegungsbahn zurückzufahren.
- Bewegung mit alternativem Verlauf
  In Abhängigkeit eines externen Signals wird ein alternatives Bewegungsziel angefahren.

- **Bewegung mit Sensoreingabe**
  Während des Bewegungsablaufs werden Sensorsignale ausgewertet und zur Bahnkorrektur benutzt.

Tabelle 5.2 Globale Modellfunktionen

Name der Funktion, Rückgabewert	Parameter
`stat=robot_init(achswerte)`	`achswerte`: Anfangsstellung der Achsen, Array `stat`: Status, Integer Initialisiert das Modell mit vorgegebenen Achswerten
`[q_l s_l stat]=robot_bew(bs)`	`bs.P1`: Anfangspunkt, Frame `bs.P2`: Endpunkt, Frame `bs.P3`: Zwischenpunkt, nur bei Kreis, Frame `bs.kf1`: Konfiguration Anfangspunkt, Integer `bs.kf2`: Konfiguration Endpunkt, Integer `bs.geschw`: Geschwindigkeit, Faktor zwischen 0 und 1 `bs.typ`: Bahntyp, 1=*PTP*, 2=*CPLIN*, 3=CPC, Integer `q_l`: Liste der interpolierten Achswerte, Array `s_l`: Liste der interpolierten Bahnwerte, Array `stat`: Status, Integer Plant und interpoliert einen Bahnsatz `bs`. Geliefert wird eine Statusinformation sowie Listen der interpolierten Achswerte `q_l` und des zurückgelegten Wegs auf der Bahn `s_l`.

Tabelle 5.3 Hilfsfunktionen für besondere Berechnungen

Name der Funktion, Rückgabewert	Parameter
`[s2, s3]=ori_plan(P1, P2)`	`P1`: Frame[5], Anfangspunkt `P2`: Frame, Endpunkt `s2, s3`: Winkeldifferenzen für die Orientierung Liefert die Winkeldifferenzen für die Orientierungsinterpolation.

---

[5] Datentypen werden bei der Beschreibung von Funktionen in den Tabellen nur angeben, wenn dies für die Benutzung oder das Verständnis erforderlich erscheint.

Name der Funktion, Rückgabewert	Parameter

[s1, KR, r]=kreis_plan
              (P1, P2, P3)
	P1: Frame, Anfangspunkt
	P2: Frame, Endpunkt
	P3: Frame, Zwischenpunkt
	s1: Bogenlänge
	KR: Lokales Koordinatensystem des Kreisbogens,
	      x-Vektor ist 1. Schenkel des Kreiswinkels
	      Kreis liegt in xy-Ebene
	r: Radius
	Berechnet die Bogenlänge s1, das lokale Koordinaten-
	system KR und den Radius r.

[tb, tk, tv]=geschw_lin_plan (sg, vm, am)	sg: Weglänge vm: maximale Geschwindigkeit am: Beschleunigung tb: Intervall Beschleunigung tk: Intervall konstante Geschwindigkeit tv: Intervall Verzögerung Berechnet ein lineares, trapez- oder dreieckförmiges Geschwindigkeitsprofil für eine Teilbewegung.
[ta]=aufrund(t,delta_t)	t: übergebener Wert delta_t: Intervall ta: aufgerundeter Wert ta=ceil(t/delta_t)*delta_t; Der übergebene Wert t wird auf ein Vielfaches von delta_t aufgerundet.

Da einige Planungsverfahren mehrfach verwendet werden oder sehr umfangreich sind, werden sie als eigenständige Funktionen realisiert (Tabelle 5.3). Die Hilfsfunktion ori_plan liefert die Winkeldifferenzen s2, s3 für die Orientierungsinterpolation, kreis_plan berechnet die für Planung und Interpolation der Verfahrart CPCIR benötigten Größen. Die Funktion geschw_lin_plan erzeugt ein trapez- oder dreieckförmiges Geschwindigkeitsprofil, unabhängig davon, um welche Bewegungsart es sich handelt.

Initialisierung

Listing 5.1 zeigt die Initialisierungsfunktion robot_init. Die Zustandsvariable q_akt, die globale Parametervariable rob_para für alle Roboterparameter und ipo_takt zur Festlegung des Interpolationstakts werden initialisiert. Für die Roboterparameter geschieht dies mit Hilfe der Hauptfunktion ROB6GL_DAT. Diese definiert alle Parameter für das Kinematikmodell und die Bahnsteuerung eines sechsachsigen Gelenkarmroboters. Der Parameter ipo_takt wird mit Hilfe der globalen Funktion DEF_IPO initialisiert.

Listing 5.1 Initialisierung der Bahnsteuerung

```
function   stat=robot_init(achswerte)
global q_akt rob_para ipo_takt

q_akt=          achswerte;
rob_para=       ROB6GL_DAT;
ipo_takt=       DEF_IPO;
stat=           99;
```

Roboterbewegung – Softwareentwurf

Da die Modellfunktion `robot_bew` umfangreich ist, wird zunächst der Ablauf mit Hilfe eines Strukturdiagramms entworfen (Bild 5.10 [6]). Als Parameter wird ein Bahnsatz `bs` übergeben. Rückgeliefert werden eine Statusinformation `stat` sowie die Liste aller interpolierter Achswerte `q_l` und die Liste der interpolierten Bahnwerte `s_l`. Alle übrigen Eingangsdaten – aktuelle Position, Roboterparameter, Interpolationstakt – sind als globale Variable verfügbar.

Die Funktion `robot_bew` besteht aus zwei Abschnitten – *Planung* und *Interpolation*. Zunächst findet die Planung der Trajektorie statt. Das Ergebnis dieser Planung ist die Bahnlänge $\vec{s}_g$ für die zu interpolierenden Strecken und Winkel. Basierend auf $\vec{s}_g$ und unter Berücksichtigung der zulässigen Geschwindigkeiten und Beschleunigungen werden die Bewegungssegmente für Beschleunigung, konstante Geschwindigkeit und Verzögerung geplant. Dies ergibt für alle Teilbewegungen die drei gemeinsamen synchronisierten Zeitintervalle *tbm*, *tkm*, *tvm*. Durch Aufrunden auf ein Vielfaches des Interpolationstaktes werden daraus die angepassten Zeiten *tba*, *tka*, *tva* berechnet. Diese synchronisierten Segmentzeiten bestimmen zusammen mit den Vektoren $\vec{s}_b$, $\vec{s}_k$, $\vec{s}_v$ die in jedem Segment zu fahrenden Weg-/Winkeldifferenzen.

Im zweiten Abschnitt erfolgt die Interpolation, programmiert als FOR-Schleife über alle Interpolationsschritte. Zunächst wird das geplante Geschwindigkeitsprofil interpoliert, in Abhängigkeit der jeweiligen Segmentart. Der Interpolationsvektor $\vec{s}_{int}$ bestimmt den interpolierten Zwischenpunkt auf der Trajektorie. Für die Verfahrart PTP wird $\vec{s}_{int}$ nur zum Anfangsvektor $\vec{q}_1$ addiert. Für CPLIN und CPCIR wird das interpolierte Bahnframe P_{int} mit Hilfe von $\vec{s}_{int}$ berechnet, das für jeden Zwischenpunkt sowohl die Position als auch die Orientierung beschreibt. Durch die Vorgabe der gewünschten Roboterkonfiguration *kf* und der sich anschließenden Rücktransformation erhält man den interpolierten Robotervektor $\vec{q}_{int}(t)$.

---

[6]   Im Strukturdiagramm sind Vektoren mit fetten Kleinbuchstaben dargestellt.

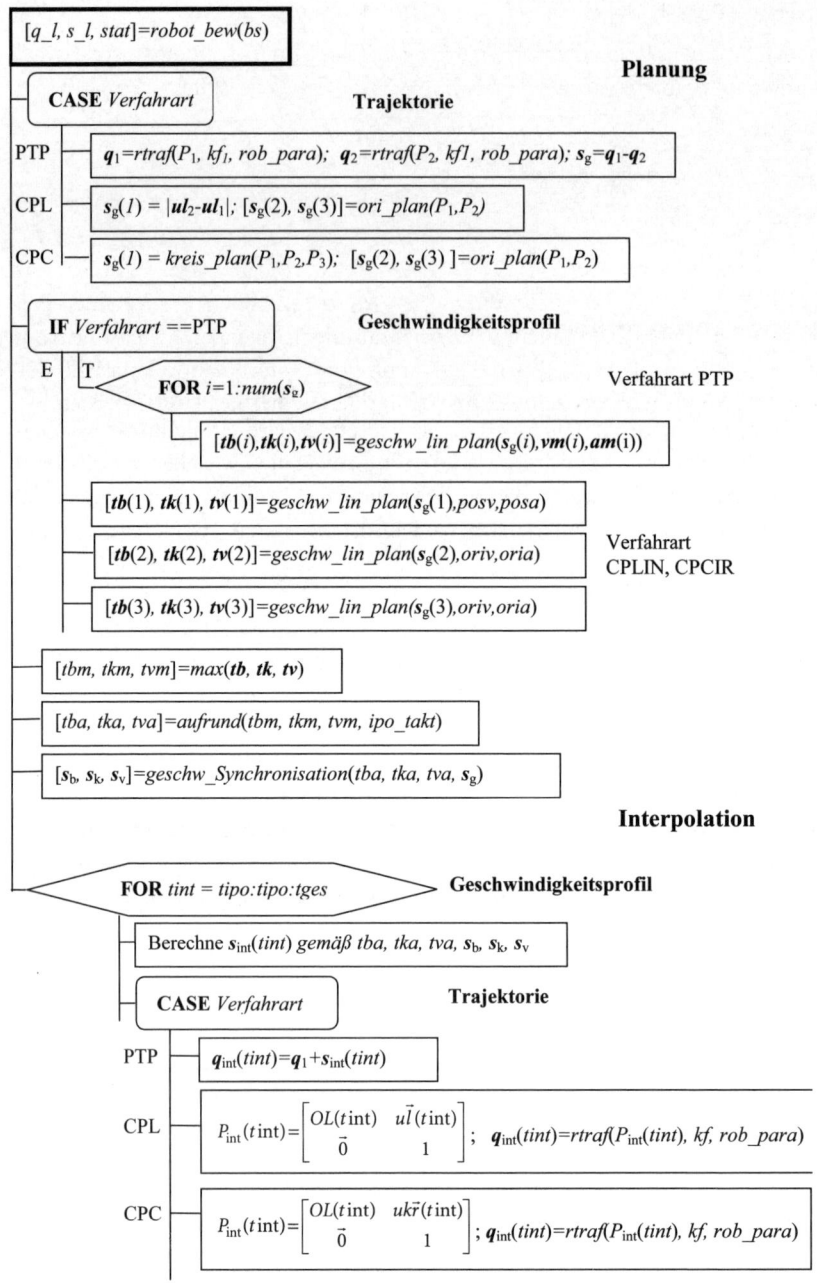

Bild 5.10 Entwurf der Funktion `robot_bew`

Roboterbewegung – Implementierung der Bahnplanung

Listing 5.2 zeigt die beispielhafte Implementierung des Planungsteils von `robot_bew`. Als Besonderheiten sind anzumerken:

- **Globale Variable**
  Durch die Deklaration als globale Variable wird ein direkter Zugriff auf die Zustandsvariable q_akt und die Parametervariablen rob_para, ipo_takt ermöglicht.

- **Kreiskoordinatensystem und Radius**
  Bei der Planung der Kreistrajektorie werden das lokale Koordinatensystem KR und der Radius r zwischengespeichert und stehen so für die spätere Interpolation zur Verfügung.

- **Realisierung der Segmentliste**
  In Abschnitt 5.2.3 wird der Aufbau der Segmentliste erläutert. Deren Zweck besteht darin, die Planungsdaten an den Interpolationsprozess zu übergeben. Im vorliegenden Programm werden die Planungsdaten nicht in einer zusammenhängenden Liste, sondern in mehreren einzelnen Variablen übergeben. Da Planung und Interpolation innerhalb derselben Funktion durchgeführt werden, können dafür lokale Variable benutzt werden.

Listing 5.2 Funktion robot_bew, Implementierung der Planung

```
function  [q_l s_l stat]=robot_bew(bs)

global q_akt rob_para ipo_takt
% Konstanten
kleinsterWeg=0.0001 % [m]; kleinsterWinkel= pi/1000; % [rad]
PTP=1; CPL=2; CPC=3; % Verfahrarten

typ=bs.typ;
P1=bs.P1;
P2=bs.P2;
if typ==CPC
    P3=bs.P3;
end  % Kreisinterpolation
kf1=bs.kf1;
kf2=bs.kf2;
prog_g=bs.geschw;
if prog_g<0 | prog_g>1     % zulässiger Wertebereich
    prog_g=1;
end

[n_achsen sp]=size(rob_para.dhp);

switch typ               % Planung Trajektorie
    case PTP %PTP
        q1= rtraf_6_gelenk(P1,kf1,rob_para);
        q2= rtraf_6_gelenk(P2,kf2,rob_para);
        sg=q2-q1;
    case CPL %CPLIN
        ul1=P1(1:3,4);
        ul2=P2(1:3,4);
```

```
            sg(1)=norm(ul2-ul1);
            [sg(2), sg(3)]=ori_plan(P1,P2);
      case CPC %CPCIR
            [sg(1) KR r]=kreis_plan(P1, P2, P3);
            [sg(2), sg(3)]=ori_plan(P1,P2);
  end

                                  % Planung Geschwindigkeitsprofil
  if typ==PTP %PTP
      vm_prg=rob_para.vm*prog_g; % programmierte Geschwindigkeit
      am=rob_para.am;
      for dd=1:n_achsen
            [tb(dd),tk(dd),tv(dd)]=geschw_lin_plan(sg(dd),
                              vm_prg(dd), am(dd));

      end
  else        % CPL, CPC
      posv_prg=rob_para.posv*prog_g;
      posa=rob_para.posa;
      oriv_prg=rob_para.oriv*prog_g;
      oria=rob_para.oria;
      [tb(1),tk(1),tv(1)]=geschw_lin_plan(sg(1),
                        posv_prg, posa);
      [tb(2),tk(2),tv(2)]=geschw_lin_plan(sg(2),
                        oriv_prg, oria);
      [tb(3),tk(3),tv(3)]=geschw_lin_plan(sg(3),
                        oriv_prg, oria);
  end

  tbm=max(tb); tkm=max(tk); tvm=max(tv); % max. Segmentzeiten

  tba=aufrund(tbm, ipo_takt);       % Berücksichtigung IPO-Takt
  tka=aufrund(tkm, ipo_takt);
  tva=aufrund(tvm, ipo_takt);

  sb=sg*tba/(2*(tba+tka)); sv=sb;   % Anpassung Segmentlängen
  sk=sg*tka/(tba+tka);
```

Roboterbewegung – Implementierung der Bahninterpolation

In Listing 5.3 wird beispielhaft die Implementierung der Interpolation von `robot_bew` vorgestellt. Als Besonderheiten sind anzumerken:

- Orientierungsinterpolation
  Die Orientierungsinterpolation ist bei den Verfahrarten CPLIN und CPCIR völlig gleich.

- **Roboterkonfiguration bei den Verfahrarten CPLIN und CPCIR**
  Während der Ausführung einer Bahn mit den Verfahrarten CPLIN und CPCIR darf sich die Armkonfiguration nicht ändern. Deshalb wird die Konfiguration des Startpunktes `kf1` als bestimmend für den gesamten Bahnverlauf verwendet.

- **Überprüfung einer Segmentdifferenz auf null**
  Bei der Interpolation muss überprüft werden, ob eine Segmentlänge so gering ist, dass eine Interpolation unterbleiben kann. Dies wird mit den Konstanten `kleinsterWeg` [m], `kleinsterWinkel`[rad] überprüft.

Listing 5.3 Funktion `robot_bew`, Implementierung der Interpolation

```
tg=tba+tka+tva;              %Interpolation Geschwindigkeitsprofil
ix=1;
for tint=ipo_takt:ipo_takt:tg
    if tint <= tba
        sint=sb*tint^2/tba^2;        % Beschleunigungssegment
    elseif tint >tba & tint <= tka+tba
        sint=sk*(tint-tba)/tka + sb; % Konstantsegment
    else
        sint=sv*(2*(tint-tba-tka)/tva-(tint-tba-tka)^2/tva^2)
             + sb + sk;              % Verzögerungssegment
    end
    s_l(ix,:)=sint(:);               % Liste Bahninkremente


    switch typ                 % Interpolation Trajektorie
    case PTP %PTP
        qint=q1+sint;
    case CPL %CPL
        if sg(1)>kleinsterWeg
            ul_int=ul1+(ul2-ul1)*sint(1)/sg(1);
        else                         % interpolierter Bahnweg
            ul_int=ul1;
        end


        Ori1=P1; Ori1(1:3,4)=[0 0 0]';
        if sg(2)>kleinsterWinkel
            z1=P1(1:3,3); z2=P2(1:3,3); dvz=cross(z1,z2);
            POZ=rotv(dvz,sint(2))*Ori1; % Rotation um dvz
        else
            POZ=Ori1;
        end


        if sg(3)>kleinsterWinkel
            xint=POZ(1:3,1); x2=P2(1:3,1); dvx=cross(xint,x2);
            POX=rotv(dvx, sint(3))*POZ; % Rotation um dvx
```

```
        else
            POX=POZ;
        end

        P_int=POX;              % interpolierte Orientierung
        P_int(1:3,4)=ul_int;
        qint=rtraf_6_gelenk(P_int,kf1,rob_para);

    case CPC %CPC
        if sg(1)>kleinsterWeg
            PKR=KR*rotz(sint(1)/r);
            ukr_int_h=PKR*[r,0,0,1]'; % interpolierter Bahnweg
            ukr_int=ukr_int_h(1:3);
        else ukr_int=KR(1:3,4);
        end

                        % Orientierungsinterpolation wie bei CPL
        Ori1=P1; Ori1(1:3,4)=[0 0 0]';
        if sg(2)>kleinsterWinkel
            z1=P1(1:3,3); z2=P2(1:3,3); dvz=cross(z1,z2);
            POZ=rotv(dvz,sint(2))*Ori1; % Rotation um dvz
        else
            POZ=Ori1;
        end

        if sg(3)>kleinsterWinkel
            xint=POZ(1:3,1); x2=P2(1:3,1); dvx=cross(xint,x2);
            POX=rotv(dvx, sint(3))*POZ; % Rotation um dvx
        else
            POX=POZ;
        end

        P_int=POX;              % interpolierte Orientierung
        P_int(1:3,4)=ukr_int;
        qint=rtraf_6_gelenk(P_int,kf1,rob_para);

    end
    q_l(ix,:)=qint(:);
    ix=ix+1;

end % Schleife Interpolation

q_akt=qint;    % Roboter-Zustandsvariable
               % Aktuelle Roboterposition am Ende der Bahn
```

5.4.4   Hilfsfunktionen

Planung der Orientierungsinterpolation

Listing 5.4 zeigt die Funktion zur Planung der Orientierungsinterpolation. Die Winkeldifferenz s2 wird mit Hilfe des Skalarprodukts der *z*-Vektoren von Anfangspunkt P1 und Endpunkt P2 berechnet. Das gleiche Verfahren wird für die Berechnung der Winkeldifferenz s3 angewendet. Diese bezieht sich auf den bereits um s2 gedrehten *x*-Vektor von P1 und den *x*-Vektor von P2. Für die Planung der Orientierungsinterpolation muss noch überprüft werden, ob die Winkeldifferenz s2 näherungsweise den Betrag null aufweist.

Listing 5.4 Funktion `ori_plan` zur Planung der Orientierungsinterpolation

```
function  [s2 s3]=ori_plan(P1, P2)

kleinsterWinkel= pi/1000; % [rad]

z1=P1(1:3,3); z2=P2(1:3,3); dvz=cross(z1,z2);
s2=acos(dot(z1,z2));    % Drehwinkel um raumfesten Vektor dvz

PO1=P1; PO1(1:3,4)=[0 0 0]';
if s2> kleinsterWinkel;
    POZ=rotv(dvz,s2)*PO1;
else
    POZ=PO1;
end
x1_z=POZ(1:3,1); x2=P2(1:3,1);
s3=acos(dot(x1_z,x2));
```

Planung der Kreisinterpolation

Listing 5.5 zeigt die Planungsfunktion für die Kreisinterpolation. Voraussetzung für die Berechnung ist, dass die vorgegebenen Kreispunkte P1, P2, P3 einen genügend großen Abstand haben. Nur dann lassen sich der Normalenvektor der Kreisebene zk und der Mittelpunkt mk sicher bestimmen.

Der Kreismittelpunkt wird durch den Schnitt der Mittelsenkrechten der Strecken P_1P_2 und P_1P_3 berechnet (Bild 5.4). Die Schnittgleichung von zwei Geraden im Raum ergibt auf jeder Geraden einen Punkt, der zur anderen Geraden einen minimalen Abstand hat (Abschnitte 2.4.2, 3.2.1). Da die beiden Mittelsenkrechten in einer gemeinsamen Ebene mit dem Normalenvektor zk liegen, sind die beiden Geradenpunkte mit geringstem Abstand gleich. Sie definieren den Mittelpunktsvektor des Kreises mk .

Der Kreismittelpunkt als Ursprung, der Normalenvektor der Kreisebene als z-Vektor und die Strecke MP_1 als Richtung für den x-Vektor definieren das Kreiskoordinatensystem KR und den Radius r. Der Punkt P2 wird in das Kreiskoordinatensystem KR transformiert und definiert so den Winkel phi des Kreisbogens und damit die Bogenlänge skr_g, dargestellt in s1. Bei der Kreisinterpolation wird das lokale Koordinatensystem KR um seine z-Achse gedreht. Mitgedreht wird der Startpunkt des Kreisbogens P1, der in KR den homogenen Ortsvektor $[r \ 0 \ 0 \ 1]^T$ besitzt.

Listing 5.5 Planungsfunktion für die Kreisinterpolation

```
function  [s1 KR r]=kreis_plan(P1, P2, P3)

u1=P1(1:3,4); u2=P2(1:3,4); u3=P3(1:3,4);
zk=cross(u3-u1,u2-u1);
zk=zk/norm(zk);          % Normalenvektor der Kreisebene

                         % Berechnung des Mittelpunkts
if norm(zk)<10*eps
    error('Kreispunkte liegen zu nahe bei einander');
    return
end

hv1=(u1+u2)/2; rv1=cross(u2-u1,zk);
hv2=(u1+u3)/2; rv2=cross(u3-u1,zk);

A=[rv1 -rv2]; k=hv2-hv1;
l=A\k;
mk=hv1+l(1)*rv1; % Kreismittelpunkt
r=norm (u1-mk);  % Radius

                     % Transformation von Punkt P2 nach KR
xk=u1-mk; xk=xk/norm(xk);
yk=cross(zk,xk);
KR=[xk yk zk mk; 0 0 0 1]; % Kreis-Koordinatensystem
P2_KR=inv(KR)*P2;
phi=atan2(P2_KR(2,4), P2_KR(1,4)); % y-,x-Koordinate in KR
if phi<0 phi=2*pi+phi; end  % 0<phi<2*pi erforderlich
s1=phi*rad;       % Bogenlänge
```

Planung des Geschwindigkeitsprofils

Listing 5.6 gibt die Berechnung des Geschwindigkeitsprofils wieder. In Abhängigkeit von der kritischen Weglänge skrit wird zwischen einem dreieck- und trapezförmigen Profil unterschieden.

Listing 5.6 Berechnung des Geschwindigkeitsprofils

```
function  [tb tk tv]=geschw_lin_plan(s, vm, am)
% Eingangsparameter:
% s:              Weglänge
% vm:             maximale Geschwindigkeit
% am:             Beschleunigung,
%
% Ausgangsparameter:
% tb:             Zeit Beschleunigung,
% tk:             Zeit konstante Geschwindigkeit,
% tv:             Zeit Verzögerung,

s_abs=abs(s);    % Die Berechnung der Zeit bezieht sich auf
                 % den Betrag der Weg-/Winkeldifferenz
skrit=vm^2/am;
if s_abs-skrit>eps      % Trapezprofil
    tb=vm/am; tv=tb; tk=s_abs/vm - vm/am;
else                    % Dreieckprofil
    tb=sqrt(s_abs/am); tv=tb; tk=0;
end
```

5.5 Test und Visualisierung

5.5.1 Testanwendung

Die entwickelte Software soll nun mit Hilfe einer Anwendung getestet werden. Dabei werden die Roboterbewegung grafisch dargestellt und der Bewegungsprozess analysiert. Das Anwendungsprogramm ist als Skript realisiert, also ohne Funktionsdefinition. Damit liegen alle lokalen Variablen im Hauptbereich, auf den dann auch über das Kommandofenster interaktiv zugegriffen werden kann. Die Implementierung zeigt Listing 5.7.

Listing 5.7 Skript der Testanwendung

```
ww_1=[0  -100 10 0 0 0]*pi/180;
ww_2=[90 -100 10 0 0 0]*pi/180;
robot_init(ww_1);
global rob_para

P1=vtraf(ww_1,rob_para);
P2=vtraf(ww_2,rob_para);
```

```
bahn.P1=P1;
bahn.P2=P2;
bahn.kf1=1;
bahn.kf2=1;
bahn.geschw=0.5;
bahn.typ=1; % PTP


[q_1 s_1 stat]=robot_bew(bahn);
al_geschw=robot_bahn_ausw(q_1,1);
robot_bahn_vis(q_1,2,al_geschw);
```

Das Programm hat den folgenden Aufbau:

1. Zunächst werden zwei Robotervektoren ww_1 und ww_2 im Gradmaß definiert und dann ins Bogenmaß umgerechnet. Die Werte für die beiden Robotervektoren sind so gewählt, dass nur eine Bewegung mit der Achse A_1 erfolgt.

2. Der Roboter wird mit der Pose ww_1 initialisiert. Auch alle benötigten globalen Variable werden dabei eingerichtet.

3. Da für den Bahnsatz kartesische Koordinaten erforderlich sind, werden diese aus den Robotervektoren durch Vorwärtstransformation berechnet. Deshalb müssen die Roboterparameter durch die Deklaration global rob_para importiert werden.

4. Der Bahnsatz bahn wird definiert. Er enthält als Komponenten Anfangs- und Endpunkt, Armkonfiguration, Verfahrart, programmierte Geschwindigkeit.

5. Die Roboterbewegung wird mit robot_bew berechnet. Übergeben wird der Bahnsatz bahn. Geliefert werden die Liste der Achswerte q_1 und die Liste der Bahnwerte s_1. Bei der Verfahrart PTP sind Achs- und Bahnwerte jedoch übereinstimmend.

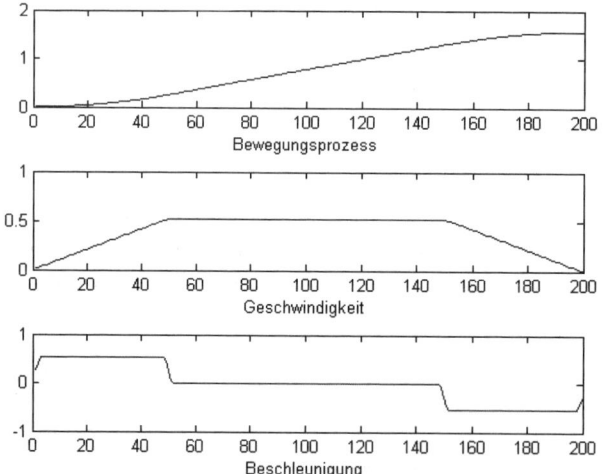

Bild 5.11 Grafische Darstellung von Winkel (Bewegungsprozess),
Geschwindigkeit und Beschleunigung der Roboterachse A_1

6. Mit der Funktion `robot_bahn_ausw` wird der mit dem Parameterwert `q_l` übergebene Bahnverlauf analysiert. Als Funktionswert wird dann der Geschwindigkeitsverlauf, der durch den zweiten Funktionsparameter `1` ausgewählten Teilbewegung, als Variable `a1_geschw` geliefert. Im vorliegenden Fall betrifft dies die Roboterachse A_1. Für die ausgewählte Teilbewegung wird zusätzlich der Verlauf von Winkelwert, Geschwindigkeit und Beschleunigung grafisch dargestellt (Bild 5.11). Man erkennt, dass die Winkelbeschleunigung sprungförmig und die Winkelgeschwindigkeit trapezförmig verlaufen. Der zeitliche Verlauf des Achswinkels von A_1 ist während der Beschleunigungs- und der Verzögerungsphase parabelförmig abgerundet. Während der Phase mit konstanter Geschwindigkeit steigt er linear an.

7. Schließlich wird die zuvor berechnete Bahn mit `robot_bahn_vis` ausgeführt und visualisiert. Übergeben werden die Liste der Achswerte `q_l` und der Visualisierungsmodus `2`. Dieser Wert bewirkt, dass bei jedem Zwischenpunkt das Effektorkoordinatensystem dargestellt wird. Die Größe der dargestellten Linien ist proportional zum Geschwindigkeitsverlauf der Roboterachse A_1. Dieser ist bereits in `a1_geschw` dargestellt und wird als dritter Parameter übergeben. Bild 5.12 zeigt die Visualisierung der ausgeführten Bahn. Es zeigt, dass nur eine Drehung um die Roboterachse A_1 stattfindet.

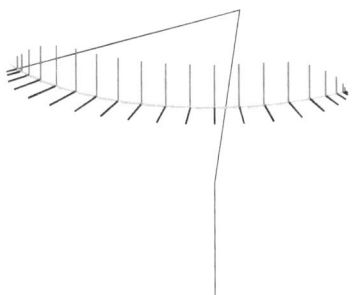

Bild 5.12 Visualisierung der Roboterbewegung im Modus 2

5.5.2 Visualisierung und Auswertung

In Listing 5.8 ist die Implementierung der Funktion `robot_bahn_vis` zur einfachen Visualisierung einer Roboterbewegung dargestellt. Übergeben wird eine Liste aller interpolierten Achswerte sowie ein Wert zur Auswahl des *Visualisierungsmodus*. Drei Modi sind realisiert:

- **Modus 1**
  Für jeden Zwischenschritt wird das Effektorframe dargestellt. Die Bewegungsspur des TCP wird gezeichnet. Für den Anfangspunkt wird die kinematische Kette als Strichmodell dargestellt. Die Geschwindigkeit kann am sich ändernden Abstand der Zwischenpunkte abgelesen werden.

- **Modus 2**
  Im Unterschied zu Modus 1 wird die Größe des Effektorframes proportional zu einem Geschwindigkeitsverlauf verändert. Dafür wird durch einen dritten optionalen Parameter ein beliebiger Geschwindigkeitsverlauf einer Teilbewegung übergeben, z.B. die Winkelgeschwindigkeit von Achse A_1 oder eine Winkelgeschwindigkeit für die Orientierungsinterpolation.

- **Modus 3**
  Für jeden Zwischenschritt werden das Effektorframe und die kinematische Kette dargestellt.

Die Darstellung von dreidimensionalen Kurven erfolgt mit der Grafikfunktion plot3. Die erweiterte Vorwärtstransformation koortraf liefert zusätzlich zum Effektorkoordinatensystem auch alle Ortskoordinatensysteme der Bewegungsachsen.

Listing 5.8 Visualisierung der Bewegungsbahn

```
function  robot_bahn_vis(q_l, modus, geschw_l)
global rob_para
ks_linie=0.1;
[ns sp]=size(q_l);
if nargin ==3      % falls Geschwindigkeitsliste übergeben
    max_geschw=max(geschw_l);
    rel_geschw=geschw_l/max_geschw;
end
figure; hold on; view(48,20);


for dd=1:ns      % Schleife über alle Interpolationspunkte
    koor=koortraf(q_l(dd,:), rob_para);

    if modus==1
        if dd==1
            zeichne_kin_kette(koor, ks_linie);
            pp_v=koor{8}(1:3,4);
        end
        pp=koor{8}(1:3,4);
        plot3([pp_v(1),pp(1)],[pp_v(2),pp(2)],
            [pp_v(3),pp(3)],'r');
        pp_v=pp;
    end

    if modus==2
        if dd==1
            zeichne_kin_kette(koor, 0);
        end
        if nargin==3
            zeichne_ks(koor{8},ks_linie*rel_geschw(dd));
```

```
        else zeichne_ks(koor{8},ks_linie);
        end
    end

    if modus==3
        zeichne_kin_kette(koor, ks_linie);
        zeichne_ks(koor{8},ks_linie);    % Effektor
    end
  end %Schleife
  hold off;
```

Schließlich zeigt Listing 5.9 die Implementierung der Funktion `robot_bahn_ausw`. Übergeben wird die Liste der interpolierten Bewegungswerte `bew_l` und ein Indexwert 1 bis 6 für die Auswahl der gewünschten Teilbewegung. Bewegungsdaten können sowohl Achswerte aus `q_l` als auch Bahnwerte aus `s_l` sein. Das Ergebnis ist die grafische Darstellung von Winkel/Ort, Geschwindigkeit und Beschleunigung der gewählten Teilbewegung. Die Berechnung der Ableitungen erfolgt mit `gradient`. Mit `subplot` werden die drei Teilgrafiken erzeugt. Zusätzlich wird die Geschwindigkeit der gewählten Teilbewegung als Rückgabewert `geschw_l` zur weiteren Auswertung übergeben.

Listing 5.9 Numerische Auswertung des Bewegungsverlaufs und Darstellung als Diagramm

```
  function  geschw_l =robot_bahn_ausw(bew_l, teil_bew_index)

  global ipo_takt
  figure;
  teil_bew=bew_l(:,teil_bew_index);
  subplot(3,1,1); plot(teil_bew); xlabel('Teilbewegung')
  geschw_l=gradient(teil_bew, ipo_takt);
  subplot(3,1,2); plot(geschw_l); xlabel('Geschwindigkeit')
  beschl_l=gradient(geschw_l, ipo_takt);
  subplot(3,1,3); plot(beschl_l); xlabel('Beschleunigung')
```

5.6 Zusammenfassung

Es ist ein wesentlicher Unterschied, ob eine Bewegungsbahn bezogen auf die Roboterkoordinaten oder die kartesischen Weltkoordinaten geplant und ausgeführt wird. Die erste Methode (Verfahrart PTP) führt zu zeitoptimalen Bewegungsabläufen, gewährleistet aber nur Punktgenauigkeit im Zielpunkt. Sie wird angewendet, um große Entfernungen im Arbeitsraum schnell zu überbrücken. Die zweite Methode (Verfahrarten CPLIN, CPCIR) ist bahngenau und ermöglicht so die Ausführung von Bewegungen, die im gesamten Bahnverlauf den programmierten Vorgaben entsprechen. Eingesetzt wird sie, um exakte, werkstückbezogene Fertigungsoperationen durchzuführen. Die Bahnplanung beginnt mit der Auswertung des Bahnsatzes für die auszuführende Trajektorie. Daraus ergeben sich die Vorgaben, um für alle Teilbewegungen ein synchronisiertes Geschwindigkeitsprofil zu berechnen. Die Bahninterpolation läuft in umgekehrter Reihenfolge ab. Zuerst wird der nächste Zwischenwert des Geschwindigkeitsprofils interpoliert. Entsprechend der programmierten Verfahrart berechnet sich daraus der nächste Zwischenpunkt der Trajektorie.

Eine zentrale Rolle bei der Berechnung und Ausführung einer Roboterbewegung spielt der Interpolationsvektor $\vec{s}(t)$. Er repräsentiert die synchronisierte, zeitgesteuerte Ausführung aller Teilbewegungen. Die Basis für seine Berechnung sind die Bahnlängen der Teilbewegungen sowie die vorgegebenen Geschwindigkeits- und Beschleunigungsparameter. Die Gesamtbahn wird in Bewegungssegmente unterteilt. Sie realisieren Phasen mit gleich bleibendem Bewegungsverhalten – jeweils konstante Beschleunigung, Geschwindigkeit, Bremsverzögerung. Bei der PTP-Verfahrart stellt der Interpolationsvektor $\vec{s}(t)$ bereits die Achswerte dar, die als Sollwerte an die Regelkreise der Achsen ausgegeben werden. Bei den CP-Verfahrarten umfasst $\vec{s}(t)$ drei Komponenten. Sie beschreiben den zurückgelegten Weg auf der Bahnkurve (Strecke oder Kreisbogen) und die beiden Winkel für die Orientierungsinterpolation. Damit wird für jeden Zwischenpunkt ein Bahnframe berechnet. Unter Berücksichtigung der programmierten Armkonfiguration des Roboters werden über die Rücktransformation die Achssollwerte berechnet und ausgegeben.

Das Grundkonzept für die Programmierung stellt der endliche Automat dar. Der Bewegungszustand des Roboters wird durch globale Variable dargestellt. Die zentrale Modellfunktion ist `robot_bew`. Sie realisiert die Ausführung einer Bewegungsbahn durch die Überführung des Roboters von einem Ruhezustand in den nächsten. Die Ablaufstruktur der Steuerungssoftware ist sequentiell. Da Bahnplanung und Bahninterpolation in einer gemeinsamen Hauptfunktion realisiert sind, können die Planungsdaten der einzelnen Bewegungssegmente durch lokale Variable an den Interpolationsteil übergeben werden. Einige umfangreichere Planungsverfahren sind als eigenständige Funktionen realisiert. Beim Test der Software für die Bahnsteuerung wird eine dreidimensionale Darstellung der Bewegungsbahn erzeugt. Zusätzlich kann eine Teilbewegung bezüglich des zeitlichen Verlaufs von Position oder Winkel, Geschwindigkeit und Beschleunigung als Diagramm dargestellt werden.

Wichtige Begriffe und Methoden

- Trajektorie und Geschwindigkeitsprofil
- Bahnplanung und Bahninterpolation
- Interpolation in Roboterkoordinaten, PTP, zeitoptimal
- Interpolation in Weltkoordinaten, CP, werkstückbezogen
- Interpolationsvektor
- Orientierungsinterpolation mit raumfester Drehachse und zwei Drehwinkeln
- Zirkularinterpolation im Kreiskoordinatensystem
- Trapez-/dreieckförmiges Geschwindigkeitsprofil

- Kritische Bahnlänge
- Synchrone und vollsynchrone Gesamtbewegung
- Berechnung der optimalen und synchronisierten Segmentzeiten
- Anpassung an den Interpolationstakt
- Echtzeitanforderungen an die Bahninterpolation
- Segmentarten – Beschleunigung, konstante Geschwindigkeit, Bremsverzögerung
- Interpoliertes Bahnframe
- Programmierung des Bewegungsmodells der Bahnsteuerung
- Endlicher Automat als Grundkonzept für zeitveränderliche Modelle
- Modelfunktion, Modellzustand, Modellparameter
- Entwurf der Ablaufstruktur für die Roboterbewegung
- Problematik der globalen Variablen
- Programmierung einer Testanwendung
- Dreidimensionale Visualisierung der Bewegungsbahn
- Auswertung von Weg/Winkel, Geschwindigkeit, Beschleunigung für eine Teilbewegung

5.7   Aufgaben

Aufgabe 5.1

Gegeben sind zwei Beschleunigungsverläufe $b_1(t)$, $b_2(t)$ für $0 \leq t \leq 5$, dargestellt in Bild 5.13.

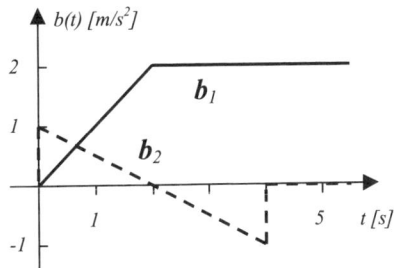

Bild 5.13 Beschleunigungsverläufe b_1 und b_2.

a) Skizzieren Sie die dazugehörigen Geschwindigkeitsverläufe $v_1(t)$ und $v_2(t)$.
b) Skizzieren Sie die dazugehörigen Wegverläufe $s_1(t)$ und $s_2(t)$.
c) Stellen Sie die Wegverläufe $s_1(t)$ und $s_2(t)$ als Formel dar.

Aufgabe 5.2

Betrachtet wird ein kartesischer Roboter mit zwei Achsen, den Geschwindigkeitsparametern $vm_{1,2}=3$ m/s und den Beschleunigungsparametern $am_{1,2}=2$ m/s^2. Er fährt eine geradlinige Bahn zwischen den beiden Punkten P_1 (1,2) und P_2 (8,7) ab.

a) Ermitteln Sie, ob ein Trapez- oder Dreiecksprofil vorliegt.
b) Berechnen Sie die Segmentzeiten und zeichnen Sie die beiden Geschwindigkeitsprofile.
c) Berechnen Sie die synchronisierten Teilbewegungen und zeichnen Sie die resultierenden Geschwindigkeitsprofile.
d) Berechnen Sie aus den Geschwindigkeitsprofilen durch Integration (Berechnung der Flächen unter den Kurven) die Weglängen.

Aufgabe 5.3

Gegeben sind zwei Orientierungsmatrizen O_1 und O_2 mit

$$O_1 = \begin{bmatrix} 1 & 0 & 0 \\ 0 & 1 & 0 \\ 0 & 0 & 1 \end{bmatrix}; \quad O_2 = \begin{bmatrix} 1/\sqrt{2} & -1/\sqrt{2} & 0 \\ 0 & 0 & 1 \\ -1/\sqrt{2} & -1/\sqrt{2} & 0 \end{bmatrix}$$

a) Berechnen Sie den Drehvektor $d\vec{v}_z$ und die Winkeldifferenz ρ_g.
b) Berechnen Sie den Drehvektor $d\vec{v}_x$ (ρ_g) und die Winkeldifferenz σ_g.
c) Berechnen Sie $O_1'(\pi/4)$.

Aufgabe 5.4

Gegeben sind der Anfangspunkt eines Kreisbogens P_1 (3,3,0), der Endpunkt P_2 (3,-1.0) und ein Zwischenpunkt P_3 (1,1,0).

a) Berechnen Sie die Mittelsenkrechten ms_1, ms_2 für die Strecken P_1P_2 und P_1P_3 in der xy-Ebene.
b) Berechnen Sie Mittelpunkt M und Radius r des Kreisbogens.
c) Stellen Sie das Kreiskoordinatensystem KR als Frame nach den Regeln dar, die in Abschnitt 5.2.1 beschrieben sind.
d) Transformieren Sie P_2 nach KR.
e) Berechnen Sie den Bogenwinkel φ_g mit Hilfe der atan2-Funktion und die Bogenlänge s_g.
f) Erstellen Sie die Matrix-Vektor-Gleichung zur Berechnung des Bahnvektors $\vec{u}_{int}(t)$.

Aufgabe 5.5

a) Ändern Sie die Implementierung der Bahnplanung in Listing 5.2 so ab, dass damit nur ein kartesischer Roboter mit zwei Achsen gesteuert werden kann. Überprüfen Sie, ob auch die Hilfsfunktionen angepasst werden müssen.

b) Ändern Sie auch die Implementierung der Bahninterpolation in Listing 5.3, damit nur ein kartesischer Roboter mit zwei Achsen gesteuert werden kann.

Aufgabe 5.6

Realisieren Sie eine MATLAB-Funktion mit den folgenden Eigenschaften:

1. Über die Eingangsparameter wird ein Kreis im Raum durch die Vorgabe des Kreiskoordinatensystems, des Radius und des Bogenwinkels definiert.
2. Der Kreisbogen wird als dreidimensionale Grafik angezeigt.

Aufgabe 5.7

Schreiben Sie kleine Anwendungsprogramme, welche die folgenden Bewegungsbahnen ausführen:

a) Nur Rotation um die Achse A_2 um 45°.
b) Nur Rotation um die Achse A_3 um 30°.
c) Nur Rotation um die Achse A_4 um 270°.
d) Abfahren einer beliebigen geraden Strecke. Dabei wird die z-Achse des Effektorkoordinatensystems *EF* um 90° bezüglich der z-Achse des Basiskoordinatensystems *BAS* geschwenkt.

Aufgabe 5.8

a) Ändern Sie Funktion `robot_bew` so ab, dass die Orientierungsinterpolation über die ZYZ-Eulerwinkel erfolgt.
b) Testen Sie die neue Funktion `robot_bew_eul` und stellen Sie die Orientierungsinterpolation grafisch dar.

Aufgabe 5.9

Gegeben ist ein Gelenkarmroboter mit sechs Achsen. Er soll ein Werkstück bearbeiten, das auf einem Drehtisch befestigt ist (Bild 5.14). Die Winkelstellung des Drehtisches wird über die Achsvariable q_7 gesteuert. Die Bahnpunkte sind im Flanschkoordinatensystem des Drehtisches *DFL* dargestellt.

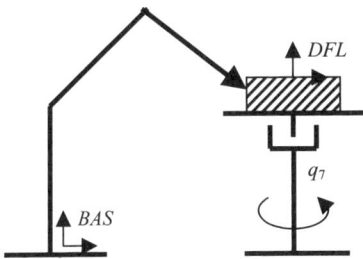

Bild 5.14 Gelenkarmroboter mit Drehtisch

a) Ermitteln Sie die Transformation $^{W}T_{DFL}(q_7)$, um *DFL* im Weltkoordinatensystem darzustellen.

b) Erweitern Sie die Parametervariable `robot`, definiert in Listing 4.4, um die Modellparameter für einen einachsigen Drehtisch.

c) Erweitern Sie die Software der Bahnsteuerung so, dass auch bei einem Drehtisch in Bewegung die Verfahrarten *CPLIN, CPCIR* bezogen auf ein Werkstück durchgeführt werden können.

Aufgabe 5.10

Die entwickelte Bahnsteuerung soll zur Steuerung einer Laufmaschine mit zwei Beinen und je drei parallelen Drehgelenken verwendet werden. Die kinematische Struktur zeigt Bild 5.15. Dargestellt ist die Pose (1), „Beine gestreckt".

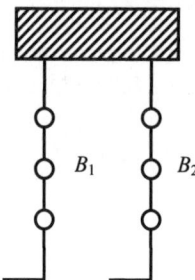

Bild 5.15 Kinematische Struktur der Laufmaschine

a) Zeichnen Sie die Stellung der Beine für die drei weiteren Posen:
    (2) „B1 und B2 abgesenkt"
    (3) „B1 nach vorne"
    (4) „Oberkörper über B1 und B2 nach hinten"

b) Ermitteln Sie die für die Positionswechsel (1->2), (2->3), (3->4), (4->2), (2->1) benötigten Rücktransformationen.

c) Realisieren Sie für jedes Bein eine eigene Bahnsteuerung.

d) Erstellen Sie ein Programm, dass die unter b) definierten Posenwechsel realisiert.

e) Erstellen Sie ein Anwendungsprogramm, das die Laufmaschine ausgehend von Pose (1) drei Schritte gehen lässt und dann wieder Pose (1) einnimmt.

f) Implementieren Sie dazu eine geeignete Grafikausgabe.

6   Programmieren im Großen

Zielsetzung

Das Hauptanliegen dieses Buches besteht darin, umfassende Steuerungssoftware mit einer technikorientierten Programmiersprache zu realisieren. Für dieses Programmieren im Großen müssen im Vergleich zum Erstellen kleiner Programme erweiterte Techniken und Hilfsmittel zur Verfügung stehen. Zunächst erfolgt ein Überblick geeigneter Softwarekonzepte. MATLAB bietet vor allem Unterstützung für die komponentenorientierte Programmierung über die COM-Schnittstelle. Dadurch ist es leicht möglich, Softwareteile, die in unterschiedlichen Programmiersprachen geschrieben sind, zu integrieren. Zunächst werden die Eigenschaften der COM-Schnittstelle und deren Anwendung in MATLAB behandelt. Von zentraler Bedeutung ist die Programmierung der Schnittstelle für MATLAB als COM-Client.

Anhand eines konkreten Beispiels wird gezeigt, wie eine Steuerungssoftware aus mehreren Komponenten aufgebaut und programmiert wird. Eine eigenständige Softwarekomponente, ausgestattet mit eigener Bedienoberfläche, wird als *lokaler Server* integriert. Sie realisiert einen Echtzeitinterpolator, der die Roboterbewegung zeitgesteuert ausführt. Die Implementierungssprache ist C++. Es wird gezeigt, wie mit den im Laufe der bisherigen Kapitel entwickelten Softwareteile ein vollständiger Robotersimulator mit Grafikausgabe aufgebaut wird.

6.1   Geeignete Softwarekonzepte

6.1.1   Allgemeine Anforderungen

Das *Programmieren im Kleinen* umfasst nur Techniken für die Erstellung von kleinen überschaubaren Programmen mit nur wenigen Dateien. Um große Programme realisieren zu können, müssen zusätzliche Anforderungen erfüllt werden:

1. **Unterschiedliche Implementierungssprachen**
   Oft ist es nicht zu vermeiden, manchmal ist es auch sinnvoll, dass Programmteile mit unterschiedlichen Sprachen implementiert sind. Deshalb müssen Schnittstellen vorhanden sein, um gegenseitige Aufrufe und Datenaustausch zu ermöglichen.

2. **Modularität und Austauschbarkeit**
   Software ist ständiger Wandlung unterworfen. Verbesserungen und Erweiterungen werden eingefügt und Fehler beseitigt. Außerdem muss es möglich sein, unterschiedliche Versionen von Teilen der Software gemeinsam zu installieren.

3. **Kapselung und Schutz**
   Für die Sicherheit großer Softwaresysteme ist wesentlich, dass sich Fehler nicht fortpflanzen. Softwaremodule müssen so gekapselt sein, dass Fehler nicht nach außen eindringen. Sie müssen aber auch vor fehlerhaften Einflüssen von außerhalb geschützt sein.

4. **Wiederverwendbarkeit**
   Einmal entwickelte Software soll für vergleichbare Problemstellungen wiederverwendbar sein. Dies bedeutet, dass sie in zweifacher Hinsicht anpassbar sein muss. Dies betrifft einmal unterschiedliche Rechnerplattformen, bestehend aus spezifischer Hardware, Betriebssystem und weiteren Subsystemen wie Funktionsbibliotheken, Rechnernetzen, Datenbanken. Die zweite Anpassung betrifft andere, aber ähnliche Problemstellungen. Dies soll jedoch so geschehen, dass dabei der überwiegende Teil der Software übernommen werden kann.

5. **Softwarequalität**
   Damit auch große Softwarepakete zuverlässig und weitgehend fehlerfrei sind, müssen zusätzliche Maßnahmen ergriffen werden. Das Zusammenfassen von wiederverwendbarer Software zu *Bibliotheken* erleichtert die Benutzung. *Frameworks* stellen eine bereits ausgearbeitete Architektur für Anwendungsfälle zur Verfügung. *Entwurfsmuster* stellen eine ähnliche Maßnahme dar. Auch sie liefern Softwarestrukturen, jedoch für Details, nicht für die globale Architektur. Voraussetzung für eine gute Softwarequalität ist jedoch ein optimaler Entwurfsprozess. Der *objektorientierte Entwurf*, bestehend aus Fach- und DV-Entwurf [BAL01], und der *modellbasierte Entwurf* [PIE07] stellen solche Prozesse dar.

Die Anpassung von Software an andere Rechnerplattformen oder ähnliche Problemstellungen kann entweder durch Veränderungen im Quellcode oder durch den Austausch von binären Softwarekomponenten erfolgen. Auf der Quellcodeebene gibt es zwei Ansätze. Beim parametrischen oder generischen Ansatz werden Softwaremodule mit formalen Parametern ausgestattet, die dann bei der konkreten Verwendung mit spezifischen Werten besetzt werden. Das Konzept der *objektorientierten Programmierung* erlaubt die Definition von Klassen. Diese werden benutzt um neue Softwareobjekte zu erzeugen. Eine weitergehende Möglichkeit besteht jedoch darin, die Information einer Klasse durch *Vererbung* an eine neue zu übertragen. Diese abgeleitete Klasse braucht dann nur noch den Code zu enthalten, der die Besonderheiten der konkreten Rechnerplattform oder Problemstellung realisiert. Die Anpassung von Software auf der binären Ebene erfolgt durch das Einfügen von spezifischen *Softwarekomponenten*. Voraussetzung dafür ist jedoch, dass standardisierte *Komponentenschnittstellen* verwendet werden.

6.1.2 Unterstützung durch MATLAB

MATLAB erfüllt einen Teil der Anforderungen für das Programmieren im Großen:

- Komponentenschnittstelle
  Softwarekomponenten sind binäre Softwareteile, deren Abhängigkeit von einer bestimmten Rechnerplattform genau festgelegt ist und die über standardisierte Schnittstellen benutzt werden. In MATLAB steht dafür die sehr weit verbreitete COM-Schnittstelle zur Verfügung. Diese erlaubt einmal die Verwendung unterschiedlicher Implementierungssprachen. So werden auch die durch die Implementierungssprache bedingten Besonderheiten beim Aufruf von Funktionen und der Übergabe von Parametern durch die COM-Schnittstelle angepasst. Ebenso werden Austauschbarkeit und Kapselung/Schutz durch das Konzept der Komponentenschnittstellen unterstützt.

- MATLAB-Compiler
  Der MATLAB-Compiler mcc unterstützt die Portierung der entwickelten Software auf unterschiedliche Rechnerplattformen. Mit Hilfe des MATLAB-Compilers werden M-Dateien in den Quellcode einer anderen Programmiersprache umgewandelt, z.B. C++ oder Java. Mit der Entwicklungsumgebung dieser Sprache für den entsprechenden Zielrechner werden die erzeugten Quellcodedateien dann weiterverarbeitet und auf der Zielplattform integriert. Auf diese Weise kann eine mit MATLAB programmierte Software eigenständig, ohne die MATLAB-Entwicklungsumgebung, ausgeführt werden.

- Objektorientierte Programmierung
  Darüber hinaus bietet MATLAB auch die Möglichkeit der objektorientierten Programmierung, wenn auch in etwas eingeschränkter Form gegenüber typischen objektorientierten Sprachen wie C++ oder Java.

Der spezielle *MEX-Compiler* erlaubt, dass in M-Dateien Funktionen benutzt werden, die in einer anderen Programmiersprache, z.B. C, geschrieben sind. Da diese Möglichkeit jedoch gegenüber der Benutzung der Komponentenschnittstelle wesentlich eingeschränkt ist, wird darauf nicht weiter eingegangen.

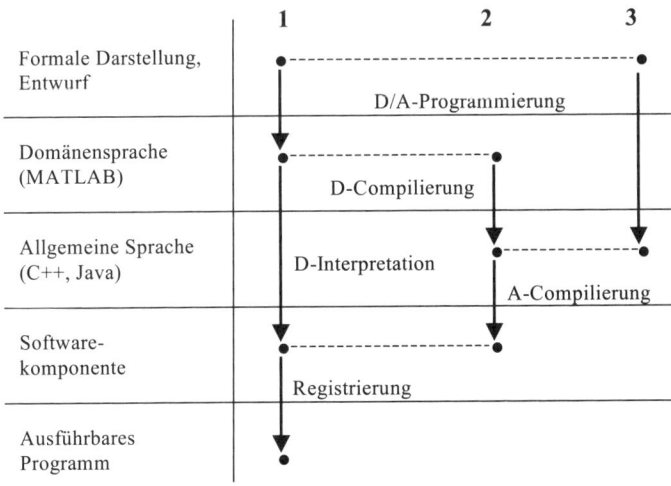

Bild 6.1
Implementierungspfade,
unterstützt durch MATLAB

In Bild 6.1 sind die durch MATLAB unterstützten Implementierungspfade dargestellt. Die Implementierung setzt die formale Darstellung und den Entwurf in Quellcode um. Sie ist somit ein Teil der Konkretisierung, wie in Bild 3.6 dargestellt.

- **D/A-Programmierung**
  Ausgehend von einer formalen Darstellung mit Hilfe der Mathematik wird über mehrere Entwurfsschritte der Quellcode erzeugt. Dieser wird entweder mit Hilfe einer Domänensprache wie bei MATLAB (*D-Programmierung*) oder einer allgemeinen Programmiersprache wie C++ (*A-Programmierung*) erstellt (Siehe auch Abschnitt 3.3.1, Tabelle 3.12).

- **D-Interpretation**
  Der MATLAB-Quellcode wird zur Laufzeit interpretiert.

- **D-Compilierung**
  Der MATLAB-Quellcode wird mit Hilfe des MATLAB-Compilers mcc in den Quellcode einer A-Sprache umgesetzt.

- **A-Compilierung**
  Der Quellcode einer A-Sprache wird in die binäre Darstellung umgewandelt.

- **Registrierung**
  Falls eine komponentenorientierte Programmierung mit Hilfe der COM-Schnittstelle angewendet wird, müssen die binären Softwarekomponenten zuerst registriert werden. Dies bedeutet, dass sie gegenüber dem Betriebssystem bekannt gegeben und von diesem in die Registratur (*Registry*) eingetragen werden.

Der Pfad 1 beschreibt die Programmierung und Ausführung einer M-Datei in der MATLAB-Entwicklungsumgebung. Pfad 2 beschreibt die Umwandlung von M-Dateien in eine eigenständig ablauffähige Anwendung ohne die MATLAB-Entwicklungsumgebung. Pfad 3 stellt die Entwicklung eines A-Programms dar. Für die Praxis sind die folgenden Kombinationen von Interesse:

- **Pfad 1/3**
  D-Programme in der MATLAB Entwicklungsumgebung kooperieren mit A-Programmen.

- **Pfad 2/3**
  D-Programme als eigenständige Software kooperieren mit A-Programmen.

Den Schwerpunkt der folgenden Ausführungen bilden die Verfahren zur *komponentenorientierten Programmierung*. Auf die Darlegung der objektorientierten Programmierung wird verzichtet, da sie den Umfang dieses Buches übersteigen würde.

6.2   Komponentenorientierte Programmierung in MATLAB

Zunächst werden die Konzepte zur Benutzung der COM-Schnittstelle abhandelt. Anschließend wird gezeigt, wie die Programmierung mit den Funktionen von MATLAB-Skript durchgeführt wird.

6.2.1 Konzept

Softwarekomponente

Bei der komponentenorientierten Programmierung wird die Gesamtsoftware aus Teilen zusammengesetzt, die bereits in binärer, ablauffähiger Form vorliegen. Eine Anpassung oder Erweiterung der Software kann deshalb ohne Kompilieren erfolgen. Eine Definition von *Softwarekomponente*[1] lautet:

Definition – Softwarekomponente

Eine Softwarekomponente ist eine Einheit mit standardisierten Schnittstellen und explizit definierter Abhängigkeit bezüglich der Ablaufumgebung.

Wesentlich ist, dass für den Zugriff auf Komponenten standardisierte Schnittstellen zur Verfügung gestellt werden. Beispiele für solche Standards sind *COM* von Microsoft, *CORBA* von der *OMG*[2], sowie die auf die Programmiersprache Java ausgerichteten *JavaBeans*.

COM-Schnittstelle

COM (*Component Object Model*) ist eine Betriebssystemtechnologie von Microsoft, um Kommunikation und dynamische Objekterzeugung über Sprachgrenzen hinweg zu ermöglichen. Für alle Objekte und Schnittstellen werden Identifizierer (GUID, Globally Unique Identifier) benutzt, die weltweit eindeutig sind. Die Schnittstellen und ihre Zugriffe können mit der von der OMG definierten Schnittstellensprache IDL (*Interface Definition Language*) implementiert werden. Über spezielle *IDL-Compiler* werden die Definitionen der Schnittstellen in den Quellcode der benutzten Programmiersprache umgesetzt.

COM ist auch die Grundlage für OLE (*Object Linking and Embedding*) unter dem Betriebssystem MS-Windows. Darunter wird verstanden, dass aus einem Dokument heraus andere Dokumente aufgerufen und bearbeitet werden können, z.B. eine Excel-Tabelle, die in einem Word-Dokument enthalten ist. Eine weitere wichtige Technologie, die auf COM basiert, ist *ActiveX Controls*. Dies sind Steuerelemente, die in Benutzeroberflächen eingebunden werden können, z.B. ein Kalender.

Der Ablauf für die Benutzung eines COM-Objektes kann grob wie folgt skizziert werden:

1. **Registrierung als COM-Server**
   Ein Anwenderprogramm registriert sich in der Registratur des Betriebssystems (*Registry*) als *COM-Server*[3]. Damit kann von Nutzern (Clients) auf seine Schnittstellen, Methoden, Eigenschaften und Ereignismeldungen zugegriffen werden.

---

[1] European Conference on Object-Oriented Programming (ECOOP), www.ecoop.org
[2] Object Management Group, www.omg.org
[3] Nahezu alle Programme von Microsoft, aber auch viele andere Programme, z.B. MATLAB, sind als Server verfügbar.

2. **Zugriff als COM-Client**

Ein potentieller Nutzer eines Service, ein *COM-Client*, benötigt für den Zugriff auf einen Server den passenden *Programmidentifizierer*. Dieser wird vom Hersteller in der Dokumentation angegeben.

Ein Server kann mehrere Schnittstellen exportieren. Eine wichtige Standardschnittstelle ist *IDispatch*, die sogenannte *Automatisierungsschnittstelle*. Über sie kann auf einfache Weise ein Programm durch ein anderes von außen gesteuert und so dessen Benutzung automatisiert werden. Die Automatisierungsschnittstelle enthält nur sehr wenige Methoden. So werden alle vom Server bereitgestellten anwendungsspezifischen Funktionen nur über eine einzigen Methode (`invoke`) aufgerufen.

MATLAB kann sowohl als Client als auch als Server eingesetzt werden. Im Folgenden wird nur die Kommunikation über die weit verbreitete Automatisierungsschnittstelle betrachtet.

Wichtige Begriffe und Merkmale

COM-Objekt

Eine Softwarekomponente hat die Funktion einer Urkopie oder Klasse. Ein COM-Objekt ist die Instanz einer Komponente. COM realisiert dafür eine vollständige Kapselung und verhindert, dass von außen auf Daten oder Code zugegriffen wird. Ein COM-Objekt läuft als *Server*, der von einem oder mehreren *Clients* benutzt wird.

Programmidentifizierer

Um ein COM-Objekt zu erzeugen und zu benutzen, muss auf die Softwarekomponente über einen Programmidentifizierer (*ProgID*) zugegriffen werden. Dieser wird durch eine Zeichenkette dargestellt, die vom Hersteller definiert wird. Die ProgID für die gemeinsame Benutzung eines MATLAB-Servers mit anderen Programmen ist `matlab.application`. Für eine exklusive Benutzung muss die ProgID `matlab.application.single` verwendet werden.

Schnittstelle

Eine Schnittstelle besteht aus einem Satz von Methoden, die von außerhalb aufgerufen werden können. Die Methoden werden durch Funktionen realisiert. Ein Komponente kann mehrere Schnittstellen aufweisen. Sie muss die definierten Schnittstellenfunktionen implementieren.

Methode

COM-Komponenten werden objektorientiert behandelt und haben die Bedeutung von Klassen. Deshalb werden die einer Komponente zugeordneten Algorithmen als *Methoden* bezeichnet.

Eigenschaft

Im objektorientierten Programmiermodell werden die einer Komponente zugeordneten Attribute als *Eigenschaften* bezeichnet.

Adressraum und Installationsort der Serverkomponente

- **Adressraum des Client** (*In-Process Server*)
  Die Komponente ist kein eigenständiges Programm und läuft im Adressraum des Client ab. Dies ist dann der Fall, wenn die Serverkomponente unter Windows als *DLL*[4] oder *ActiveX Control* realisiert ist (ausführbare Datei mit der Erweiterung *.dll* oder *.ocx*). Die Kommunikation zwischen Client und Server ist einfach und schnell.

- **Eigener Adressraum** (*Local Out-of-Process Server*)
  Eine Komponente mit eigenem Adressraum ist als eigenständiges Programm realisiert (ausführbare Datei mit der Erweiterung *.exe*). Über die COM-Schnittstelle kann sie zusätzlich von einem anderen Programm aus gesteuert und damit automatisiert werden.

- **Anderer Rechner** (*Remote Out-of-Process Server*)
  In diesem Fall befindet sich der COM-Server auf einem anderen Rechner als der Client. Die Kommunikation läuft über ein Rechnernetz, z.B. Internet. Dazu muss die Erweiterung von COM, das *Distributed Object Model*, DCOM, zur Verfügung stehen.

ActiveX Control

Ein *ActiveX Control* ist eine Komponente mit einer eigenen Bedienoberfläche. Sie läuft als kleiner *DLL*-Server im Adressraum des Client ab. *ActiveX Controls* werden benutzt, um die Bedienoberfläche von Programmen durch intelligente Bestandteile zu erweitern.

Wichtige COM-Schnittstellen

- IUnknown
  Diese Schnittstelle muss grundsätzlich von jeder Softwarekomponente implementiert sein. Mit ihren Methoden können Informationen über das Objekt eingeholt werden, z.B. welche weiteren Schnittstellen vorhanden sind.

- IDispatch
  Die *IDispatch*-Schnittstelle ist ein Industriestandard, der einfach ist und nur wenige Methoden umfasst. Sie wird auch als *Automatisierungsschnittstelle* bezeichnet.

- Benutzerdefinierte Schnittstelle
  Eine benutzerdefinierte Schnittstelle ermöglicht direkteren und damit schnelleren Zugriff auf das COM-Objekt als die Standardschnittstelle *IDispatch*.

- Duale Schnittstelle
  Eine duale Schnittstelle ist eine Kombination aus *IDispatch* und einer benutzerdefinierten Schnittstelle.

---

[4]   Dynamic Link Library, ausführbarer Code unter Windows, der im Adressraum der aufrufenden Software läuft.

Client-Server-Konfigurationen mit MATLAB

Bezogen auf MATLAB gibt es vier verschiedene Konfigurationen:

1. **MATLAB als Client und ein COM-Server im eigenen Adressraum**
    Dies ist die Konfiguration bei der Benutzung von *ActiveX Controls*.

2. **MATLAB als Client und ein COM-Server außerhalb des eigenen Adressraums**
    Bei dieser Konfiguration kommuniziert MATLAB mit einem externen Programm.

3. **Client-Anwendung und MATLAB als Automation-Server**
    Dafür wird die *IDispatch*-Schnittstelle benutzt.

4. **MATLAB als Engine-Server**
    Dafür wird eine eigene Schnittstelle, *IEngine,* benutzt. Diese ist eine benutzerdefinierte Schnittstelle speziell für Clients, die in den Programmiersprachen C oder C++ implementiert sind und MATLAB als Server benutzen.

6.2.2   Programmierung

Syntax

Für den Aufruf von Methoden einer Schnittstelle gibt es zwei verschiedene Syntaxformen:

1. **Punkt-Syntax**
    Diese stammt aus der objektorientierten Programmierung. Zuerst wird das COM-Objekt benannt und erst dann die ausgerufene Methode. Die Form ist
    ```
    ausgabewert=objekt.methode(arg1, ...).
    ```

2. **Parameter-Syntax**
    Zuerst wird die Methode benannt und der Verweis auf das COM-Objekt wird als Parameter übergeben. Die syntaktische Form ist
    ```
    ausgabewert=methode(objektverweis, arg1, ...).
    ```

Bei den nun folgenden Programmierbeispielen wird für den Methodenaufruf hauptsächlich die Punkt-Syntax verwendet.

Erzeugung eines COM-Objekts

COM-Objekte werden als Server benutzt. Tabelle 6.1 zeigt die dafür wichtigsten Methoden. Mit `actxserver` wird ein neues Objekt der COM-Server erzeugt. Das zurückgelieferte Handle `h` ist der Verweis auf das Objekt für alle weiteren Zugriffe.

Auch MATLAB kann als COM-Objekt instanziiert werden. Dafür stehen zwei Modi zu Verfügung:

*   **Shared**
    Derselbe Server kann gleichzeitig von mehreren Clients benutzt werden.
    ProgID: `matlab.application`

- **Dedicated**
  Jeder Client erzeugt ein eigenes Server-Objekt.
  ProgID: `matlab.application.single`.

Tabelle 6.1 Funktionen für den Zugriff auf die COM-Schnittstelle

Art der Funktion	Realisierung in MATLAB
Erzeugung eines COM-Servers, Löschen	`h=actxserver('progid'); delete(h)` `h`: handle; `progid`: Programmidentifizierer, vom Hersteller definiert
Informationen über den Server	`l=h.interfaces`: Liste der benutzerdefinierten Schnittstellen `l`: Liste, dargestellt als Cell Array `l=h.invoke`: Methoden der Automatisierungsschnittstelle `l=h.events`: Ereignisse `l=h.get`: Eigenschaften `hb=h.invoke('schnittstelle')` `hb`: Handle auf eine benutzerdefinierte Schnittstelle `l=hb.methods`: Methoden der benutzerdefinierten Schnittstelle
Aufruf einer Methode über die Automatisierungsschnittstelle	`ret=h.invoke('M', para1, ...)` `ret`: Rückgabewert; `M`: Methode `para1, ...` : Eingabeparameter
Aufruf einer Methode von einer benutzerdefinierten Schnittstelle	`ret=h.methode(para1, ...)` `ret`: Rückgabewert; `para1, ...` : Eingabeparameter
Definition der Reaktion auf Ereignisse, Löschen	`h.registerevent('E' 'R')`: `E`: Ereignis; `R`: Reaktionsfunktion mit `varargin` als Parameter Verknüpft ein Ereignis E mit einer Reaktionsfunktion R `l=h.eventlisteners`: Liste der Ereignisse, die mit Reaktionsfunktionen verknüpft sind `h.unregisterevent('E')`, `h.unregisterallevents` `E`: Ereignis Löscht eine oder alle Ereignisverknüpfungen

Zugriff auf eine COM-Schnittstelle

Ein COM-Objekt kann unterschiedliche Typen von Schnittstellen anbieten. Zunächst muss immer das Handle auf eine Schnittstelle beschafft werden. Damit können dann die darin enthaltenen Methoden aufgerufen werden. MATLAB stellt für die unterschiedlichen Typen von Schnittstellen unterschiedliche Zugriffsmethoden zur Verfügung.

Standardschnittstellen *IUnknown, IDispatch*

Die Funktion `actxserver` erzeugt ein Serverobjekt und liefert ein Handle h auf eine Schnittstelle. Da in der Regel von einem Objekt mehrere Schnittstelle angeboten werden, muss eine Auswahl getroffen werden. Dafür wählt MATLAB die folgende Vorgehensweise:

1. Zunächst verweist h auf *IUnknown*. Diese Schnittstelle muss immer implementiert sein.
2. Dann wird versucht, das Handle auf *IDispatch* zu bekommen. Falls diese Schnittstelle implementiert ist, wird das entsprechende Handle geliefert, ansonsten das Handle auf *IUnknown*.

Eine Liste der Methoden von *IDispatch* kann mit h.`invoke` ausgelesen werden. Der Methodenaufruf erfolgt dann mit h.`invoke('methode', para1, ...)`.

Zusätzliche Schnittstellen

Oft stellen Komponenten zusätzliche Schnittstellen zur Verfügung, die auf *IDispatch* basieren. Sie realisieren den Zugriff auf *Eigenschaften*. Wie bei allen anderen Eigenschaften auch wird Lesen durch die Methode `get` und Schreiben durch `set` realisiert.

Benutzerdefinierte Schnittstellen

Mit h.`interfaces` wird eine Liste der verfügbaren *benutzerdefinierten Schnittstellen* erzeugt. Die Funktion hb=h.`invoke('schnittstelle')` liefert das Handle hb auf eine benutzerdefinierte Schnittstelle. Die Liste der verfügbaren Methoden wird mit hb.`methods` oder hb.`invoke` beschafft. Methoden werden dann mit ret=hb.`methode(para1, ...)` aufgerufen.

Events und Callbacks

Eine besondere Situation ist gegeben, wenn der Client spontan auf asynchrone, zeitlich nicht vorhersehbare Ereignisse (*Events*) des Servers reagieren muss. Dafür gibt es zwei Vorgehensweisen:

1. Zyklische Abfrage
   In regelmäßigen Zeitabständen wird überprüft, ob das Ereignis stattgefunden hat.
2. Ereignisgesteuerte Reaktion
   An den Server wird vom Client der Verweis auf eine Reaktionsfunktion, das *Callback*, übergeben. Sobald das Ereignis im Server stattfindet, wird von diesem die Reaktionsfunktion aufgerufen.

Die ereignisgesteuerte Reaktion ist zeitgenauer und weniger rechenintensiv als die zyklische Abfrage und wird deshalb bevorzugt.

Tabelle 6.1 zeigt auch die für die Programmierung von Ereignissen benötigten Funktionen. Mit `h.events` werden alle definierten Ereignisse aufgelistet. Das Format für ein Ereignis ist

```
Ereignisname = void Ereignisname(signatur)
```

Die Signatur beschreibt die Datenstruktur der übergebenen Parameter, bestehend aus Datentyp und Parametername, z.B. `handle Wb` oder `bool Cancel`.

Mit `registerevent` wird entweder für jedes Ereignis einzeln, oder gemeinsam für alle, eine Reaktionsfunktion definiert. Diese Registrierung kann mit `h.eventlisteners` abgefragt werden.

Hinweis – synchrone und asynchrone Kommunikation

Die Begriffe beziehen sich auf die zeitliche Koordinierung der Kommunikation. Bei der synchronen Kommunikation wartet der Sender der Nachricht bis die Antwort oder die Bestätigung erfolgt ist. Die asynchrone Kommunikation erfolgt zunächst nur in eine Richtung. Der Zeitpunkt der Reaktion ist ungewiss. Bezogen auf COM-Objekte wird eine synchrone Kommunikation durch den Aufruf einer Methodenfunktion realisiert. Der Client wird erst fortgesetzt, sobald der Server diese Funktion beendet und den Funktionswert geliefert hat. Bei der asynchronen Kommunikation wird durch den Client eine Ereignisfunktion (*Callback-Funktion*) registriert. Diese wird vom Server beim Eintreffen des Ereignisses zu einem beliebigen Zeitpunkt aufgerufen. Die Software des Client muss sicherstellen, dass die Ereignisfunktion keine Operationen ausführt, die inkonsistente Daten zur Folge haben.

Tabelle 6.2 Eingabeparameter der Reaktionsfunktionen

Index	Parameter	Format
1	Objekt Name	MATLAB COM class
2	Event ID	`double`
3	Ereignisparameter *1*	abhängig vom COM-Objekt
end-2	Ereignisparameter *N*	abhängig vom COM-Objekt
end-1	Event Structure	`structure`
end	Event Name	`char array`

Tabelle 6.3 Felder des Parameters Event Structure

Feld	Beschreibung	Format
Type	Event Name	`char array`
Source	Objekt Name	MATLAB COM class
Event ID	Event ID	`double`
Event Arg Name 1	Parameter 1	abhängig vom COM-Objekt
Event Arg Name 2 etc.	Parameter 1	abhängig vom COM-Objekt

Reaktionsfunktion und Parameterübergabe

Reaktionsfunktionen werden als Hauptfunktionen ohne Rückübergabewert realisiert. Jedoch können auch Eingangsparameter übergeben werden. Diese werden als `varargin` deklariert. Damit wird ermöglicht, eine nicht festgelegte Anzahl an Parametern zu übergeben. Die übergebene Datenstruktur ist ein *Cell Array*. Jedes Element dieses Arrays entspricht einem bestimmten Parameter. Ausgewählt wird ein Parameter über den zugeordneten Index, dargestellt in Tabelle 6.2. Der Parameter *Event Structure* enthält zusätzliche Informationen, die zum Teil in den anderen Parametern bereits enthalten sind. Wie der Name bereits ausdrückt, wird als Datentyp *Structure* verwendet. Die zugeordneten Komponentennamen und deren Bedeutung ist in Tabelle 6.3 dargestellt. Alle weiteren Parameternamen sind selbsterklärend.

Beispiel 6.1 zeigt, wie die mit `varargin` übergebenen Parameter des Ereignisses *Mouse-Down* ausgelesen werden.

Beispiel 6.1 Auslesen der Parameter beim Ereignis *Mouse-Down*

```
function md(varargin)
if (varargin{end}=='MouseDown')
    objname=varargin{1}
    eventid=varargin{2}
    strukt=varargin{end-1}
    eventname=varargin{end}
end
```

Der Parameter *Event Structure*, der gemäß Tabelle 6.2 mit dem Index `end-1` ausgelesen wird, hat die folgende Struktur:

```
Type: 'MouseDown'
Source: [1x1 COM.mwsamp_mwsampctrl_2]
EventID: -605
```

```
Button: 1
Shift: 0
x: 160
y: 89
```

In Beispiel 6.2 wird die gemeinsame Anwendung von MATLAB, sowohl als Client als auch als Server, gezeigt.

Beispiel 6.2 Gemeinsame Anwendung von MATLAB als Client und Server

Zunächst wird MATLAB als COM-Server im *Shared*-Modus gestartet.

```
h=actxserver('matlab.application')
>    h = COM.matlab_application
```

Alle durch die IDispatch-Schnittstelle definierten Methoden werden aufgelistet. Nur ein Teil dieser Methoden ist wiedergegeben.

```
h.invoke
>Execute=string Execute(handle, string)
 GetWorkspaceData=Variant(Pointer) GetWorkspaceData
                                 (handle, string, string)
 PutWorkspaceData=void PutWorkspaceData
                    (handle, string, string, Variant)
 Quit = void Quit(handle)
   ...
```

Im Hauptbereich der Server-Anwendung von MATLAB wird einer Variablen ein Wert zugewiesen. Der nächste Aufruf inkrementiert diese Variable. Sowohl Punkt- als auch Parametersyntax können angewendet werden.

```
h.invoke('Execute', 'basevar=5;')
h.Execute('basevar=basevar+1')
```

Mit den beiden nächsten Aufrufen wird auf den Globalbereich der Serveranwendung zugegriffen, eine Variable geschrieben und wieder ausgelesen.

```
h.PutWorkspaceData('globvar', 'global', 7);
global_var=h.GetWorkspaceData('globvar', 'global')
>global_var = 7
```

Anschließend wird die Serveranwendung beendet und der Server wieder gelöscht.

```
h.Quit
h.delete
```

Schließlich wird in Beispiel 6.3 das Einrichten einer Reaktionsfunktion für ein Ereignis in einem *Excel*-Server demonstriert. Mit h.events werden die definierten Ereignisse aufgelistet. Mit `h.registerevent` wird die Reaktionsfunktion `Nachricht_neue_Mappe` für die Nachricht `NewWorkbook` registriert.

Beispiel 6.3 Ereignisbearbeitung über die COM-Schnittstelle

Zunächst wird der *Excel*-Server gestartet.

```
h=actxserver('excel.application')
h.visible=true;
```

Die definierten Ereignisse werden aufgelistet.

```
h.events
>NewWorkbook = void NewWorkbook(handle Wb)
 WorkbookOpen = void WorkbookOpen(handle Wb)
```

Für das Ereignis `NewWorkbook` wird die Reaktionsfunktion `Nachricht_neue_Mappe` eingerichtet.

```
h.registerevent({'NewWorkbook' 'Nachricht_neue_Mappe'});
```

6.3 Integration der Serverkomponente Echtzeitinterpolator

6.3.1 Systemarchitektur

Das Konzept der komponentenorientierten Programmierung soll nun auf die Realisierung eines vollständigen Robotersimulators angewandt werden. Dieser besteht aus zwei Komponenten:

1. **Hauptkomponente – Client, Sprache MATLAB**
   Die Hauptkomponente umfasst Bedienung/Programmausführung, Bahnsteuerung, dreidimensionale Grafikdarstellung.
2. **Interpolatorkomponente – Lokaler Server, Sprache C++**
   Die Interpolatorkomponente realisiert einen Echtzeitinterpolator, der die zeitgesteuerte Ausführung der Roboterbewegung ermöglicht. Die Komponente ist mit einer eigenen Bedienoberfläche ausgestattet.

Die Hauptaufgabe des Echtzeitinterpolators besteht darin, eine durch die Bahnsteuerung geplante und interpolierte Roboterbewegung in Echtzeit als dreidimensionale Grafik auszuführen. Für Testzwecke gibt es noch die Möglichkeit, die Ausführung von Bewegungsschritten interaktiv zu steuern. Deshalb macht es auch Sinn, diesen Softwareteil in einer dafür besser geeigneten Sprache als MATLAB-Skript zu implementieren. Im vorliegenden Fall wird dafür C++ verwendet. Auf die gleiche Weise könnte auch ein realer Roboter gesteuert werden. Der Unterschied besteht nur darin, dass die berechneten Sollwerte nicht an das Grafikmodell, sondern an die Regelkreise der Antriebe ausgegeben werden.

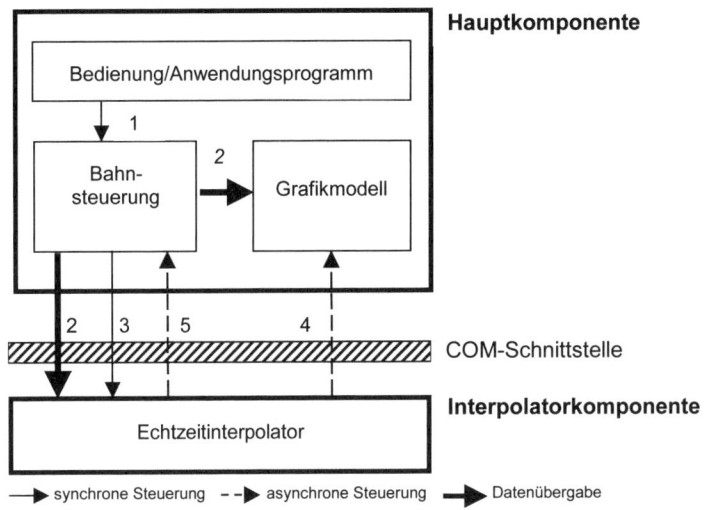

Bild 6.2 Komponentenbasierte Architektur des Robotersimulators

Bild 6.2 zeigt das Architekturdiagramm mit den Kommunikationsaufrufen, die über die COM-Schnittstelle abgewickelt werden. Drei Arten sind zu unterscheiden:

1. **Synchrone Steuerung**
   Eine Methode wird aufgerufen, auf deren Abschluss gewartet wird. Erst dann wird das aufrufende Programm fortgesetzt.

2. **Asynchrone Steuerung**
   Mit einem Methodenaufruf wird eine Aktion initiiert, auf deren Abschluss nicht gewartet wird, sondern die zu einem beliebigen asynchronen Zeitpunkt erfolgt.

3. **Datenübergabe**
   Mit einem Methodenaufruf werden nur Daten übergeben, ohne Rückmeldung über deren Verwendung.

Mit der vorgestellten Architektur ergibt sich für die Kommunikation der folgende Ablauf:

1. Durch das Anwendungsprogramm wird ein Bahnsatz an die Bahnsteuerung in der *Hauptkomponente* übergeben. Die Bahn wird dort geplant und interpoliert.

2. Das Ergebnis ist eine Liste der Achssollwerte, die über die COM-Schnittstelle an die Komponente *Echtzeitinterpolator* ausgegeben wird (Nr. 2 in Bild 6.2).

3. Anschließend erfolgt der Start der Bewegungsausführung durch den Echtzeitinterpolator (3).

4. Gesteuert durch einen Zeitgeber im Echtzeitinterpolator werden die einzelnen Bewegungsschritte ausgeführt. Dazu wird der jeweils nächste Achssollwertvektor für alle sechs Achsen aus der mit (2) übergebenen Liste entnommen und als asynchrone Ereignismeldung an das Grafikmodell übergeben (4). Dieses befindet sich innerhalb der Hauptkomponente.

5. Bei Erreichen des Bahnendes wird eine Ereignismeldung übergeben (5). Damit kann die
    Bahnsteuerung synchronisiert und fortgesetzt werden.

Um die Kommunikation zu vereinfachen, werden mit dem 4. Schritt nicht die Achswerte an
das Grafikmodell übertragen, sondern nur deren Index für den entsprechenden Eintrag in
der Achswertliste. Dazu ist jedoch erforderlich, dass im 2. Schritt die Achswertliste auch an
das Grafikmodell übertragen wird.

Hinweis – parallele Ausführung von Planung und Interpolation

Der vorgestellte Ablauf ist rein sequentiell. In einer fortgeschrittenen Steuerung würden
die Teilprozesse Bahnplanung und Interpolation parallel überlappend ausgeführt werden.

Hinweis – Grafikmodell als eigenständige Komponente

Falls ein leistungsfähigeres Grafikmodell mit einer schattierten, realitätsnahen Flächen-
darstellung eingesetzt werden soll, müsste dieses ebenfalls durch eine eigenständige Softwarekomponente realisiert werden.

6.3.2   Funktionsumfang des Echtzeitinterpolators

Die Hauptaufgabe des Echtzeitinterpolators ist die zeitgesteuerte Ausführung einer Roboterbewegung in Echtzeit. Daneben soll für Testzwecke auch eine Ausführung in Zeitlupe oder
Zeitraffer sowie im Einzelschrittmodus möglich sein. Während der Ausführung wird die
Bewegung mit dem Grafikmodell dargestellt. Die Komponente ist mit einer eigenen Bedienoberfläche ausgestattet, die in Bild 6.3 dargestellt ist.

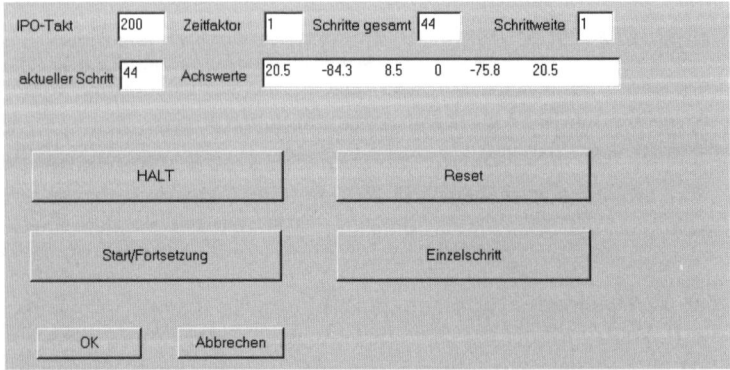

Bild 6.3 Bedienoberfläche der Komponente Echtzeitinterpolator

Die folgenden Funktionstasten sind realisiert:

- **HALT**
  Die zeitgesteuerte Ausführung wird sofort unterbrochen.

- **Start/Fortsetzung**
  Die zeitgesteuerte Ausführung wird begonnen oder fortgesetzt.

- **Einzelschritt**
  Der nächste Bewegungsschritt wird ausführt.

- **Reset**
  Es wird auf den Bahnanfang rückgesetzt.

Daneben ist eine Reihe von Datenfeldern realisiert. Zwei von ihnen dienen sowohl der Ein- als auch der Ausgabe:

- **Zeitfaktor**
  Dieser Wert wird beim Initialisieren auf 1 gesetzt. Für Zeitlupe oder Zeitraffer kann ein Wert zwischen 0.1 und 10 eingestellt werden.

- **Schrittweite**
  Dieser Wert wirkt sich bei *Einzelschritt* aus. Er wird zunächst auf 1 gesetzt, kann aber auch auf beliebige ganze Zahlen gesetzt werden.

Die restlichen Felder werden ausschließlich zur Ausgabe benutzt:

- **IPO-Takt**
  Dieses Feld zeigt den von der Bahnsteuerung gesetzten Interpolationstakt an.

- **Schritte gesamt**
  Es wird die Gesamtzahl der Interpolationsschritte innerhalb einer Bewegungsbahn angezeigt.

- **Aktueller Schritt**
  Die Nummer des aktuellen Interpolationsschritts wird ausgegeben.

- **Achswerte**
  Die der aktuellen Schrittnummer zugeordneten Achswerte werden in Grad oder Millimeter dargestellt.

Eine wichtige Aufgabe des Echtzeitinterpolators ist die Analyse eines geladenen Bewegungssatzes. Dafür stehen zwei Verfahren zur Verfügung:

1. **Zeitgesteuerte Ausführung im Zeitraffer oder in Zeitlupe**
   Im Eingabefeld *Zeitfaktor* kann ein Wert zwischen 0.1 und 10 eingegeben werden, der die Ausführungszeit entsprechend beeinflusst. Die Ausführung kann über die Funktionstasten *Start/Fortsetzung* und *Halt* gesteuert werden.

2. **Interaktive Ausführung im Einzelschritt**
   Die Funktionstaste *Einzelschritt* erhöht die aktuelle Schrittnummer um den Wert des Feldes *Schrittweite* und führt dann den nächsten Bewegungsschritt aus. Die Betätigung der Funktionstaste *Reset* setzt den Echtzeitinterpolator in den Anfangszustand zurück.

Alle Funktionen der Bedienoberfläche und alle Datenfelder können auch über die COM-Schnittstelle angesprochen werden.

6.3.3   Exportierte Methoden und Ereignisse

Mit dem Kommando `h.invoke` können die Methoden der COM-Schnittstelle des Echtzeit-interpolators angezeigt werden. Tabelle 6.4 zeigt eine Zusammenfassung der realisierten Methoden. Die exportierten Ereignisse werden mit `h.events` aufgelistet. In Tabelle 6.5 sind die exportierten Ereignisse dargestellt.

Tabelle 6.4 Initialisierung und exportierte Methoden

Art der Funktion	Realisierung in MATLAB
Initialisierung	`com_server = actxserver('EZINT.COMSERV')` `EZINT.COMSERV`: ProgID der Komponente Echtzeitinterpolator.

Allgemeine Aufrufstruktur	`fwert=h.invoke('M',para );`
	    `fwert`: rückgelieferter Funktionswert, optional;
	    `M`: Methode; `para`: `0...n` Parameterwerte.

Laden und Setzen von Daten	`M: LadeBahnsatz; fwert: -;`
	        `para`: Achswerte: n,m-Array, n: Anzahl Interpolationsschritte,
	                        m: Anzahl der Roboterachsen
	                AnzAchsen: Anzahl der Roboterachsen
	Eine interpolierte Bewegungsbahn wird geladen.
	
	`M: SetzeIPO; fwert: -;`
	    `para`: Taktperiode in Millisekunden
	Der Interpolationstakt wird gesetzt.
	
	`M: SetzeSchrittweite; fwert: -;`
	    `para`: Anzahl Interpolationsschritte
	Zum Testen der Roboterbewegung kann die Bewegungsbahn auch schrittweise abgefahren werden. Dazu kann eine Schrittweite größer als 1 definiert werden.

Abfragen von Daten	`M: LeseAktSchritt; fwert:` aktuelle Schrittnummer `para: -;` Die aktuelle Schrittnummer wird gelesen.
Steuerung der Achsinterpolation	`M: Start; fwert: -;` Eine zeitgesteuerte Roboterbewegung wird gestartet oder fortgesetzt. Mit jedem Interpolationsschritt wird eine Ereignismeldung mit der aktuellen Schrittnummer an das Grafikmodell ausgegeben. Beim Erreichen des Bahnendes erfolgt eine Ereignismeldung.
Steuerung der Achsinterpolation	`M: Einzel; fwert: -;` Im Unterschied zu `Start` wird nur der aktuelle Interpolationsschritt ausgeführt und anschließend die aktuelle Schrittnummer um den Betrag

Art der Funktion	Realisierung in MATLAB
	der Schrittweite erhöht.
	Mit jedem Interpolationsschritt wird eine Ereignismeldung mit der aktuellen Schrittnummer an das Grafikmodell ausgegeben.
	Beim Erreichen des Bahnende erfolgt eine Ereignismeldung.
	`M: Halt; fwert: -;`
	Die zeitgesteuerte Roboterbewegung wird angehalten.
	`M: Reset; fwert: -;`
	Alle internen Zustände, insbesondere die aktuelle Schrittnummer, werden auf den Anfangswert gesetzt.

Tabelle 6.5 Exportierte Ereignisse

Art der Funktion	Realisierung in MATLAB
Registrierung	`h.registerevent({'ER' 'reakt'; ...})`
	Dem Ereignis ER wird die Reaktionsfunktion `reakt` zugeordnet. Deren Deklaration ist `function reakt(varargin)`.
	Mit `para_i=varargin{1,i}` kann der übergebene i-te Eingansparameter ausgelesen werden.
Bahnausführung	`ER: Schritt; para: aktuelle Schrittnummer`
	Im Grafikmodell wird die der aktuellen Schrittnummer zugeordnete Roboterpose angezeigt.
	`ER: BahnEnd; para: aktuelle Schrittnummer`
	Die dem Bahnende zugeordnete Schrittnummer wird übergeben.
Fehlermeldung	`ER: Fehler; para: Fehlernummer`
	Ein aufgetretener Fehler, beschrieben durch die Fehlernummer, wird angezeigt.

6.3.4 Programmierung der Client-Schnittstelle

Die Client-Schnittstelle besteht aus den Funktionen zur Initialisierung des COM-Servers Echtzeitinterpolator, zur Ausführung einer Roboterbewegung, zur Übergabe des Interpolationstaktes sowie den Reaktionsfunktionen auf die exportierten Ereignisse.

Listing 6.1 zeigt die Initialisierung der COM-Schnittstelle und der Softwarekomponente Echtzeitinterpolator. Die Variable comh speichert den Verweis auf die COM-Schnittstelle. EZINT.COMSERV ist der Programmidentifizierer (ProgID) des Echtzeitinterpolators. Über die Funktion DEF_IPO wird der Interpolationstakt aus der Parameterdatei ausgelesen und anschließend mit der COM-Methode SetzeIPO an den Echtzeitinterpolator übergeben. Mit comh.registerevent werden die exportierten Ereignisse mit den Reaktionsfunktionen verbunden.

Listing 6.1 Initialisierung des COM-Servers Echtzeitinterpolator

```
function ezint_init()
    global comh, % Handle für die COM-Schnittstelle
    global ezint_fehler, ezint_bahnend;
    ezint_fehler=0; ezint_bahnend=0;
    comh=actxserver('EZINT.COMSERV');
    ipo=DEF_IPO;
    h.invoke('SetzeIPO',ipo); % Übergabe des Interpolationstakets
    comh.registerevent ({'Schritt' 'ezint_reakt_schritt';
                         'BahnEnd' 'ezint_reakt_bahnend';
                         'Fehler' 'ezint_reakt_fehler'});
```

Wichtig – Datenaustausch zwischen asynchron ablaufenden Funktionen

Der Datenaustausch zwischen mehreren Funktionen, die als Reaktionsfunktionen asynchron ablaufen können, kann nur über gemeinsame, globale Variable erfolgen. Dabei muss sichergestellt werden, dass Schreib-Lese-Zugriffe nicht kollidieren.

Mit der Funktion ezint_ausf (Listing 6.2) wird ein zeitgesteuerter Bewegungsablauf initiiert. Dazu werden mehrere Methoden der COM-Schnittstelle benutzt. Zunächst wird das Grafikmodell initialisiert und dabei die Liste aller interpolierten Achswerte übergeben. Anschließend wird die Liste der Achswerte auch an den Echtzeitinterpolator übertragen, dieser rückgesetzt und die Ausführung der Bewegung mit Start initiiert. Für diese in der Hauptkomponente aufgerufene Funktion erfolgt erst dann der Rücksprung, wenn die Ausführung der Bewegungsbahn in der Komponente Echtzeitinterpolator beendet ist. Erst dann erfolgt über die globale Variable ezint_fehler die Abfrage, ob mit dem Ereignis Fehler eine fehlerhafte Ausführung angezeigt wird. Ist dies der Fall, wird die aktuelle Schrittnummer mit der Methode LeseAktSchritt abgefragt und eine Fehlermeldung ausgegeben.

Ein Alternative zum synchronen Warten innerhalb der Start-Funktion bestünde darin, in der Bahnsteuerung nach dem Start der Bewegungsausführung im Echtzeitinterpolators sofort weiterzufahren, den nächsten Bahnsatz zu planen und erst dann den Abschluss der aktuellen Bahn abzufragen. Dazu wird bereits über das Ereignis BahnEnd und die Reaktionsfunktion ezint_reakt_BahnEnd die globale Variable ezint_bahnend gesetzt. Die beiden COM-Methoden Einzel und Halt werden in der vorliegenden Software nicht benutzt. Ihre Funktion kann jedoch über die Bedienoberfläche benutzt werden.

Listing 6.2 Ausführung einer Bewegung

```
function ezint_ausf(q_l)
    global comh, ezint_fehler, ezint_bahnend;
    grafikmod_init(q_l);
    comh.invoke('Reset');
    comh.invoke('LadeBahnsatz',q_l);
    comh.invoke('Start');
    if ezint_fehler~=0   % ??
        nr= comh.invoke('LeseAktSchritt');
        error('Fehler bei der Ausführung im Echtzeitinterpolator
              bei Schrittnummer %d: ',nr);
    end
```

Listing 6.3 zeigt die implementierten Reaktionsfunktionen. Die Reaktionsfunktion `ezint_ reakt_Schritt` wird durch das Ereignis `Schritt` im Echtzeitinterpolator aufgerufen, sobald der nächste Bewegungsschritt ausgeführt ist und im Grafikmodell dargestellt werden soll. Das Ereignis wird entweder durch den Zeitgeber ausgelöst oder durch die Funktionstaste *Einzelschritt* des Bedienfeldes. Mit `grafikmod_schritt` wird die aktuelle Schrittnummer an das Grafikmodell weitergegeben und so der nächste Bewegungsschritt grafisch dargestellt.

Die beiden anderen Reaktionsprozeduren für die Ereignisse `BahnEnd` und `Fehler` geben nur die empfangenen Daten an die globalen Variablen `ezint_bahnend` und `ezint _fehler` weiter. Auf diese Weise haben dann die Funktionen der Hauptkomponente, die asynchron zu den Reaktionsfunktionen ablaufen, darauf Zugriff. Eine Synchronisation des Zugriffs, damit während des Schreibvorgangs kein Lesen möglich ist, findet mit der vorgestellten Software jedoch nicht statt.

Listing 6.3 Reaktionsfunktionen

```
function ezint_reakt_Schritt(varargin)
    schrittnr=varargin{1,3};
    bewegungsspur=1; % 1: Spur wird gezeichnet,
    grafikmod_schritt(schrittnr,bewegungsspur);

function ezint_reakt_BahnEnd(varargin)
    global ezint_bahnend;
    ezint_bahnend=varargin{1,3};

function ezint_reakt_Fehler(varargin)
    global ezint_fehler;
    ezint_fehler=varargin{1,3};
```

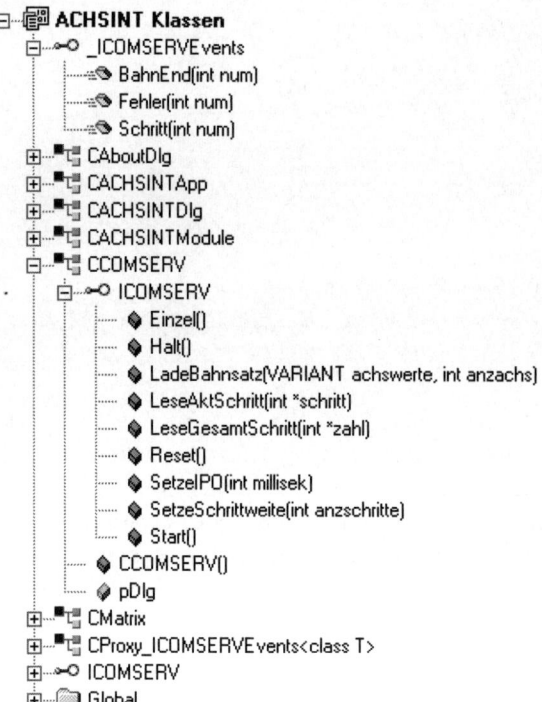

```
⊟─🔲 ACHSINT Klassen
  ├─○ _ICOMSERVEvents
  │     ├─⬧ BahnEnd(int num)
  │     ├─⬧ Fehler(int num)
  │     └─⬧ Schritt(int num)
  ├─⊞─🔳 CAboutDlg
  ├─⊞─🔳 CACHSINTApp
  ├─⊞─🔳 CACHSINTDlg
  ├─⊞─🔳 CACHSINTModule
  ├─⊟─🔳 CCOMSERV
  │     ├─○ ICOMSERV
  │     │     ├─◆ Einzel()
  │     │     ├─◆ Halt()
  │     │     ├─◆ LadeBahnsatz(VARIANT achswerte, int anzachs)
  │     │     ├─◆ LeseAktSchritt(int *schritt)
  │     │     ├─◆ LeseGesamtSchritt(int *zahl)
  │     │     ├─◆ Reset()
  │     │     ├─◆ SetzeIPO(int millisek)
  │     │     ├─◆ SetzeSchrittweite(int anzschritte)
  │     │     └─◆ Start()
  │     ├─◆ CCOMSERV()
  │     └─◈ pDlg
  ├─⊞─🔳 CMatrix
  ├─⊞─🔳 CProxy_ICOMSERVEvents<class T>
  ├─⊞─○ ICOMSERV
  └─⊞─🔲 Global
```

Bild 6.4 Klassen und COM-Schnittstelle der Komponente Echtzeitinterpolator,
dargestellt mit Visual Studio von Microsoft

6.3.5   Programmierung der Server-Schnittstelle und Registrierung

Für Interessierte sei die Programmierung der COM-Schnittstelle auf Seiten der Serverkomponente Echtzeitinterpolator erläutert. Die Implementierung ist in C++ unter der Entwicklungsumgebung MS-Visual Studio erfolgt. Bild 6.4 zeigt das Klassendiagramm. In C++ werden auch Schnittstellen mit Hilfe von Klassen realisiert. Die Schnittstellenklasse *ICOMSERV* enthält alle vom Server bereitgestellten Methoden. Diese werden durch die Hauptkomponente mit der MATLAB-Funktion `invoke` aufgerufen, beispielsweise in Listing 6.2. Mit der Schnittstellenklasse *_ICOMSERVEvents* werden die Ereignisse exportiert. Sie werden mit `registerevent` in der Funktion `ezint_init` (Listing 6.1) registriert und mit den Reaktionsfunktionen verknüpft.

Unter dem Betriebssystem MS-Windows muss der lokale COM-Server Echtzeitinterpolator vor seiner Benutzung registriert werden. Dazu wird die Software des Echtzeitinterpolators, die ein eigenständiges Programm darstellt, beim ersten Aufruf mit *EZINT.exe – RegServer* gestartet. Durch den Aufruf *EZINT.exe – UnregServer* kann die Registrierung wieder gelöscht werden.

6.4 Realisierung eines Robotersimulators mit Grafikmodell

6.4.1 Beschreibung des Grafikmodells

In Bild 6.2 ist die Architektur der gesamten Software für den Robotersimulator dargestellt. Der letzte noch zu entwickelnde Teil ist das Grafikmodell. Es realisiert die animierte Darstellung eines Roboters als einfache, dreidimensionale Grafik in Form eines Strichmodells. Die Schnittstelle des Grafikmodells nach außen bilden die beiden Funktionen `grafikmod_init` und `grafikmod_schritt`, deren Realisierung die Listings 6.4 und 6.5 zeigen.

Listing 6.4 Initialisierung des Grafikmodells

```
function grafikmod_init(q_l)
    global grafikmod_q_l, grafikmod_erster_schritt;
    grafikmod_q_l=q_l;
    grafikmod_erster_schritt=1; % true
    figure;
    hold on;
    view(48,20);
```

Bei der Initialisierung des Grafikmodells für die Ausführung eines Bahnsatzes wird die Liste der interpolierten Achswerte q_l übergeben. Damit diese Werte für die asynchron ablaufende Anzeigefunktion `grafikmod_schritt` verfügbar sind, werden sie in der globalen Variablen `grafikmod_q_l` gespeichert. Eine weitere globale Variable `grafikmod_erster_schritt` wird definiert, um für die zyklisch aufgerufene Funktion `grafikmod_schritt` den ersten Ausführungsschritt kenntlich zu machen. Dies ist erforderlich, um beim Zeichnen der Bewegungsspur den ersten Bewegungsschritt innerhalb einer Bahn definieren zu können. Außerdem wird das Grafikfenster initialisiert. Mit `view` wird die Blickrichtung auf das Grafikmodell definiert.

Listing 6.5 Grafische Darstellung eines Bewegungsschritts

```
function grafikmod_schritt(nr, spur)
    global rob_para, grafikmod_q_l, grafikmod_erster_schritt;
    ks_linie=0.1;
    koor=koortraf(q_l(nr,:), rob_para);
    zeichne_kin_kette(koor, ks_linie);
    tcp=koor{8};
    akt_punkt=tcp(1:3,4);
    zeichne_ks(tcp,ks_linie);    % Effektor
    if  grafikmod_erster_schritt==1 %true
        l_punkt=akt_punkt;
        grafikmod_erster_schritt=0; %false
    end
    if spur==1 % Bewegungsspur wird gezeichnet
```

```
              zeichne_linie(akt_punkt, l_punkt);
       end
       grafikmod_l_punkt=akt_punkt;
```

Die asynchron durch die Reaktionsfunktion `ezint_reakt_Schritt` aufgerufene Grafikfunktion `grafikmod_schritt` stellt einen interpolierten Bewegungsschritt grafisch dar.
Für jeden Teilschritt werden das Effektorkoordinatensystem und das Strichmodell des Roboters gezeichnet. Eine Ansicht dieser grafischen Darstellung zeigt Bild 6.5. Dargestellt ist
eine Bewegungsbahn, die aus zwei Abschnitten besteht. Die Bewegung verläuft im Bild von
links nach rechts. Zunächst wird eine geradlinige Bahn (Verfahrart ist CPLIN) mit konstanter
Orientierung gefahren. Der x-Vektor des Effektors ist nach oben, der z-Vektor nach vorne
gerichtet. Der y-Vektor ist nicht dargestellt. Der zweite Abschnitt verläuft ebenfalls geradlinig,
jedoch wird veränderlicher Orientierung. Der x-Vektor wird allmählich nach rechts gedreht.

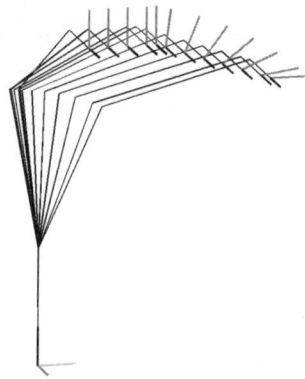

Bild 6.5 3-D-Grafik des Robotersimulators

Optional kann die sich ergebende Bewegungsspur des *TCP* mit Hilfe des Parameters `spur=1`
hinzugefügt werden. Dabei wird für den ersten Bewegungsschritt der Anfang der Bewegungsspur auf die erste Position des *TCP* festgelegt. Für jeden weiteren Teilschritt wird die
Linie zur vorherigen TCP-Position gezeichnet.

6.4.2   Initialisierung und Ausführung der Gesamtsoftware

Vor der ersten Ausführung muss der Simulator initialisiert werden. Die Software der mit
MATLAB implementierten Hauptkomponente besteht aus Funktionen, die auf mehrere
Verzeichnisse aufgeteilt sind. Damit diese Funktionen gemeinsam benutzt werden können,
werden diese Verzeichnisse als temporäre Pfade (Abschnitt 3.1 Set Path) eingetragen.

Schließlich muss die zweite Softwarekomponente *Echtzeitinterpolator* initialisiert werden.
Dazu ist es nötig, dass sie als COM-Server registriert und gestartet wird. Unter dem Betriebssystem Windows erfolgt dies mit dem Systemkommando `ezint.exe –RegServer`. Um
den Zugriff von MATLAB auf den Echtzeitinterpolator zu realisieren, wird die COM-

Schnittstelle mit `ezinit_init` aktiviert. Listing 6.6 zeigt den kompletten Ablauf der Initialisierung der Gesamtsoftware.

Listing 6.6 Initialisierung des Gesamtsoftware des Robotersimulators

```
function robo_ml_ini
    s = what('ROBOFUN'); addpath(s.path);
    s = what('ROBOMAT'); addpath(s.path);
    s = what('ROBOGRAF'); addpath(s.path);
    s = what('ROBODAT'); addpath(s.path);
    s = what('Anw'); addpath(s.path);
ezint_init;
```

Die Funktion `robot_ausf` dient der Ausführung und grafischen Darstellung der Roboterbewegung (Listing 6.7). Übergeben wird die Liste der interpolierten Achswerte, berechnet durch `robot_bew`. Geliefert wird die Anzahl der Interpolationsschritte, die für die Ermittlung der Verfahrzeit erforderlich ist. Die Ausführung und grafische Darstellung erfolgt durch `ezint_ausf` mit Hilfe der Serverkomponente Echtzeitinterpolator. Alternativ könnte auch auf die Benutzung des Echtzeitinterpolators verzichtet und nur eine statische Visualisierung mit `robot_bahn_vis` durchgeführt werden. Diese Möglichkeit ist als Kommentar angegeben.

Listing 6.7

```
function anz=robot_ausf(q_l);
    [anz sp]=size(q_l); % Anzahl Interpolationsschritte
    ezint_ausf(q_l);    % Aufruf Echtzeitinterpolator

    %robot_bahn_vis(q_l,1); % statische Anzeige der Roboterbe-
                            % bewegung ohne Echtzeitinterpolator
```

6.5 Zusammenfassung

Die Programmierung im Großen wird von MATLAB hauptsächlich durch die Möglichkeit zur komponentenorientierten Realisierung von Software unterstützt. Dies erlaubt auch die gemischte Implementierung mit der MATLAB-Programmiersprache und anderen Sprachen. Es wurde gezeigt, wie die Programmierung der COM-Schnittstelle zwischen einem MATLAB-Programm als Client und einem in C++ implementierten Server erfolgt. Dies umfasst die Erzeugung des COM-Objekts, den Aufruf von Methoden über die *IDispatch*-Schnittstelle und die Registrierung von Reaktionsfunktionen auf Ereignisse im Server.

Als Beispiel für eine Server-Komponente wurde ein Echtzeitinterpolator vorgestellt. Da seine Ausführung in Echtzeit erfolgt, gesteuert durch einen Zeitgeber, ist er in C++ implementiert. Ein wichtiger Aspekt der Programmierung ist der Datenaustausch mit Funktionen, die asynchron ablaufen, beispielsweise den Reaktionsfunktionen. Dafür wurden globale

Variable verwendet. Für Interessierte wurde noch die Klassenstruktur der in C++ implementierten COM-Schnittstelle des Echtzeitinterpolators erläutert.

Schließlich wurden Aufbau und Schnittstelle eines einfachen dreidimensionalen Grafikmodells behandelt. Damit können die im Verlauf der einzelnen Kapitel entwickelten Softwareteile zu einem kompletten Robotersimulator zusammen gefügt werden.

Wichtige Begriffe und Methoden

- Integration von Software mit unterschiedlichen Programmiersprachen
- Komponentenorientierte Programmierung
- Eigenschaften der COM-Schnittstelle
- COM-Client, COM-Server
- Schnittstellen *IUnkown*, *IDispatch* (Automatisierungschnittstelle)
- Benutzerdefinierte Schnittstelle, duale Schnittstelle
- Registrierung von Ereignissen
- Parameterübergabe an eine Reaktionsfunktion
- Systemarchitektur des Robotersimulators
- Echtzeitinterpolator als lokaler Server, Kommunikation
- Exportierte Methoden und Ereignisse
- Zeitgesteuerte Bewegungsausführung mit Hilfe des Echtzeitinterpolators
- Realisierung des Grafikmodells
- Initialisierung der Gesamtsoftware

6.6   Aufgaben

Aufgabe 6.1

a) Erzeugen Sie MATLAB als Shared Server.
b) Definieren Sie im Hauptbereich des Servers die Variable `var1`.
c) Starten Sie das MATLAB-Programm ein zweites Mal und erzeugen Sie wiederum einen Shared Server von MATLAB. Wie viele MATLAB-Anwendungen mit Desktop und wie viele ohne sind jetzt aktiv?
d) Definieren Sie von der unter c) gestarteten zweiten MATLAB-Anwendung aus im gemeinsamen MATLAB-Server die Variable `var2` im Hauptbereich. Überprüfen Sie, dass im Hauptbereich des Servers nun beide Variable definiert sind.
e) Wiederholen Sie die Aufgaben unter a) bis d) mit MATLAB als Dedicated Server.

Aufgabe 6.2

a) Erzeugen Sie MATLAB als Shared Server und zeigen Sie alle Methoden der *IDispatch*-Schnittstelle an.
b) Definieren Sie im Hauptbereich des Servers die Matrix A=[1,2,3;4,5,6;7,8,9].
c) Lesen Sie die erste Zeile von A als String aus und speichern Sie das Ergebnis in der Variablen str_zeile im Hauptbereich des Client.

Aufgabe 6.3

a) Erzeugen Sie MATLAB als Shared Server und erzeugen Sie im Globalbereich des Servers die Variable vglob = 99;
b) Lesen Sie diese Variable über das Kommandofenster des Servers wieder aus.

Aufgabe 6.4

a) Erzeugen Sie ein Bild mit *ActiveX*-Element durch folgenden Code (der Code ist einem Beispiel aus der MATLAB-Hilfe unter „*MATLAB COM Client Support, Writing Event Handlers*" entnommen):

```
fig = figure('position', [100 200 200 200]);
h = actxcontrol('mwsamp.mwsampctrl.2', [0 0 200 200],...
fig,    { 'MouseDown' 'mymoused'});
```

b) Programmieren Sie die Reaktionsfunktion mymoused, die bei einem Drücken der Taste eine einfache Textmeldung sowie die *X*- und *Y*-Position ausgibt.
c) Programmieren und registrieren Sie eine Reaktionsfunktion, die auf einen Doppelklick reagiert.

7 Anwendungen

Zielsetzung

Entscheidend für die Entwicklung einer Steuerungssoftware ist, dass sie für die beabsichtigten Anwendungen tauglich ist. Als aussagekräftige Anwendungsbeispiele werden in diesem Kapitel eine Palettieraufgabe und das Bearbeiten eines Langlochs ausgewählt. Mit Hilfe der Simulation soll ein Test der entwickelten Anwendungssoftware und eine Optimierung der Fertigungszelle durchgeführt werden. Wichtige Ziele sind die Minimierung der Ausführungszeit und die Vermeidung von überhöhten Achsgeschwindigkeiten. Um eine einfache und benutzerfreundliche Anwendungsprogrammierung zu erreichen, wird eine deklarative Programmierung, die mehr den Endzustand als den Ablauf beschreibt, angestrebt.

7.1 Grundsätze

Anwendungsprogrammierung bedeutet, dass das Wissen über die Anwendung und die Benutzer kombiniert wird mit dem Wissen über den Roboter und seine Fertigungsumgebung. Die Anwendungssoftware führt somit die folgenden Wissensbereiche zusammen:

- **Systemkomponenten**
  Neben dem Roboter gehören zu den Systemkomponenten der Effektor (Werkzeug, Greifer) und gegebenenfalls Transporteinrichtungen und Positionierer für das Werkstück, z.B. ein Drehtisch.

- **Räumliche und funktionelle Integration**
  Unter räumlicher und funktioneller Integration wird verstanden, wie die einzelnen Komponenten zueinander positioniert werden und wie sie bezüglich ihrer Funktionen zusammenwirken und kommunizieren.

- **Anwendung**
  Die Anwendung beschreibt die Prozesse, die zwischen Werkstück, Werkzeug und Bedienpersonal stattfinden, um das angestrebte Fertigungsergebnis zu erreichen. Daraus ergeben sich die erforderlichen Systemkomponenten und die Art der Integration. Alle Prozesse müssen sowohl für den Normalfall, aber auch für alle Störfälle, definiert werden.

Die Anwendungsprogrammierung soll benutzerfreundlich sein. Dies bedeutet:

*   **Programmiersprache**
    Die Programmiersprache für das Anwendungsprogramm soll einfach sein.

*   **Spezialwissen**
    Da die Programmierung meistens von Anwendungsspezialisten durchgeführt wird, soll es möglich sein, deren Spezialwissen umfassend einzubringen. Andererseits soll dazu nur wenig Systemwissen erforderlich sein.

Einfach in der Anwendung ist eine mehr *deklarative Programmierung*. Das Prinzip besteht darin, nur die Anfangs- und Endzustände von Fertigungsprozessen zu beschreiben. Die einzelnen Operationen und ihre Reihenfolge, um den Endzustand zu erreichen, sollen mit Hilfe einer möglichst intelligenten Software automatisch abgeleitet werden.

Um einer deklarativen Programmierung näher zu kommen, hat es sich bewährt, eine Anwendungssoftware in zwei Ebenen aufzuteilen:

*   **Deklarative Ebene**
    Dargestellt werden die spezifischen Systemparameter und Zieldaten für den Fertigungsprozess.

*   **Prozedurale Ebene**
    In dieser Ebene sind die prozeduralen Abläufe programmiert. Gemeinsam mit den Parametern und Zieldaten ergeben sie die konkreten Fertigungsoperationen und ihre Reihenfolge.

Die deklarative Programmebene muss am häufigsten angepasst werden. Auf sie hat der größte Personenkreis Zugriff. Die prozedurale Programmebene muss weniger häufig verändert werden und betrifft eine kleinere Personengruppe.

Die Anwendungsprogrammierung wird anhand zweier typischer Beispiele erklärt. Das *Palettieren* ist eine Transportaufgabe, die aus vielen ähnlichen Teiloperationen besteht. Optimierungsziel ist vor allem eine kurze Ausführungszeit. Auf das Palettieren kann sehr gut das Prinzip der deklarativen Programmierung angewendet werden. Dies bedeutet, dass die Bewegungsabläufe nicht explizit durch die Programmierung von Bahnsätzen vorgegeben werden. Vielmehr werden diese detaillierten, prozeduralen Bewegungsdaten aus der deklarativen Beschreibung von Anfangs- und Endzustand der Palettieraufgabe automatisch abgeleitet.

Das zweite Anwendungsbeispiel bezieht sich auf das *Bearbeiten einer Kontur*, hier eines Langlochs[1], z.B. durch Schneiden mit Laser- oder Wasserstrahl. Ein wichtiges Ziel bei Planung und Programmierung besteht darin, das Werkstück im Arbeitsbereich des Roboters so zu platzieren, dass die Bewegungsbahnen genau, schnell und ohne große Beschleunigungsänderungen ausgeführt werden können. Eine Beeinträchtigung kann beispielsweise erfolgen

---

[1] Unter einem Langloch versteht man eine längliche Öffnung. Dadurch ist es möglich, Abweichungen auszugleichen und so nicht exakt passende Teile dennoch zu verschrauben.

durch die Begrenzung von Achswinkeln und Achsgeschwindigkeiten oder das Erreichen von singulären Stellungen des Roboterarms. Oft wird die Geometrie der auszuführenden Kontur nicht durch *Teachen* programmiert, sondern aus einem CAD-System übernommen.

7.2   Beispiele

Die beiden nun folgenden Beispiele sollen die Anwendung der im vorherigen Abschnitt vorgestellten Prinzipien verdeutlichen. Zunächst wird die geometrische Anordnung der Fertigungszelle und der beabsichtigte Fertigungsprozess beschrieben. Dann erfolgen der Entwurf und die Implementierung des Anwendungsprogramms. Abschließend werden die Ergebnisse der Simulation und Bewegungsanalyse besprochen und Möglichkeiten zur Optimierung zumindest ansatzweise aufgezeigt.

Die beiden wichtigsten Ergebnisse der Simulation sind:

1. **Abfahrbarkeit des Anwendungsprogramms**
   Die erfolgreiche Simulation des Programms stellt sicher, dass alle Bewegungsbahnen mit den programmierten Orientierungen erreichbar sind und dass dabei die vorgegebenen Grenzwerte für den Arbeitsraum, für die Geschwindigkeiten und Beschleunigungen nicht überschritten werden.

2. **Berechnung der Zykluszeit**
   Durch die Simulation wird die Gesamtlaufzeit des Anwendungsprogramms, die *Zykluszeit*, ermittelt.

Die Bewegungsanalyse wird mit Hilfe der Funktion `robot_bahn_ausw` durchgeführt (Abschnitt 5.5.2). Damit ist es möglich, sowohl die achsbezogenen, als auch die bahnbezogenen Teilbewegungen bezüglich des zeitlichen Verlaufs von Weg/Winkel, Geschwindigkeit und Beschleunigung zu analysieren und grafisch darzustellen.

7.2.1   Palettieren

Geometrie der Roboterzelle

In Bild 7.1 ist die geometrische Anordnung der Roboterzelle dargestellt. Bezüglich des Roboterkoordinatensystems *ROB* müssen die Position für die Bereitstellung der Objekte *BER* und die Palettenposition *PAL* definiert sein. Die Palette ist durch die Anzahl der Zeilen *zn* und Spalten *sn* sowie die Objektabstände innerhalb von Zeile *zd* und Spalte *sd* beschrieben. Die aktuelle Objektposition auf der Palette wird durch *OBJ(iz,is)* beschrieben, mit *iz, is* als Zeilen- und Spaltenindex.

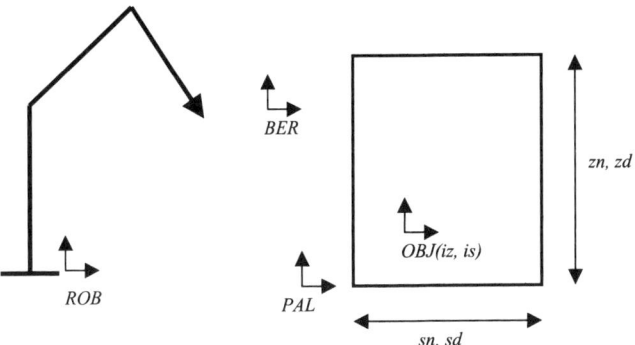

Bild 7.1 Geometrische Anordnung beim Palettieren

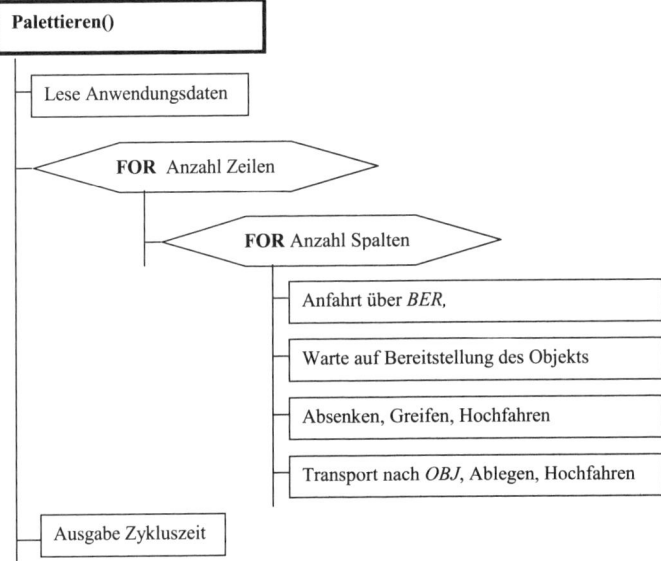

Bild 7.2 Ablauf des Steuerprogramms für die Anwendung Palettieren

Programmaufbau und Implementierung

Aufbau und prinzipieller Ablauf eines Palettierprogramms sind immer gleich. Die spezifischen Merkmale der Anwendung können deshalb vollständig durch Parameter beschrieben werden. Diese werden mit einer separaten Datei `anw_palettieren_daten.m` bereitgestellt. Diese Datei stellt somit das eigentliche Anwendungsprogramm mit den anwendungsspezifischen Daten dar. Es enthält keine prozeduralen Elemente und keine expliziten Bewegungsanweisungen, sondern ist rein deklarativ.

Das Steuerprogramm in der Datei `anw_palettieren.m` liest die Anwendungsdaten in `anw_palettieren_daten.m`, wertet sie aus und setzt sie dabei in die detaillierten, prozeduralen Bewegungsanweisungen um. Bild 7.2 zeigt den Ablauf des Steuerprogramms. In einer Doppelschleife über alle Zeilen und Spalten der Palette werden die Objekte von der festen Bereitstellung *BER* abgeholt und an der veränderlichen Objektposition *OBJ(iz, is)* abgelegt. Damit die räumliche Lage der Palette leicht variiert werden kann, wird *OBJ* bezogen auf das lokale Koordinatensystem der Palette *PAL* berechnet. Sowohl *BER* als auch *OBJ* werden nicht direkt erreicht. Zunächst wird mit maximaler Geschwindigkeit, also in der Verfahrart *PTP*, eine Position oberhalb angefahren. Erst dann erfolgt das sanfte Absenken auf einer geradlinigen Bahn in der Verfahrart *CPLIN*. Das Wegfahren geschieht analog. Am Ende wird die Gesamtzeit des Fertigungsprozesses, die *Zykluszeit*, ausgegeben.

Das Listing 7.1 zeigt die Implementierung der Anwendungsdaten (deklaratives Anwendungsprogramm). Sie beschreiben die Geometrie der Anwendung und die Bahngeschwindigkeit. Mit Hilfe des Winkels `phi` kann die räumliche Ausrichtung des Palettierobjekts bei der Bereitstellung variiert werden. Alle Anwendungsdaten werden mit dem Rückgabewert `anwd`, der den Datentyp *struct* aufweist, zur Verfügung gestellt.

Listing 7.1 Anwendungsdaten für das Palettieren

```
function anwd=anw_palettieren_daten()
    anwd.geschw=0.4;  % Bahngeschwindigkeit
    anwd.pal= [ 1.0   0     0    0.4;
                0  -1.0   0      0;
                0     0  -1.0   0.4;
                0     0     0    1.0];
    ber=       [ 1.0   0     0    0.2;
                0  -1.0   0    0.2;
                0     0  -1.0   0.4;
                0     0     0    1.0];
    anwd.zn=2;    anwd.sn=2;
    anwd.zd=0.1; anwd.sd=0.1;


    phi=0;                      %Variation der Objektorientierung bei
    ber_trafo=rotz(phi);       % der Bereitstellung durch Drehung um
    anwd.ber=ber*ber_trafo;    % die z-Achse von ber
```

In Listing 7.2 ist das Steuerprogramm dargestellt, realisiert als Skript in der M-Datei `anw_palettieren.m`. Die folgenden Besonderheiten sind zu beachten:

- Zu Programmanfang muss der Roboter in eine definierte Startposition gebracht werden. Mit der Funktion `robot_init` (Listing 5.1) werden die Anfangswinkel `w_anf=[0 -90 0 0 -90 0]`, die Roboterparameter mit Hilfe der Datei `ROB6GL_Daten.m` und der Interpolationstakt mit der Datei `DEF_IPO.m` festgelegt. Beide Dateien werden innerhalb von `robot_init` benutzt.
- Das resultierende Effektorframe für die Anfangsposition `anf_pos` wird mit `vtraf` (Abschnitt 4.4.2) berechnet.
- Mit `d1` wird der Abstand des anzufahrenden Zwischenpunktes über dem endgültigen

Zielpunkt definiert. Dazu wird der Ursprung des Zielpunktes in Richtung der z-Achse des globalen Bezugskoordinatensystems *Welt* verschoben.

- Die strukturierte Variable `anw_pal` enthält alle Anwendungsdaten für das Palettieren.

- Als Roboterarmkonfiguration wird einheitlich `kf=2` (Tabelle 4.6) gewählt.

- Mit `robot_bew` (Abschnitt 5.4.1) wird die Bewegungsbahn berechnet. Die Variable `q_1` enthält danach die Liste der interpolierten Achswerte und `s_1` die Liste der interpolierten Bahnwerte.

- In der Funktion `robot_ausf` wird der Echtzeitinterpolator über die Funktion `ezint_ausf` aufgerufen. Dabei wird mit dem Rücksprung gewartet, bis das Bahnende erreicht ist.

- Der Rückgabewert `anz` enthält die Anzahl der Interpolationsschritte. Diese werden aufsummiert, mit dem Interpolationstakt `ipo_takt` multipliziert und am Ende als Zykluszeit ausgegeben.

- Für eine Analyse nach Beendigung der Programmausführung wird die Liste der Achswerte beim erstmaligen Anfahren von OBJ in der globalen Variablen `q_1_obj` abgespeichert.

Listing 7.2 Steuerprogramm für Palettieren, dargestellt als Skript in `anw_palettieren.m`

```
% Initialisierung
global q_akt rob_para ipo_takt q_1_obj

w_anf=[0 -90 0 0 -90 0]; % Startwinkel
robot_init(w_anf);
anf_pos=vtraf(w_anf*pi/180, rob_para);
d1=0.03; % Verschiebung in Richtung der z-Achse von Welt
kf=2; % Armkonfiguration für alle Bahnen

% Einlesen Anwendungsdaten
anw_pal=anw_palettieren_daten;
ber_oben=anw_pal.ber;
ber_oben(3,4)= ber_oben(3,4)+d1;

% erste Anfahrt von BER
clear bahn;
bahn.P1=anf_pos;
bahn.P2=ber_oben;
bahn.kf1=kf; bahn.kf2=kf;
bahn.geschw=anw_pal.geschw;
bahn.typ=1; % PTP
[q_1 s_1 stat]=robot_bew(bahn);
anz=robot_ausf(q_1);
zyklen_gesamt=anz;

for iz=0:anw_pal.zn-1        % Schleife über alle Zeilen
```

```
for is=0:anw_pal.sn-1    % Schleife über alle Spalten

    % Absenken BER
    bahn.P1=ber_oben;
    bahn.P2=anw_pal.ber;
    bahn.typ=2; % LIN
    [q_l s_l stat]=robot_bew(bahn);
    anz=robot_ausf(q_l);
    zyklen_gesamt=zyklen_gesamt+anz;

    % Greifen Objekt und Anheben BER
    bahn.P1=anw_pal.ber;
    bahn.P2=ber_oben;
    bahn.typ=2; % LIN
    [q_l s_l stat]=robot_bew(bahn);
    anz=robot_ausf(q_l);
    zyklen_gesamt=zyklen_gesamt+anz;

    % Anfahrt  OBJ
    obj_akt=anw_pal.pal;
    obj_akt(1,4)=obj_akt(1,4)+anw_pal.sd*is;
    obj_akt(2,4)=obj_akt(2,4)+anw_pal.zd*iz;
    obj_akt_oben=obj_akt;
    obj_akt_oben(3,4)=obj_akt_oben(3,4)+d1;
    bahn.P1=ber_oben;
    bahn.P2=obj_akt_oben;
    bahn.typ=1; % PTP
    [q_l s_l stat]=robot_bew(bahn);
    anz=robot_ausf(q_l);
    zyklen_gesamt=zyklen_gesamt+anz;
    if (is==0 & iz==0)   % Achswerte beim ersten Anfahren
        q_l_obj=q_l;     % von OBJ
    end

    % Absenken OBJ und Ablegen Objekt
    bahn.P1=obj_akt_oben;
    bahn.P2=obj_akt;
    bahn.typ=2; % PTP
    [q_l s_l stat]=robot_bew(bahn);
    anz=robot_ausf(q_l);
    zyklen_gesamt=zyklen_gesamt+anz;

    % Anheben OBJ
    bahn.P1=obj_akt;
    bahn.P2=obj_akt_oben;
```

```
            bahn.typ=2; % PTP
            [q_1 s_1 stat]=robot_bew(bahn);
            anz=robot_ausf(q_1);
            zyklen_gesamt=zyklen_gesamt+anz;

            % Anfahrt BER
            bahn.P1=obj_akt_oben;
            bahn.P2=ber_oben;
            bahn.typ=1; % PTP
            [q_1 s_1 stat]=robot_bew(bahn);
            anz=robot_ausf(q_1);
            zyklen_gesamt=zyklen_gesamt+anz;
        end
    end

    fprintf('Zykluszeit: %f  sec\n',zyklen_gesamt*ipo_takt);
```

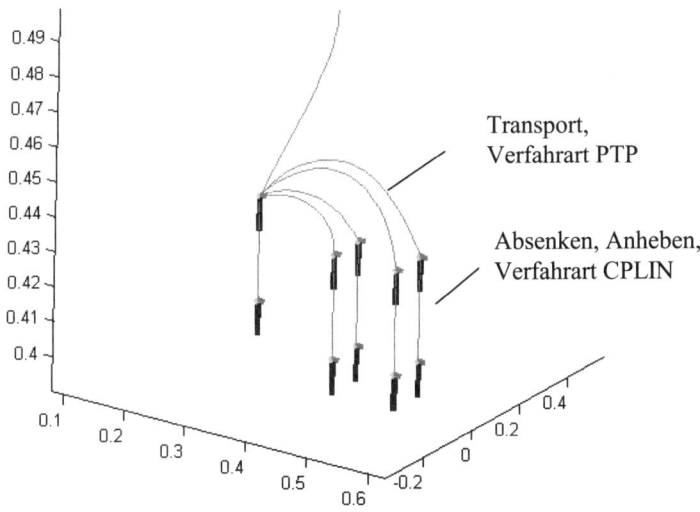

Bild 7.3 Bewegungsspuren beim Bestücken einer Palette

Simulation und Optimierung

Im vorliegenden Anwendungsbeispiel wird eine Palette mit vier Positionen bestückt. Bild 7.3 zeigt die Bewegungsspuren bei der Programmausführung.

Die Simulation ist ein wichtiges Instrument, um die Roboteranwendung zu optimieren. Als Beispiel wird der Einfluss der geometrischen Anordnung auf die *Zykluszeit* untersucht werden. So werden für die Bereitstellung der Objekte in *BER* zwei verschiedene räumliche Orientierungen untersucht:

1. Zunächst ist die Orientierung von *BER* in der Datei `anw_palettieren_daten.m` mit dem Winkel `phi=0` vorgegeben. Als Zykluszeit ergibt sich 80,4 s.

2. Die Orientierung ist nun mit `phi=pi/2` gegenüber 1. um 90° bezüglich der *z*-Achse von *BER* gedreht. Die veränderte Zykluszeit beträgt nun 148,0 s.

Um die Ursachen zu ergründen, werden die Achsbewegungen mit der Funktion `robot-bahn_ausw` (Listing 5.9) analysiert. Bei der ersten Orientierung von *BER* beträgt die Winkeldifferenz für die Achse A_6 nur 42°. Bei der zweiten Orientierung muss A_6 um 132° gedreht werden. Diese größere Winkeldifferenz bewirkt die wesentlich höhere Zykluszeit.

7.2.2   Bearbeiten Langloch

Geometrie der Roboterzelle

In Bild 7.4 ist die geometrische Anordnung für die Bearbeitung des Langlochs dargestellt. Die Aufgabe des Roboters besteht darin, die Kontur abzufahren, z.B. um eine längliche Öffnung in einer Stahlplatte mit einem Laserstrahlschneider herzustellen. Das Besondere an der Kontur ist, dass exakte Halbkreise gefertigt werden müssen.

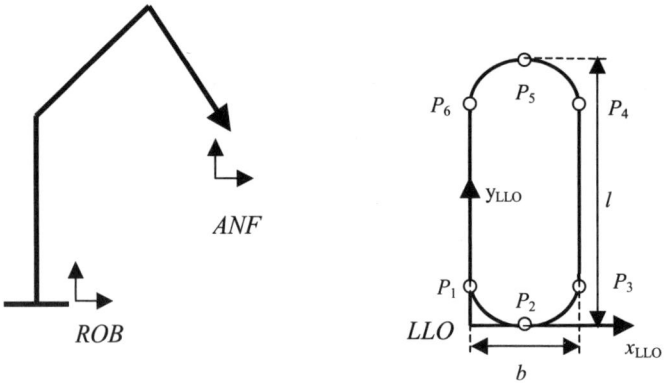

Bild 7.4 Geometrische Anordnung beim Bearbeiten des Langlochs

Für das Werkstück wird ein lokales Koordinatensystem ^{ROB}LLO bezüglich der Roboterbasis *ROB* definiert. Alle geometrischen Informationen für die Kontur werden darauf bezogen. Dadurch ist es möglich, die Lage des Werkstücks, einschließlich aller Bahndefinitionen, nur durch Anpassung von *LLO* neu zu definieren. Die Geometrie des Langlochs ist durch seine Länge `l` und Breite `b` definiert. An den beiden Breitseiten gibt es eine halbkreisförmige Abrundung. An den Übergangsstellen sowie in der Mitte der beiden Halbkreise sind die Punkte P_1 - P_6 entgegen dem Uhrzeigersinn definiert.

Das lokale Koordinatensystem ist durch die folgenden Regeln bestimmt:

- die *x*-Achse ist durch die Strecke P_1P_3 definiert,
- die *y*-Achse ist durch die Strecke P_1P_6 definiert,
- die *z*-Achse ist durch die *x*- und *y*-Achse definiert,
- der Ursprung liegt in der linken unteren Ecke, die ohne Abrundung vorhanden wäre, definiert durch P_1 und P_2.

Programmaufbau und Implementierung

Der Ablauf des Programms ist rein sequentiell, dargestellt in Bild 7.5. Zunächst werden die Anwendungsdaten aus der Parameterdatei anw_langloch_daten.m eingelesen. Basierend auf den Abmessungen Breite *b* und Länge *l* werden die Punkte P_1 ... P_6 berechnet und auf das lokale Koordinatensystem *LLO* bezogen. Die Anfangsposition *ANF* wird durch die Vorgabe der sechs Achswinkel bestimmt.

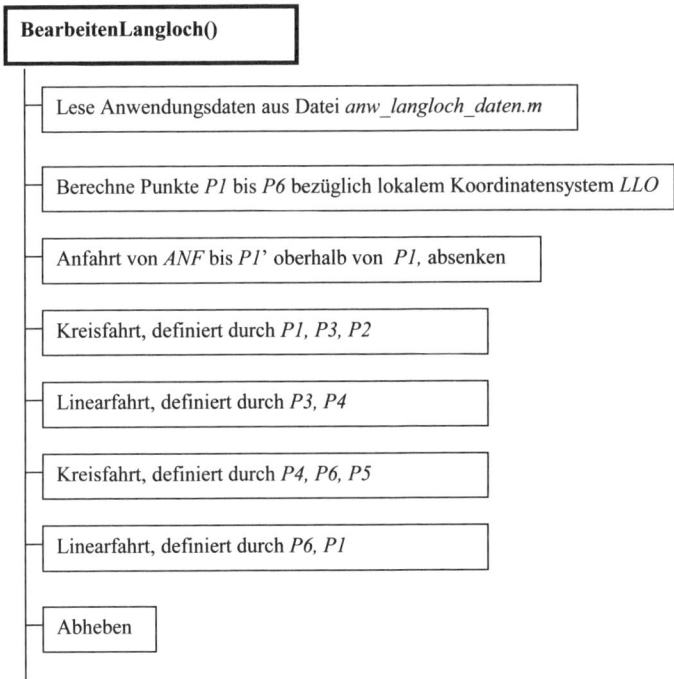

Bild 7.5 Ablauf des Steuerprogramms für das Bearbeiten des Langlochs

Anschließend werden die einzelnen Bahnsätze erzeugt und abgefahren. Zunächst erfolgt die Anfahrt von der Startposition *ANF* nach P_1', oberhalb von P_1. Nach dem Absenken werden hintereinander die beiden Linearbahnen (CPLIN) und Kreisbahnen (CPCIR) zur Bearbeitung des Langlochs gefahren. Bei einer realen Anwendung müsste parallel dazu das Bearbeitungswerkzeug gesteuert werden, beispielsweise ein Laserstrahlschneider. Am Ende wird die Gesamtzeit des Bearbeitungsprozesses, die Zykluszeit, berechnet.

Das Listing 7.3 zeigt die Implementierung der Anwendungsdaten. Sie beschreiben die Geometrie der Anwendung und die Bahngeschwindigkeit. Für Testzwecke und Optimierung wird das lokale Koordinatensystem *LLO* um den Vektor versch bezüglich des Weltkoordinatensystems verschoben. Dieser Zeilenvektor wird als Eingangsparameter definiert. Alle Anwendungsdaten werden mit dem Rückgabewert anwd zur Verfügung gestellt

Listing 7.3 Anwendungsdaten für Bearbeiten Langloch

```
function anwd=anw_langloch_daten(versch)

llo=         [    1.0000       0.0000       0.0000       0.4000;
                  0.0000       1.0000       0.0000       0.0000;
                  0            0            1.0000       0.4000;
                  0            0            0            1.0000];
anwd.br=0.1;
anwd.la=0.2;
anwd.geschw=0.4; % Bahngeschwindigkeit
llo2=llo;
llo2(1:3,4)=llo2(1:3,4)+versch'; % Verschiebevektor
anwd.llo=llo2;
```

In Listing 7.4 ist das Steuerprogramm für die Anwendung dargestellt, realisiert als Funktion in der M-Datei anw_langloch.m. Die folgenden Besonderheiten sind zu beachten:

- Zu Programmanfang muss der Roboter in eine definierte Startposition gebracht werden. Mit der Funktion robot_init werden die Anfangswinkel w_anf=[0 -90 0 0 -90 0] definiert und alle weiteren Daten initialisiert.

- Mit dem Wert oberhalb wird der Abstand des anzufahrenden Zwischenpunktes über dem endgültigen Zielpunkt definiert. Dazu wird der Ursprung des Zielpunktes in Richtung der z-Achse von *Welt* verschoben.

- Die strukturierte Variable anwd enthält alle Anwendungsdaten für die Bearbeitung des Langlochs. Beim Einlesen der Anwendungsdaten wird der Verschiebevektor vek als Parameter übergeben.

- Als Roboterarmkonfiguration wird einheitlich kf=2 (Tabelle 4.6) gewählt. Die Armkonfiguration kf und die Geschwindigkeit geschw werden im Verlauf des Programms nur einmal gesetzt, da sie unverändert bleiben.

- Mit robot_bew (Abschnitt 5.4.1) wird die Bewegungsbahn interpoliert. Danach enthält die Variable q_l die Liste der Achswerte und s_l die Liste der interpolierten Bahnwerte.

- In der Funktion robot_ausf wird die Ausführung und grafische Darstellung durch den Echtzeitinterpolator aufgerufen. Der Rückgabewert anz enthält die Anzahl der Interpolationsschritte. Diese werden aufsummiert, mit dem Interpolationstakt ipo_takt multipliziert und am Ende als Zykluszeit ausgegeben.

Listing 7.4 Steuerprogramm für Bearbeiten Langloch

```
function anw_langloch(vek)
% vek: Verschiebevektor für die Position des Werkstücks in m

% Initialisierung
global q_akt rob_para ipo_takt

kf=2;
ori=[1 0 0 0; 0 -1 0 0; 0 0 -1 0; 0 0 0 1];
oberhalb=0.02; % z-Abstand zum Anfahren
w_anf=[0 -90 0 0 -90 0]; % Anfangswinkel des Roboters
robot_init(w_anf);
anf_pos=vtraf(w_anf*pi/180, rob_para);

anwd=anw_langloch_daten(vek);

% Berechne Punkte P1-P6, basierend auf dem lokalen
% Koordinatensystem LLO
% Alle Bahnpunkte haben die gleiche Orientierung wie LLO.
geschw=anwd.geschw; la=anwd.la; br=anwd.br;
llo=anwd.llo;
P1=ori; P1(2,4)=br/2;
P1_oberhalb=P1; P1_oberhalb(3,4)= P1_oberhalb(3,4)+oberhalb;
P2=ori; P2(1,4)=br/2;
P3=ori; P3(1,4)=br; P3(2,4)=br/2;
P4=ori; P4(1,4)=br; P4(2,4)=la-br/2;
P5=ori; P5(1,4)=br/2; P5(2,4)=la;
P6=ori; P6(2,4)=la-br/2;

% Anfahrt P1-oberhalb

bahn.P1=anf_pos;
ROB_P1_oberhalb=llo*P1_oberhalb;
bahn.P2=ROB_P1_oberhalb;
bahn.typ=1; % PTP
[q_l s_l stat]=robot_bew(bahn);
anz=robot_ausf(q_l);
zyklen_gesamt=anz;

% Absenken
bahn.P1=llo*P1_oberhalb;
bahn.P2=llo*P1;
bahn.typ=2; % CPLIN
[q_l s_l stat]=robot_bew(bahn);
anz=robot_ausf(q_l);
```

```
zyklen_gesamt=zyklen_gesamt+anz;

% Beginn Bearbeitung, 1. Halbkreis
bahn.P1=llo*P1;;
bahn.P2=llo*P3;
bahn.P3=llo*P2;
bahn.typ=3; % CPCIR
[q_l s_l stat]=robot_bew(bahn);
anz=robot_ausf(q_l);
zyklen_gesamt=zyklen_gesamt+anz;

% 1. Linearbahn
bahn.P1=llo*P3;;
bahn.P2=llo*P4;
bahn.typ=2; % CPLIN
[q_l s_l stat]=robot_bew(bahn);
anz=robot_ausf(q_l);
zyklen_gesamt=zyklen_gesamt+anz;


% 2. Halbkreis
bahn.P1=llo*P4;;
bahn.P2=llo*P6;
bahn.P3=llo*P5;
bahn.typ=3; % CPCIR
[q_l s_l stat]=robot_bew(bahn);
anz=robot_ausf(q_l);
zyklen_gesamt=zyklen_gesamt+anz;

% 2. Linearbahn
bahn.P1=llo*P6;;
bahn.P2=llo*P1;
bahn.typ=2; % CPL
[q_l s_l stat]=robot_bew(bahn);
anz=robot_ausf(q_l);
zyklen_gesamt=zyklen_gesamt+anz;

% Ende der Bearbeitung, Abheben
clear bahn
bahn.P1=llo*P1;;
bahn.P2=llo*P1_oberhalb;
bahn.typ=2; % CPL
[q_l s_l stat]=robot_bew(bahn);
anz=robot_ausf(q_l);
zyklen_gesamt=zyklen_gesamt+anz;
```

```
fprintf('Gesamtzeit: %f  sec\n\n',zyklen_gesamt*ipo_takt);
```

Simulation und Optimierung

Im vorliegenden Anwendungsbeispiel wird ein Langloch mit den Abmessungen 10×20 cm bearbeitet. Bild 7.6 zeigt die Bewegungsspur bei der Programmausführung.

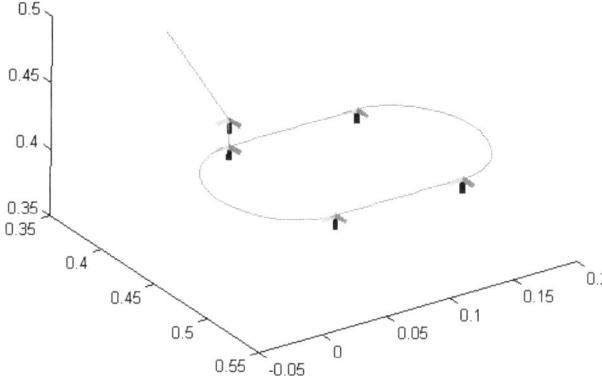

Bild 7.6 Bewegungsspuren bei der Bearbeitung des Langlochs

Mit Hilfe der Simulation soll die Positionierung des Werkstücks im Arbeitsraum des Roboters überprüft werden. Dazu wird als Beispiel ein Verschiebevektor für die Position des Werkstücks variiert. Dieser ist als Eingangsparameter vek für das Steuerprogramm anw_langloch definiert. Es zeigt sich, dass bezogen auf die in anw_langloch_daten definierte Position des Werkstücks eine Verschiebung in Richtung der *x*-Achse um 20 cm gerade noch möglich ist.

7.3 Zusammenfassung

Zunächst wurden die Grundsätze der Anwendungsprogrammierung dargelegt. Anzustreben ist die Aufteilung des Anwendungsprogramms in zwei Ebenen. Ein deklarativer Teil enthält nur die spezifischen Anwendungsparameter und Zieldaten, beispielsweise Länge, Breite und Position einer Palette. Ein zweiter, prozeduraler Teil greift auf diese Anwendungsdaten zu und führt die resultierenden Fertigungsoperationen aus.

Auf das erste Anwendungsbeispiel *Palettieren* kann sehr gut die implizite, deklarative Programmierung angewendet werden. Die expliziten Bahnsätze werden aus der Beschreibung von Anfangs- und Endzustand abgeleitet. Während der Ausführung läuft eine Grafiksimulation mit und die Bewegungsspuren werden dargestellt. Um die Zykluszeit zu minimieren,

werden die Bewegungen der Roboterachsen und der Einfluss der Geometrie der Fertigungszelle analysiert. Beim zweiten Anwendungsbeispiel *Bearbeiten Langloch* steht das optimale
Abfahren der Kontur, die auch Halbkreise enthält, im Vordergrund. Hauptsächlich wird
untersucht, welchen Einfluss die Platzierung des Werkstücks im Arbeitsraum auf die Abfahrbarkeit der einzelnen Bewegungsbahnen hat.

Wichtige Begriffe und Methoden

- Integration von Anwendungs- und Systemwissen
- Palettieren: Deklarative Programmierung
- Palettieren: Optimierung der Ausführungszeit
- Bearbeiten Langloch: Prozedurale Programmierung, Halbkreis
- Bearbeiten Langloch: Analyse der Abfahrbarkeit
- Programmaufbau: Daten- und Ausführungsdatei
- Berechnung der Zykluszeit

7.4   Aufgaben

Aufgabe 7.1

Auf einer Palette werden vier Quader bereitgestellt. Sie sollen an einem vorgegebenen Ort
übereinander gestapelt werden.

a) Erstellen Sie ein Programm, das die erforderlichen Bewegungsoperationen zum Sta-
   peln der Quader automatisch aus den vorgegebenen Daten ableitet.
b) Führen Sie eine Bewegungssimulation durch und ermitteln Sie die Zykluszeit.
c) Ermitteln sie die maximal möglichen Bahngeschwindigkeiten.

Aufgabe 7.2

Vorgegeben ist eine Zeichenebene im Raum, dargestellt durch drei Punkte P_1, P_2, P_3.

a) Erstellen Sie ein Programm, das zwischen den Punkten Punkte P_1 und P_2 eine Dreieckskurve mit vorgegebener Amplitude und Anzahl an Dreiecken zeichnet.
b) Führen Sie eine Bewegungssimulation durch und ermitteln Sie die Zykluszeit.
c) Ermitteln sie die minimale Zykluszeit, indem Ort und räumliche Orientierung der
   Zeichenebene variiert werden.
d) Runden sie die Dreieckskurve in den Scheitelpunkten durch Kreisbögen ab, deren
   Radius vorgegeben ist.

8 Fehlerbehandlung und Optimierung

Zielsetzung

Hohe Softwarequalität ist in erster Linie das Ergebnis eines guten Entwurfs. Dies erfordert, dass der Entwicklungsprozess optimal durchgeführt wird und dass, vor allem bei großen Programmen, geeignete Softwaretechniken eingesetzt werden. Trotzdem können Fehler auftreten und Messungen werden zeigen, dass Laufzeit und Ressourcenverbrauch nicht optimal sind. In diesem abschließenden Kapitel stehen Hilfsmittel und Vorgehensweisen zur Behandlung von Fehlern und zur Optimierung der Programme im Vordergrund.

Zunächst werden der Debugger und seine Verwendung vorgestellt. Er ist das wichtigste Werkzeug bei der Fehleranalyse. Dann wird auf besondere Programmiertechniken eingegangen, um externe Fehler möglichst präzise zu erkennen und geeignet darauf zu reagieren. Ist das Programm dann fehlerfrei, geht es noch um die Optimierung. Diese bezieht sich sowohl auf den Programmcode und seine statische Struktur als auch auf die dynamische Ausführung und die resultierende Rechenzeit. Die bis dahin gewonnenen Erkenntnisse sollen dann umgesetzt werden, um den im Verlauf des Buches entwickelten Programmcode des Robotersimulators exemplarisch zu optimieren.

8.1 Fehler im Programmcode

8.1.1 Syntax- und Laufzeitfehler

Zwei Arten von Fehlern im Programmcode können unterschieden werden:

1. **Syntaxfehler**
   Syntaxfehler treten bereits während der Eingabe auf, weil der Programmcode gegen die Grammatikregeln verstößt.

2. **Laufzeitfehler**
   Laufzeitfehler machen sich erst bei der Ausführung bemerkbar und sind deshalb viel schwerer zu entdecken.

MATLAB führt eine einfache Syntaxüberprüfung bereits bei der Eingabe durch. So werden beispielsweise nicht abgeschlossene Strings (fehlendes Hochkomma am Ende) braun hervorgehoben, während ordnungsgemäß abgeschlossene Strings in hellem Purpur angezeigt werden. Andere Syntaxfehler werden erst angezeigt, sobald eine der folgenden Aktionen durchgeführt wird:

- ein Haltepunkt (*Breakpoint*) wird gesetzt,
- die M-Datei wird ausgeführt,
- die M-Datei wird umgewandelt, z.B. in P-Code.

Dabei werden die Zeilen- und Spaltennummern des ersten erkannten Fehlers in der Datei angezeigt. Im Editor wird zusätzlich die fehlerhafte Stelle grau hinterlegt. Dies ist in Bild 8.1 dargestellt.

Hinweis – Umwandlung in P-Code

Jede M-Datei kann in P-Code umgewandelt werden, dargestellt durch eine *P-Datei*. Diese ist binär verschlüsselt und schützt so auch den Quellcode des Entwicklers. Jedoch wird auch jede M-Datei bei ihrer ersten Ausführung automatisch in eine P-Datei umgewandelt. Deshalb ergibt sich ab der zweiten Ausführung einer M-Datei kein Geschwindigkeitsnachteil mehr gegenüber einer P-Datei.

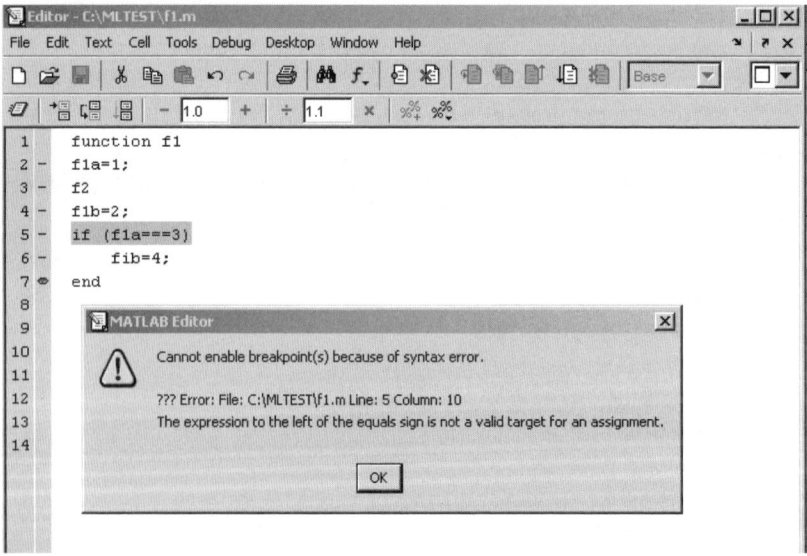

Bild 8.1 Anzeige eines Syntaxfehlers im Editor

Für Laufzeitfehler kommen zwei Arten von Fehlerquellen in Frage. *Externe Fehlerquellen* wirken sich von außen über Funktionsparameter und Funktionsaufrufe auf die betrachtete Funktion aus. Geeignete Maßnahmen werden in Abschnitt 8.2 behandelt. *Interne Fehlerquellen* betreffen den innerhalb der Funktion implementierten Algorithmus. Sie können nur lokalisiert werden, indem die Ausführung überwacht wird. Dies zu unterstützen ist die Aufgabe des *Debuggers*.

8.1.2 Debugger

Der Debugger ist in den Standardeditor integriert. Seine Funktionen können über die *Menüleiste* und *Toolbar* des Editors aufgerufen werden. Sie beziehen sich auf die aktuell geladene M-Datei. Daneben gibt es auch die Möglichkeit, den Debugger über das Hauptmenü oder das Kommandofenster zu benutzen. Beim Debuggen wird automatisch der lokale Adressraum der ausgeführten Funktion eingestellt. Über den *Workspace-Stack* kann aber auch auf alle anderen Adressräume zugegriffen und deren Variablen bearbeitet werden. In Bild 8.1 ist das Datenfeld des Workspace-Stack in der Kopfleiste mit *Stack* bezeichnet. Es enthält den Begriff *Base*, der anzeigt, dass der Hauptbereich des Adressraums gewählt ist.

Hinweis – Automatisieren des Debugging

Die Debugging-Kommandos können auch in M-Skript-Dateien verwendet werden. Dadurch ist es möglich das Debugging effizienter zu gestalten und zu automatisieren.

Die Überprüfung der Befehlsausführung kann auf zweierlei Weise erfolgen.

1. **Anhalten und Überprüfen**
   Der Ablauf wird angehalten und die Variableninhalte werden in diesem eingefrorenen Zustand überprüft. Dazu müssen in der M-Datei der zu überprüfenden Funktion *Haltepunkte* gesetzt werden.

2. **Überprüfung während der Ausführung**
   Durch die zusätzliche Vorgabe von Bedingungen werden die Inhalte der Variablen während der Ausführung überprüft.

Ein entscheidendes Kriterium ist, ob die Variablen während der Ausführung die erwarteten Werte aufweisen. Da Variable auch bedingte Verzweigungen und Schleifen steuern, beeinflussen sie auch die Reihenfolge der Ausführung von Befehlen.

Festlegen von Haltepunkten

Drei Arten von Haltepunkten sind zu unterscheiden:

1. **Standardhaltepunkte**
   Standardhaltepunkte bewirken immer eine Unterbrechung an der festgelegten Zeile im Quellcode.

2. **Bedingte Haltepunkte**
   Bei bedingten Haltepunkten wird die Ausführung an der festgelegten Zeile nur dann unterbrochen, wenn eine vorher definierte Bedingung erfüllt ist.

3. **Fehlerhaltepunkte**
   Fehlerhaltepunkte führen zu einer Unterbrechung, wenn bei der Ausführung einer M-Datei der angegebene Warnungs- oder Fehlertyp auftritt, wenn der Wert NaN (*Not a Number*, nichtnumerischer Wert) oder Inf (*infinite*, unendlich) zugewiesen wird.

Bild 8.2 zeigt einen Editorausschnitt mit einem Standardhaltepunkt (1) und der Bedingung für einen bedingten Haltepunkt (2).

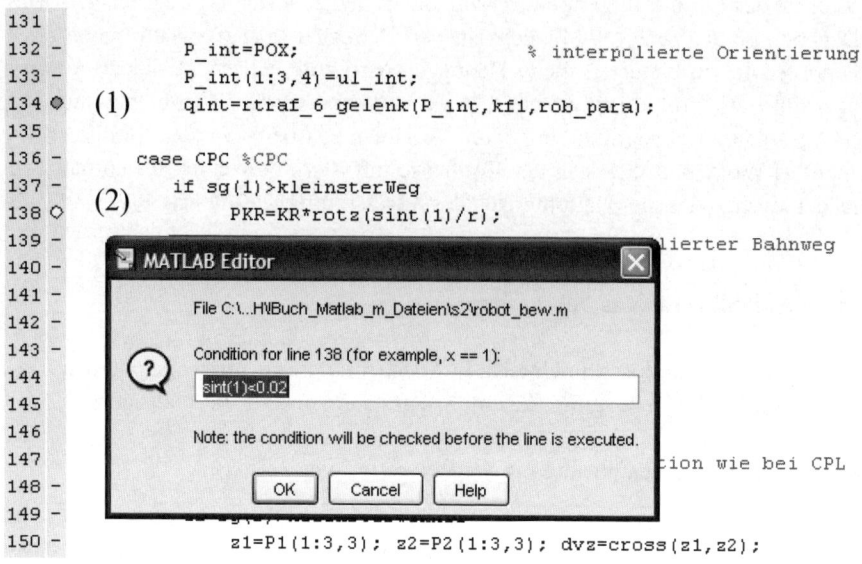

Bild 8.2 Standardhaltepunkt (1) und bedingter Haltepunkt (2)

Ausführen einer Datei mit Haltepunkten

Um eine M-Datei mit dem Debugger zu bearbeiten, muss mindestens ein Haltepunkt gesetzt sein. Die Ausführung wird angehalten und der *Debugging-Modus* angezeigt. Im Kommandofenster erscheint als Prompt K>> und im Editorfenster wird ein grüner Pfeil neben der aktuellen Zeile angezeigt. Für die weitere Ausführung im Debugger gibt es die folgenden Möglichkeiten:

- Fortsetzung
  Die Ausführung wird bis zum nächsten Haltepunkt oder dem Programmende fortgesetzt.
- Schritt
  Nur der nächste Befehl wird ausgeführt. Dabei wird eine Funktion wie ein einziger Befehl behandelt.
- Einsprung
  Im Unterschied zu *Schritt* erfolgt bei einem Funktionsaufruf ein Sprung auf den ersten Befehl der aufgerufenen Funktion.
- Aussprung
  Der Ablauf wird bis zum ersten Befehl nach dem Rücksprung aus der aktuellen Funktion fortgesetzt.

Überprüfen von Variablen während des Debugging

Wenn im Debugging-Modus der Cursor neben einen Variablennamen positioniert wird, erscheint der Wert in einem kleinen Fenster. Dazu muss mit Hilfe des Stack-Datenfeldes in der Kopfleiste der gewünschte Adressraum gewählt werden. Bild 8.3 zeigt einen Ausschnitt des Editorfensters und darüber das Fenster des *Workspace-Browsers* mit den beiden Variablen f2a, f2b. Das Stack-Datenfeld (Pfeil) zeigt den jeweils eingestellten aktuellen Adressraum an. Der angezeigte Bezeichner f2 steht für den lokalen Adressraum der Funktion f2. Der Inhalt einer Variablen kann auch während des Debugging geändert werden. Die Änderung erfolgt entweder über das Kommandofenster oder den *Workspace-Browser*. Um die zugehörige M-Datei zu korrigieren, muss jedoch der Debugging-Modus beendet werden.

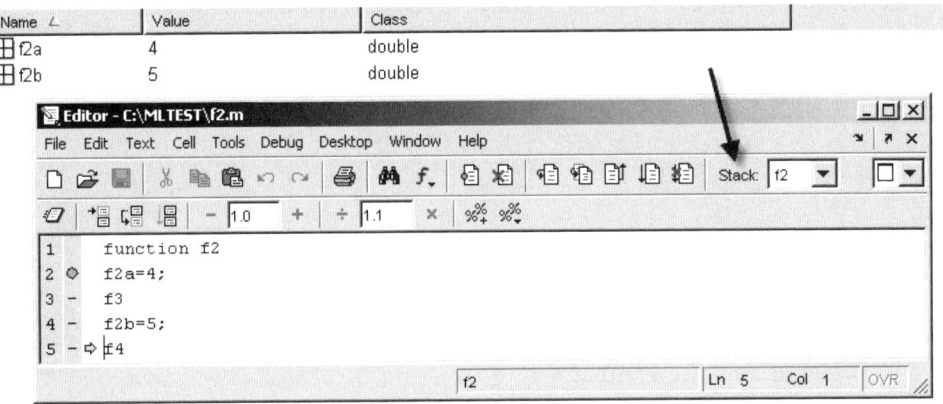

Bild 8.3 Zuordnung des Variablen-Adressbereichs (*Workspace*) zur aktuell ausgeführten Funktion

Endlosschleife

In schlimmen Fällen reagiert ein gestartetes Programm nicht mehr auf Eingaben und läuft somit in einer *Endlosschleife*. Dies ist eine besondere Art von Laufzeitfehler. In den meisten Fällen kann die Endlosschleife mit der Tastenkombination strg+c abgebrochen werden. Nur in ganz hartnäckigen Fällen muss MATLAB als Ganzes beendet werden. Dies erfolgt durch den Aufruf des Taskmanagers von Windows mit strg+alt+entf.

8.2   Behandlung externer Fehler

Laufzeitfehler sind Abweichungen von einem erwarteten Verhalten der Software. Betrachtet man eine Funktion, so können drei Arten von Fehlerquellen unterschieden werden (Bild 8.4):

1. **Interne Datenstrukturen und Algorithmen** (1)
   Die Datenstrukturen und Algorithmen innerhalb der betrachteten Funktion sind fehlerhaft entworfen oder programmiert.
   Maßnahme: Solche Fehler werden mit Hilfe des Debuggers behandelt (Abschnitt 8.1).

2. **Eingangsparameter** (2)
   Die Eingangsparameter entsprechen nicht dem erwarteten Datentyp und Definitionsbereich.
   Maßnahme: Um robuste Software zu erhalten, müssen Anzahl und Inhalt der Parameter überprüft werden.

3. **Funktionsaufruf und übergebener Funktionswert** (3)
   Diese Fehler treten auf, wenn die gerufene Funktion nicht erreichbar ist, mit einer Fehlermeldung antwortet oder der Funktionswert nicht den Anforderungen entspricht.
   Maßnahme: Gelieferte Fehlermeldungen müssen bearbeitet und Funktionswerte überprüft werden.

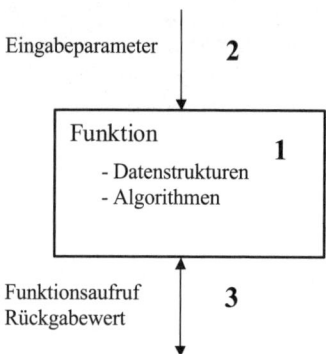

Bild 8.4 Fehlerquellen bei Funktionen

Funktionen mit einer variablen Anzahl von Parametern, deklariert mit `varargin`, werden in diesem Zusammenhang nicht betrachtet. Die Fehlerquellen (2) und (3) haben externe Ursachen außerhalb der betrachteten Funktion. Für ihre Behandlung müssen zwei Maßnahmen programmiert werden (Abschnitt 3.1.6):

- **Fehlererkennung**
  Fehlerhafte Daten müssen erkannt und Fehlermeldungen ausgewertet werden.

- **Fehlerreaktion**
  Auf erkannte Fehler und andere Ausnahmen (*Exceptions*) muss geeignet reagiert werden.

8.2.1   Ausgabe von Meldungen

Für die Anzeige von Fehlern und sonstiger Ausnahmen über das Kommandofenster steht die Funktion

```
error('msg_id','message')
```

zur Verfügung. Sie zeigt den Meldungstext `message` in roter Farbe an und beendet das Programm sofort. Für eine Vorstufe der Fehlermeldung, die *Warnungen*, gibt es eine analoge Meldungsfunktion:

```
warning('msg_id','message').
```

Sie zeigt den Meldungstext in schwarzer Farbe an, setzt aber die Ausführung fort. Der *Meldungsbezeichner* `msg_id` ist ein zusätzliches Attribut. Es erleichtert die Identifizierung und selektive Weiterverarbeitung. Bei Warnungen ist darüber hinaus eine selektive Anzeige oder Unterdrückung bezüglich `msg_id` möglich. Das Kommando dazu ist

```
warning state msg_id,
```

wobei `state` die Werte `on` und `off` zum An- und Abschalten annehmen kann.

8.2.2   Überprüfung fehlerhafter Daten

Um Datenobjekte zu analysieren, müssen deren Datentyp oder Klasse und deren Wert überprüft werden. Zur Feststellung von Datentyp/Klasse eines Objekts `obj` kann die Funktion `str=class(obj)` eingesetzt werden. Sie liefert den Namen als Zeichenkette. Mit `isa(obj,'class_name')` wird überprüft, ob ein bestimmter Datentyp/Klasse für ein gegebenes Objekt `obj` vorliegt. Der zulässige Wert wird bei bekanntem Datentyp/Klasse mit einer `if`-Abfrage ermittelt. So wird in Listing 8.1 überprüft, ob der Eingangsparameter vom Typ *Integer* ist und einen Wert kleiner als *98* aufweist. Die Fehlerausgabe erfolgt mit *Meldungstext* und *Meldungsbezeichner*, der sich hier auf das Softwaremodul `MOD1` bezieht.

Listing 8.1 Beispiel für eine Parameterüberprüfung

```
function func(par)
    if ~isa(par,'integer')
        error(MOD1:nichtInteger,  'Eingangsparameter    ist    nicht
                                    vom Typ Integer');
    end
    if par > 97
        error(MOD1:unzWert, 'Unzulässiger Wert');
    end
```

8.2.3   Try-Catch-Konstrukt

Für die Behandlung von Fehlermeldungen und Ausnahmen stellt MATLAB das `try-catch`-Konstrukt bereit (Abschnitt 3.1.6). Im Normalfall wird nur der Code zwischen `try` und `catch` ausgeführt. Tritt jedoch bei der Ausführung des `try`-Blocks ein Fehler auf, wird in den Codebereich zwischen `catch` und `end` verzweigt. Soll der Fehler dem Bediener angezeigt werden, muss er mit `lasterr` ausgelesen und mit `rethrow` weitergegeben werden.

Hingegen werden Fehler im catch-Block immer angezeigt und sie führen auch zu einer sofortigen Programmunterbrechung.

Listing 8.2 zeigt ein Beispiel für eine etwas umfangreichere Parameterüberprüfung. Die vorgestellte Funktion stammt aus der Roboterbibliothek ROBOMATS und berechnet den Schnittpunkt zweier Geraden in der Ebene. Eine wichtige Anforderung an die Eingangsparameter ist, dass alle Vektoren als *Spaltenvektoren* übergeben werden. Ist dies nicht der Fall, erfolgt bei der Ausführung durch den MATLAB-Interpreter eine Fehlermeldung, die nun aber mit catch abgefangen wird. Als Reaktion wird eine neue Meldung mit einem Meldungsidentifizierer ausgegeben, der auf die Funktionsbibliothek ROBOMATS (Abschnitt 3.2.7) hinweist.

Falls die beiden übergebenen Geraden parallel sind, erfolgt von MATLAB nur eine Warnung, die auf die singuläre Matrix A hinweist. Nun wird die Ausgabe der Warnung mit warning off unterdrückt. Mit lastwarn wird die erzeugte Warnung ausgelesen. Falls es sich um die besondere Meldung MATLAB:singularMatrix handelt, wird nun als Reaktion eine neue Fehlermeldung erzeugt.

Wichtig – Flexible Fehlerreaktion durch try-catch

Das try-catch-Konstrukt erlaubt, dass die Entscheidung über die Fehlerbehandlung und Reaktion vom Benutzer einer Funktion und nicht durch die Funktion selbst getroffen wird. Dadurch kann auf die gleiche Fehlermeldung, je nach Zusammenhang, unterschiedlich reagiert werden.

Listing 8.2 Parameterüberprüfung

```
function s=schnittpunkt_geraden_2d(a, u, b, v)
% g1:  x=a+k1*u;  g2: x=b+k2*v;   nur Spaltenvektoren

a=[2 0]';  u=[0 1]';
b=[0 -1]'; v=[0 1]';

warning off MATLAB:singularMatrix
try
    A=[u -v]; r=b-a; % Systemmatrix und Störvektor
    k=A\r;
catch
    error(ROBOMATS:nSpalt,'Vektoren sind nicht als
                     Spaltenvektoren definiert.');
end
[mes id]=lastwarn;
if id=='MATLAB:singularMatrix'
```

```
        error(ROBOMATS:keinSchnitt,'Kein Schnittpunkt, da die
                                    Geraden parallel sind');
    end
    s=a+k(1)*u        % Schnittpunkt
```

8.3 Programmoptimierung

Für die Optimierung von Programmen gibt es hauptsächlich zwei Ziele:

- **Geringe Rechenzeit und niedriger Ressourcenverbrauch**
  Gerade in der Robotik ist eine hohe Rechenleistung und damit geringe Rechenzeit ein wichtiges Ziel. Die angewandten Methoden müssen sich sowohl auf eine detaillierte Messung der Zeit als auch auf die Analyse des Quellcodes beziehen. Da in der Regel ausreichende Speicherkapazitäten zur Verfügung stehen, ist der Speicherverbrauch von Programmen meist weniger kritisch.

- **Übersichtliche und wartungsfreundliche Programmstruktur**
  Die Entwicklungskosten von Software sind ein wesentlicher Faktor. Deshalb ist übersichtliche und wartungsfreundliche Programmstruktur ebenfalls ein wichtiges Entwicklungsziel.

8.3.1 Rechenzeit

Hardware-Systemleistung

Die Rechenzeit eines Programms hängt entscheidend von der Hardwareplattform ab. Mit der Funktion bench kann ein standardisierter Leistungstest durchgeführt werden. Er besteht aus einem Mix von arithmetischen Operationen, verknüpft mit umfangreichen Speicherzugriffen, der Ausführung von M-Dateien, 2-D- und animierten 3-D Grafiken. Die Auswertung setzt die gemessenen Ergebnisse in Beziehung zu anderen gebräuchlichen Hardwareplattformen. Bild 8.5 zeigt eine solche Auswertung.

Einfache Zeitmessung

Um eine einfache Zeitmessung durchzuführen, wird der dafür ausgewählte Codeabschnitt mit den beiden Befehlen tic und zeit=toc eingerahmt. Der Befehl toc liefert die verbrauchte Rechenzeit. Mit Listing 8.3, das eine Erweiterung von Listing 5.7 darstellt, wird die Anwendung der beiden Befehle zur Zeitmessung demonstriert.

Listing 8.3 Modifiziertes Skript aus Listing 5.7 zur Durchführung einer Zeitmessung

```
    - Quellcode aus Listing 5.7 -

tic
[q_1 s_1 stat]=robot_bew(bahn);
t1=toc

tic
a1_geschw=robot_bahn_ausw(q_1,1);
t2=toc

tic
robot_bahn_vis(q_1,2,a1_geschw);
t3=toc
```

Bei der ersten Ausführung ergeben sich

```
t1 = 0.2350      t2 = 1.0620    t3 = 0.2190
```

Bei allen weiteren Ausführungen bekommt man wesentlich kürzere Zeiten, beispielsweise

```
t1 = 0           t2 = 0.0310    t3 = 0.0630.
```

Der Grund dafür ist, dass M-Dateien bei der ersten Ausführung in den wesentlich schnelleren P-Code umgewandelt werden, der dann für alle weiteren Ausführungen zur Verfügung steht.

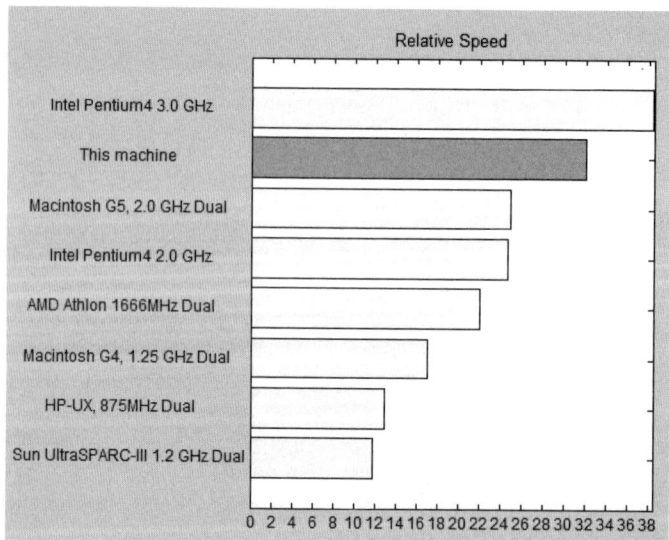

Bild 8.5 Auswertung des Leistungstests der Hardware

Detaillierte Zeitmessung mit dem Profiler

Das Werkzeug *Profiler* ermittelt den Zeitverbrauch in allen aufgerufenen Funktionen und erstellt eine detaillierte Statistik. Bild 8.6 zeigt die Auswertung des Anwendungsprogramms `anw_test_ptp_3`. Die gesamte Rechenzeit beträgt 0.281 s.

Function name	Calls	**Total Time**	Self Time*	Total Time Plot (dark band = self time)
test_ptp_3	1	0.281 s	0.000 s	
robot_bahn_ausw	1	0.125 s	0.000 s	
robot_bahn_vis	1	0.109 s	0.016 s	
newplot	76	0.109 s	0.016 s	
newplot>ObserveAxesNextPlot	76	0.078 s	0.000 s	
zeichne_ks	22	0.063 s	0.016 s	
graphics\private\clo	3	0.063 s	0.016 s	
setdiff	6	0.047 s	0.047 s	
subplot	3	0.047 s	0.047 s	
zeichne_kin_kette	1	0.031 s	0.016 s	
ancestor	100	0.031 s	0.000 s	
robot_bew	1	0.031 s	0.016 s	
koortraf	20	0.016 s	0.000 s	
hold	24	0.016 s	0.000 s	
ancestor>isatype	200	0.016 s	0.016 s	
newplot>ObserveFigureNextPlot	76	0.016 s	0.016 s	
axes (Opaque-function)	109	0.016 s	0.016 s	
rtraf_6_gelenk	2	0.016 s	0.016 s	

Bild 8.6 Zeitanalyse der Funktion `anw_ptp_test_3` durch den Profiler

Es zeigt sich, dass sehr viel Zeit durch die beiden Funktionen `setdiff` und `subplot` verbraucht wird. Von den nicht auf die grafische Darstellung ausgerichteten Funktionen benötigt die Rücktransformation `rtraf_6_gelenk` die meiste Zeit. Der *Profiler* ermöglicht auch, eine solche Funktion genauer zu analysieren. Dies zeigt Bild 8.7. Es wird deutlich, dass 99 % der von `rtraf_6_gelenk` verbrauchten Zeit für die zweimalige Ausführung der Befehlszeile 70 benötigt wird.

```
70:    if (oa+ua<l | norm(oa-ua)>l | l<eps )
```

Die Analyse der übergeordneten Funktion `robot_bew` macht deutlich, dass von deren Gesamtzeit von 0.031 s, die Hälfte auf den zweimaligen Aufruf von `rtraf_6_gelenk` entfällt.

Hinweis – Rechenzeit und Roboterzeit

Der Profiler ermittelt die reine *Rechenzeit* der untersuchten Software. Davon zu unterscheiden ist die *Roboterzeit*. Sie beschreibt das Zeitintervall, das der Roboter für die Ausführung einer Bewegung in Echtzeit benötigt. Ein Robotersimulator ermittelt diesen Echtzeitwert näherungsweise.

Parents (calling functions)

Filename	File Type	Calls
robot_bew	M-function	2

Lines where the most time was spent

Line Number	Code	Calls	Total Time	% Time	Time Plot
70	if (oa+ua<1 | norm(oa-ua)&g...	2	0.016 s	99.7%	████████
91	q(1)=q1; q(2)=q2; q(3)=q3;	2	0.000 s	0.1%	
114	q(4)=aw; q(5)=bw; q(6)= gw;	2	0.000 s	0.1%	
43	dhp = robot.dhp;	2	0.000 s	0.0%	
58	q1=atan2(hy0,hx0);	2	0.000 s	0.0%	
Other lines & overhead			0 s	0%	
Totals			0.016 s	100%	

Bild 8.7 Zeitanalyse der Funktion `rtraf_6_gelenk` durch den Profiler

8.3.2   Programmstruktur und Quellcode

Die nun folgenden Maßnahmen dienen der Analyse und der Verbesserung des Quellcodes und seiner Struktur.

Überprüfung und Optimierung des Quellcodes mit dem Werkzeug M-Lint

Der *M-Lint Code Checker* zeigt mögliche Probleme im Code und Maßnahmen zur Verbesserung auf. Beispiele dafür sind:

- nicht verwendete Variable, einschließlich Ein- und Ausgabeparameter bei Funktionen,
- fehlerhafte Syntax, beispielsweise fehlendes Semikolon oder Verwendung des Operators | anstelle des *Short-Circuit*-Operators | |,
- Codeoptimierung, Vorschläge zur Verwendung optimalerer Funktionen,
- Erkennen von Variablen, die für eine schnellere Verarbeitung im Voraus reserviert werden sollten,
- Verwendung von Funktionen und Schreibweisen, die nicht mehr empfohlen werden,
- unnötige Berechnungen.

M-Lint kann über den Editor unter *Tools* aufgerufen werden. Als Beispiel wird die Funktion `robot_bew` analysiert, dargestellt in Listing 5.2 und 5.3. Bild 8.8 zeigt die Auswertung. Der Bericht weist auf drei Arten von Verbesserungen hin:

1. **Logische Operatoren**
   Die *Short-Circuit-Operatoren* [1] `||` und `&&` sind effizienter als `|` und `&`.

2. **Unbenutzte Variable**
   Die Variable `sp` wird nicht benutzt.

3. **Kürzere Rechenzeit durch Reservierung von Variablen**
   Durch Reservierung der Vektoren `tb`, `tk`, `tv` kann die Rechenzeit reduziert werden.

```
45: Use || instead of | as the OR operator in conditional statements
50: The value assigned here to variable 'sp' is never used
72: Array 'tb' is constructed using subscripting. Consider preallocating for speed
72: Array 'tk' is constructed using subscripting. Consider preallocating for speed
72: Array 'tv' is constructed using subscripting. Consider preallocating for speed
98: Use && instead of & as the AND operator in conditional statements
```

Bild 8.8 *M-Lint Code Checker* Report für die Funktion `robot_bew`.

Vektorisierung

Das Prinzip der *Vektorisierung* besteht darin, viele einzelne kleine Datenelemente zu einem großen Datenelement, einem Vektor oder einer Matrix, zusammenzufassen. Dies bewirkt, dass dann nur wenige, aber mächtige Operatoren für die wenigen großen Datenelemente ausgeführt werden müssen. Diese Vorgehensweise hat erhebliche Vorteile bezüglich der Rechenzeit. Viele kleine Datenelemente und viele ausgeführte Operatoren bedeuten, dass der Algorithmus umfangreicher wird und damit viele Aufrufe an den Programminterpreter erfolgen. Dies kostet viel Zeit. Wenige, mächtige Operatoren haben einfache Algorithmen und wenige Interpreteraufrufe zur Folge. Die einzelnen Operatoren können sehr effizient realisiert werden. Die Folge ist eine deutlich geringere Rechenzeit.

Ein kleines Beispiel, dargestellt in Listing 8.4, soll dies verdeutlichen. Die Berechnung des Logarithmus von Zahlen zwischen 0.01 und 10 wird zuerst einzeln in einer Schleife durchgeführt. Anschließend werden alle Zahlen als ein Vektor dargestellt und ohne Schleife mit einem einzigen Funktionsaufruf berechnet. Die Zeitmessung zeigt, dass die Einzelberechnungen in einer Schleife mit `t1=0.0780` um den Faktor 5 langsamer ist als die vektorisierte Form mit `t2=0.0150`.

---

[1] *Short-Circuit-Operatoren* bewirken, dass die Operanden nur bei Bedarf berechnet werden.

Listing 8.4 Berechnung in einer Schleife und als Vektor

```
% Realisierung als Schleife
tic
x = .01;
for k = 1:1001
    y(k) = log10(x);
    x = x + .01;
end
t1=toc

% Realisierung als Vektor
tic
x = .01:.01:10;
y = log10(x);
t2=toc
```

Erzeugung eines Abhängigkeitsberichts

Bezogen auf eine vorgegebene Funktion zeigt ein Abhängigkeitsbericht auf, welche weiteren Funktionen darin aufgerufen werden. Die Darstellung dieser Abhängigkeiten ist wichtig für die Fehleranalyse der Software, aber auch für die Durchführung von Änderungen. Bild 8.9 stellt den Abhängigkeitsbericht für die Funktion robot_bew dar. Das entsprechende Werkzeug wird im Editor unter *Tools->Show Dependency Report* aufgerufen.

```
current dir : rtraf 6 gelenk
current dir : ori plan
current dir : kreis plan
current dir : geschw lin plan
current dir : aufrund
```

Bild 8.9 Abhängigkeitsbericht für die Funktion robot_bew.

Einrichten von Zellen in M-Dateien

Oft bestehen M-Dateien aus mehreren Abschnitten. Der MATLAB-Editor ermöglicht nun eine Unterteilung in *Zellen*. Zum Aktivieren wird im Editor unter dem Menü *Cell* das Kommando *Enable Cell Mode* aufgerufen. Dadurch werden die Einträge des Menüs aktiviert und eine zusätzliche Symbolleiste wird eingeblendet.

Der Beginn einer Zelle wird mit %% gekennzeichnet, anschließend folgt der Titel. Der Beginn einer neuen Zelle markiert automatisch das Ende der vorherigen. Über besondere Kommandos kann zwischen den Zellen navigiert werden. In einer Skript-Datei können Zellen auch einzeln ausgeführt und getestet werden. Bei Funktionen ist dies auch möglich, jedoch muss dabei auf die Zuordnung der Adressräume der Variablen geachtet werden. Listing 8.5 zeigt die Aufteilung der umfangreichen M-Datei der Funktion `robot_bew` in mehrere Zellen.

Listing 8.5 Aufteilung der M-Datei der Funktion `robot_bew` in Zellen.

```
%% Planung Trajektorie
switch typ
...


%% Planung Geschwindigkeitsprofil
if typ==PTP %PTP
...


%% Interpolation Geschwindigkeitsprofil
tg=tba+tka+tva;
...


%% Interpolation Trajektorie
    case PTP %PTP
    ...
```

8.4 Beispiel – Verbesserung der Bahnsteuerung

Die vorgestellten Methoden zur Behandlung externer Fehler (Abschnitt 8.2) und zur Programmoptimierung (Abschnitt 8.3) sollen nun angewendet werden, um die entwickelte Software für den Robotersimulator exemplarisch zu verbessern.

8.4.1 Codeanalyse

Zunächst wird die Codeanalyse auf die beiden Funktionen `robot_bew`, `rtraf_6_gelenk` angewendet und Verbesserungen werden daraus abgeleitet.

Funktion `robot_bew`

In Bild 8.8 ist bereits die Auswertung mit *M-Lint Code Checker* dargestellt. Daraus folgen zwei Verbesserungsmaßnahmen. Die einfachen logischen Operatoren werden durch die laufzeiteffizienten *Short-Circuit*-Operatoren ersetzt. Die Vektoren `tb`, `tk`, `tv` werden mit Nullen vorgesetzt (Zeile 71), ehe sie in einer Schleife schrittweise beschrieben werden. Diese Verbesserung ist in Listing 8.6 dargestellt.

Listing 8.6 Vorbesetzung von Vektoren zur Verbesserung der Laufzeit

```
71:    tb=zeros(1,6); tk=zeros(1,6); tv=zeros(1,6);
72:    for dd=1:n_achsen
73:        [tb(dd), tk(dd), tv(dd)]=geschw_lin_plan(sg(dd),
```

Funktion rtraf_6_gelenk

Das Ergebnis der Auswertung der Funktion rtraf_6_gelenk, dargestellt in Listing 8.7, durch *M-Lint Code Checker* wird in Bild 8.10 gezeigt. Die einfachen logischen Operatoren werden durch die laufzeiteffizienten *Short-Circuit*-Operatoren ersetzt. Der Befehl in Zeile 72, ein wirkungsloses return nach einem error-Befehl, wird entfernt.

Listing 8.7 Ausschnitt aus Listing 4.9 mit Angabe der Zeilennummer, Funktion rtraf_6_gelenk

```
 1:    function [q] = rtraf_6_gelenk(ZF,kf,robot)
       ...
70:    if (oa+ua<l | norm(oa-ua)>l | l<eps )
71 :       error('H ausserhalb der Reichweite');
72:        return
```

```
70: Use || instead of | as the OR operator in conditional statements
70: Use || instead of | as the OR operator in conditional statements
72: This statement never executes
83: Use || instead of | as the OR operator in conditional statements
83: Use || instead of | as the OR operator in conditional statements
```

Bild 8.10 *M-Lint Code Checker* Report für die Funktion rtraf_6_gelenk

8.4.2   Fehlerüberwachung

Die umfangreiche Funktion robot_bew wird nun mit einer Fehlerbehandlung durch das *try-catch*-Konstrukt ausgestattet. Dafür kommen die Aufrufe der beiden Funktionen rtraf_6_gelenk und kreis_plan in Frage, da beide Fehlermeldungen erzeugen können. Diese Meldungen müssen in der aufrufenden Funktion behandelt werden. Der verbesserte Codeteil ist als Ausschnitt in Listing 8.8 dargestellt. Jeweils eine besondere Fehlermeldung dieser beiden Funktionen wird abgefangen und nur noch als Warnung ausgegeben. Dadurch wird erreicht, dass die Ausführung des Gesamtprogramms nicht mehr abgebrochen wird. Die Funktion robot_bew wird beim Auftreten eines Fehlers mit Hilfe des return-Befehls trotzdem vorzeitig beendet. Bei allen anderen Fehlermeldungen erfolgt weiterhin der Abbruch des Gesamtprogramms. Dazu werden diese Meldungen ausgelesen und mit rethrow unverändert weitergeleitet.

Listing 8.8 Verbesserte Fehlerbearbeitung der Funktion robot_bew

```
...
switch typ
    case PTP %PTP

        try
        q1= rtraf_6_gelenk(P1,kf1,rob_para);
        q2= rtraf_6_gelenk(P2,kf2,rob_para);
        catch
            s=lasterror;
            if s.identifier=='rtraf_6_gelenk:ausreich'
                warning('Der Stützpunkt ist ausserhalb der
                            Reichweite - Abbruch der Bewegung');
                q_l=0; s_l=0; stat=0;
                return
            else
                rethrow(s);
            end
        end

        sg=q2-q1;
    case CPL %CPLIN
        ul1=P1(1:3,4);
        ul2=P2(1:3,4);
        sg(1)=norm(ul2-ul1);
        [sg(2), sg(3)]=ori_plan(P1,P2);
    case CPC %CPCIR
        try
            [sg(1) KR r]=kreis_plan(P1, P2, P3);
            [sg(2), sg(3)]=ori_plan(P1,P2);
        catch
            s=lasterror;
            if s.identifier=='kreisplan:punkte'
                warning('Die Kreispunkte liegen zu eng');
                q_l=0; s_l=0; stat=0;
                return
            else
                rethrow(s);
            end
        end
end
```

8.4.3   Laufzeitoptimierung

Abschließend wird noch überprüft, ob sich Laufzeitverbesserungen ergeben. Die Analyse mit dem *M-Lint Code Checker* hat zwei Arten von Optimierungsmaßnahmen erbracht:

1. Die einfachen logischen Operatoren | und & sollen durch die laufzeiteffizienteren *Short-Circuit*-Operatoren || und && ersetzt werden.

2. Vektoren, die schrittweise beschrieben werden, sollen vorbesetzt werden. Dadurch wird die schrittweise Ausweitung des benötigten Speicherplatzes umgangen.

Die Zeitmessungen mit den tic/toc-Anweisungen und dem *Profiler* ergeben, dass die vorgeschlagenen Verbesserungen des Codes zu keiner messbaren Reduktion der Rechenzeit führen.

8.5   Zusammenfassung

Der *Debugger* ist das wichtigste Werkzeug für die Fehlerbeseitigung. Laufzeitfehler innerhalb von Funktionen werden mit Hilfe von Haltepunkten und anschließender Überprüfung der Variableninhalte lokalisiert. Laufzeitfehler, die von außerhalb durch fehlerhafte Eingangsparameter oder fehlerhaft ablaufende Funktionsaufrufe hervorgerufen werden, müssen durch programmtechnische Maßnahmen eingedämmt werden. Dazu zählen die Überprüfung der Funktionsparameter sowie die gezielte Überwachung und Fehlerbehandlung durch das *try-catch*-Konstrukt.

Die Rechenzeit von Programmen kann mit Hilfe einer einfachen Zeitmessung ermittelt, aber auch durch das Werkzeug *Profiler* detailliert analysiert werden. Zur Optimierung des Quellcodes und seiner statischen Struktur steht das Werkzeug *M-Lint Code Checker* zur Verfügung. Detailliert zeigt es Verbesserungen auf. Eine wichtige programmtechnische Maßnahme zur Optimierung der Laufzeit ist die *Vektorisierung*. Einzelne kleine Datenelemente werden zu großen Elementen zusammengefasst, dargestellt durch Vektoren oder Matrizen. Abhängigkeitsberichte erleichtern die Fehleranalyse und Durchführung von Änderungen. Schließlich wird die Übersichtlichkeit in M-Dateien durch das Einrichten von Zellen verbessert.

Abschließend werden die dargelegten Maßnahmen zur Fehlerbehandlung und Optimierung auf die im Verlauf des Buches entwickelte Software für einen Robotersimulator angewendet.

Wichtige Begriffe und Methoden

*   Syntaxfehler
*   Extern und intern bedingte Laufzeitfehler
*   Standardhaltepunkt, bedingter Haltepunkt, Fehlerhaltepunkt

- Workspace-Stack
- Fehlermeldung, Warnung, Meldungsbezeichner
- Überprüfung Datentyp
- try-catch-Konstrukt
- Einfache Zeitmessung
- Zeitanalyse mit *Profiler*
- Codeanalyse mit *M-Lint Code Checker*
- Abhängigkeitsbericht
- Vektorisierung
- M-Datei-Zellen

8.6 Aufgaben

Gegeben sind die beiden Funktionen `demo_k8` und `f1`, dargestellt in Listing 8.9, auf die sich alle nun folgenden Aufgaben beziehen.

Listing 8.9 Beispielcode für die folgenden Aufgaben

```
function demo_k8
    ZF=eye(4); ZF(1:3,4)=[0.55 0 0.3];
    konfig=1;
    f1(ZF,konfig);
end

function f1(H,kf)
    ks_linie=0.05;
    robot=ROB4GL_3_DAT();
    dhp=robot.dhp;

    q2d=rtraf_2_dreh_p(H,kf,robot);
    ww=[0 q2d(1) q2d(2) 0 ];
    koor=koortraf(ww,robot);
    zeichne_kin_kette(koor, ks_linie);
end
```

Aufgabe 8.1

a) Setzen Sie auf die erste Zeile in `f1` einen Haltepunkt und überprüfen Sie die übergebenen Werte der Funktionsparameter.

b) Setzen Sie auf die zweite Zeile in `f1` einen bedingten Haltepunkt so, dass für `konfig==1` ein Halt stattfindet.

c) Testen Sie die beiden gegebenen Funktionen im Einzelschrittfahren.

Aufgabe 8.2

a) Fügen Sie für den Parameter `kf` von `f1` eine Parameterprüfung bezüglich Datentyp und des erlaubten Wertebereiches ein.

b) Die Funktion `rtraf_2_dreh_p` soll mit dem *try-catch*-Konstrukt überwacht werden. Sobald ein beliebiger Fehler angezeigt wird, soll eine neue Fehlermeldung mit dem Meldungsbezeichner `RTRAF2:allgFehler` ausgegeben werden.

Aufgabe 8.3

a) Ermitteln Sie die Leistungsfähigkeit Ihrer Hardwareplattform mit `bench`.

b) Ermitteln Sie die Rechenzeit für die Funktion f1 mit den tic/toc-Anweisungen.

c) Analysieren Sie den Ablauf von demo_k8 mit Hilfe des Werkzeugs Profiler. Welche Codezeile innerhalb der beiden Funktionen hat den größten Zeitverbrauch?

d) Führen Sie eine Code-Analyse mit dem Werkzeug M-Lint Code Checker durch.

e) Optimieren Sie den Quellcode auf Grund der vorgeschlagenen Verbesserungen.

f) Erzeugen Sie einen Abhängigkeitsbericht für die Funktion demo_k8.

g) Messen Sie erneut die Gesamtlaufzeit.

Literaturverzeichnis

Populärwissenschaftliche Bücher

[ICH05] *Ichbiah, D.:* Roboter. Geschichte – Technik – Entwicklung. Knesebeck, 2005.
[RAN98] *von Randow, G.:* Unsere nächsten Verwandten. Rowohlt-Taschenbuch Verlag. 1998.

Einführung in die Robotik, Anwendungen (Kap. 1, 7)

[BAR98] *Bartenschlager, J.; Hebel, H.; Schmidt, G.:* Handhabungstechnik mit Robotertechnik. Vieweg, 1998.
[CRA05] *Craig,* J. J.: Introduction to Robotics. Pearson Education, 2005.
[DIL91] *Dillmann, R.; Huck, M.:* Informationsverarbeitung in der Robotik. Springer, 1991.
[HAU07] *Haun, M.:* Handbuch Robotik. Programmieren und Einsatz intelligenter Roboter. Springer, 2007.
[HES06] *Hesse, S.:* Grundlagen der Handhabungstechnik. Hanser, 2006.
[MCC89] *McCloy, D.; Harris, D. M. J.:* Robotertechnik. VCH-Verlagsgesellschaft, 1989.
[VDI90] *VDI-Gesellschaft Produktionstechnik (Hrsg.):* VDI-Richtlinie 2860. Montage- und Handhabungstechnik. Beuth-Verlag, 1990.
[WAR90] *Warnecke, H.-J.; Schraft, R.:* Industrieroboter. Handbuch für Industrie und Wissenschaft. Springer, 1990.

Grundlagen der Robotermathematik (Kap. 2)

[BRO91] *Bronstein, I. N.; Semendjajew, K. A.:* Taschenbuch der Mathematik. Teubner, 1991.
[HOF05] *Hoffmann, A.; Marx, B.; Vogt, W.:* Mathematik für Ingenieure. Pearson Education, 2005.
[PAP01] *Papula, L.:* Mathematik für Ingenieure und Naturwissenschaftler Bd. 1/2. Vieweg, 2001.
[PAP06] *Papula, L.:* Mathematische Formelsammlung für Ingenieure und Naturwissenschaftler. Vieweg, 2006.
[STI04] *Stingl, P.:* Mathematik für Fachhochschulen. Hanser, 2004.

[WES08]   *Westermann, T.*: Mathematik für Ingenieure. Ein anwendungsorientiertes Lehrbuch. Springer, 2008.

Programmieren mit MATLAB, Fehlerbehandlung und Optimierung (Kap. 3, 8)

[BEU06]   *Beucher, O.*: Matlab und Simulink. Grundlegende Einführung für Studenten und Ingenieure in der Praxis. Pearson Education, 2006.

[GUP09]   *Gupp, F.; Gupp, F.*: MATLAB 7 für Ingenieure: Grundlagen und Programmierbeispiele. Oldenbourg, 2009.

[SCHRA]   *Schramm, Th.*: Eine sehr kurze Einführung in Matlab.
            http://www.tu-harburg.de/rzt/tuinfo/software/numsoft/matlab/kurse/
            einf/einf.html

[SCW06]   *Schweizer, W.*: MATLAB kompakt. Oldenbourg, 2006.

[STE07]   *Stein, U.*: Einstieg in das Programmieren mit MATLAB. Hanser, 2007.

[WIEDL]   *Wiedl, W.*: MATLAB-Einführung. http://www.rrz.
            uni-hamburg.de/RRZ/W.Wiedl/Skripte/Matlab/

Softwareentwicklung, Programmierung im Großen (Kap. 3, 6)

[BAL01]   *Balzert, H.*: Lehrbuch der Software-Technik. Bd. 1. Software-Entwicklung. Spektrum Akademischer Verlag, 2001.

[CHA97]   *Chappell, D.*: ActiveX und OLE verstehen. Microsoft Press, 1997.

[POM04]   *Pomberger, G.; Pree, W.*: Software Engineering. Hanser, 2004.

[PIE07]   *Pietreck, G.; Trompeter, J.*: Modellgetriebene Softwareentwicklung. MDA und MDSD in der Praxis. Entwickler-Press, 2007.

[SOM04]   *Sommerville, I.*: Software Engineering. Addison-Wesley, 2004.

[ZWI04]   *Zwintzscher, O.*: Softwarekomponenten im Überblick. W3L, 2004.

[SZY02]   *Szyperski, C.*: Component Software – Beyond Object-Oriented Programming. Addison-Wesley, 2002.

Kinematische Struktur, Bahnsteuerung (Kap. 4, 5)

[DEN55]   *Denavit, J.; Hartenberg, R.*: A Kinematic Notation for Lower-Pair Mechanisms Based on Matrices. ASME Journal of Applied Mechanics, 22(6):215-221, 1955.

[HUS97]   *Husty, M.*: Kinematik und Robotik. Springer, 1997.

[KAW06]   *Kawamura, S.; Svinin, M.*: Advances in Robot Control. From Everyday Physics to Human-Like Movements. Springer, 2006.

[KRE94]   *Kreuzer, E. J.; Meißner, H.-G.; Lugtenburg, J.-B.; Truckenbrodt, A.*: Industrieroboter. Springer, 1994.

[LEN06]   *Lenarcic, J.; Roth, B.*: Advances in Robot Kinematics. Springer, 2006.

[OLO89]   *Olomski, J.*: Bahnplanung und Bahnführung von Industrierobotern. Vieweg, 1989.

[PAU82]   *Paul, R. P.*: Robot Manipulators. MIT Press, 1982.

[RIE92]   *Rieseler, H.:* Roboterkinematik – Grundlagen, Invertierung und symbolische Berechnung. Vieweg, 1992.

[SIE96]   *Siegert, H.-J.; Boncionek, S.:* Programmierung intelligenter Roboter. Springer, 1996.

[SNN92]   *Schwinn, W.:* Grundlagen der Roboterkinematik. Schmalbach, 1992.

[VID06]   *Vidyasagar, M.; Spong, M.W.; Hutchinson, S.:* Robot Modeling and Control. John Wiley & Sons, 2006.

[WEB02]   *Weber, W.:* Industrieroboter. Methoden der Steuerung und Regelung. Hanser, 2002.

[WLO92]   *Wloka, D.W.:* Robotersysteme Bd. 1/2/3. Springer, 1992.

Sachwortverzeichnis